金工实训

主　编　汪小红　甘庆军

副主编　钟飞龙　陈优英　梁炬强

　　　　许志才（企业）　庞　贤

北京理工大学出版社

BEIJING INSTITUTE OF TECHNOLOGY PRESS

内 容 简 介

本书内容包括金工实训基础知识、铸造、钳工、铣工、车工、磨工、焊接等七个模块三十三个任务，图文并茂、内容实用、文字精练、通俗易懂。学生可由浅入深，理论联系实际，逐步掌握机械装备加工的基本操作技能及相关的工艺知识，并学会用工程思维分析问题、解决问题，达到提升理论与操作技能水平、增强学生综合素质与能力的目标。

本书以完成典型工作任务来引导学生学习。在知识和技能上，根据不同工种的技能要求，本书把每个实训模块分解成若干个技能训练点，重点突出工艺要领和操作技能与创新能力的培养，注重在实训过程中"以学生为中心"，并对每个实训项目或任务效果进行量化评分。同时，为了激励学生主动学习，有效培养学生主动分析问题和解决问题的能力，本书还提供了学习资源（如技能操作微课视频、互联网资料等）。本书遵循立德树人的教育根本，引入素养教学，倡导创新精神，体现规范标准，使学生养成爱岗敬业、诚实守信、精工匠心、团队合作和安全操作等职业素养与职业精神。

本书可作为高等院校机械类、机电类、近机类等专业的金工实训课程教材，也可作为相关专业技术工人或管理人员参考或自学用书。

图书在版编目（CIP）数据

金工实训 / 汪小红，甘庆军主编. -- 北京 ： 北京
理工大学出版社，2024.5
ISBN 978-7-5763-4157-7

Ⅰ. TG-45

中国国家版本馆 CIP 数据核字第 20256J8T86 号

责任编辑：高雪梅　　　　**文案编辑**：高雪梅
责任校对：周瑞红　　　　**责任印制**：李志强

出版发行 / 北京理工大学出版社有限责任公司

社　　址 / 北京市丰台区四合庄路 6 号

邮　　编 / 100070

电　　话 / （010）68914026（教材售后服务热线）
　　　　　　 （010）63726648（课件资源服务热线）

网　　址 / http://www.bitpress.com.cn

版 印 次 / 2024 年 5 月第 1 版第 1 次印刷

印　　刷 / 唐山富达印务有限公司

开　　本 / 787 mm×1092 mm　1/16

印　　张 / 19

字　　数 / 432 千字

定　　价 / 89.90 元

图书出现印装质量问题，请拨打售后服务热线，负责调换

前 言

本教材贯彻落实《习近平新时代中国特色社会主义思想进课程教材指南》文件要求和党的二十大精神。党的二十大报告明确提出，建设现代化产业体系，要坚持把发展经济的着力点放在实体经济上，推进新型工业化，加快建设制造强国、质量强国、航天强国、交通强国、网络强国、数字中国，推动制造业高端化、智能化、绿色化发展。推动装备制造产业高质量发展是我国由制造大国迈进制造强国的关键，培养大批高素质、创新型、复合型的装备制造技术技能人才是高等职业教育的伟大历史使命。"金工实训"课程是高职高专装备制造大类专业的一门重要基础课程，能为专业技术人才培养提供必要的专业基础能力训练。为适应国家职业教育改革发展需要，努力把"金工实训"建设成优质精品课程，编者组建课程开发团队，并认真研究专业教学标准和职业能力评价标准，深入行业企业开展广泛调查研究，与企业管理人员及技术专家共同制定了机械装备行业岗位（群）职业能力及素养要求标准。2019 年，国务院颁布《国家职业教育改革实施方案》，倡导使用新型活页式、工作手册式教材，编者依据岗位（群）职业能力及素养要求标准，以立德树人为根本，以学生为中心，强调知识能力并重，融合多年"金工实训"授课经验，编写了本教材。

本教材在内容上融入工作岗位的典型工作任务，以任务驱动教学，将涉及的理论知识进行结构化和重构，根据实际工作岗位要求将实操技能分成若干个技能模块，重点突出工艺要领、操作技能与创新能力的培养。为了促进学生主动学习，有效培养学生分析问题和解决问题的能力，教材以学生为中心，对每个实训任务效果进行量化评价，并以二维码的形式提供了丰富的数字化资源（如微课视频、电子图纸资料等）。本教材融入中国制造2025、工匠精神等元素，旨在厚植工匠文化、唤起劳动精神，增强学生民族自信和创新精神，让学生养成安全操作、团结协作、爱岗敬业、诚实守信等职业素养，将辛勤劳动、诚实劳动、创造性劳动变成学生的自觉行为。

本教材以项目案例为载体，以工作过程为导向，以模块（项目）+ 任务的方式，开发工作页式的任务工单，注重理论与实践的有机衔接，强化课内和课外教学之间相互融通，形成了多元、多维、全时、全程的评价体系。教材内容包括金工实训基础知识、铸造、钳工、铣工、车工、磨工、焊接 7 个模块 33 个任务。教材图文并茂，内容实用，文字精练，通俗易懂。学生可由浅入深，逐步掌握机械装备加工的基本操作技能及相关的工艺知识，

并通过理论联系实际，举一反三，提升分析问题和解决问题的能力。

　　本教材由广州番禺职业技术学院汪小红、甘庆军担任主编，由广州番禺职业技术学院钟飞龙、陈优英、梁炬强，广州数控设备有限公司高级工程师许志才，广东岭南职业技术学院庞贤担任副主编。同时，本教材在编写过程中得到了广州番禺职业技术学院智能制造学院师生的大力支持和帮助，在此深表感谢！

　　由于时间紧张，加之编者水平有限，教材难免有不足之处，敬请读者批评指正。

编　者

目　录

模块一　金工实训基础知识 ··· 1

　　任务一　安全生产教育、6S 管理 ···································· 1

　　任务二　金属材料常识 ·· 4

　　任务三　常用量具的使用方法 ······································ 15

模块二　铸造 ·· 26

　　任务　铸造 ··· 26

模块三　钳工 ·· 38

　　任务一　钳工基础知识 ··· 38

　　任务二　划线 ··· 45

　　任务三　錾削 ··· 60

　　任务四　锯削 ··· 69

　　任务五　锉削 ··· 79

　　任务六　孔加工（钻床） ·· 90

　　任务七　攻螺纹和套螺纹 ·· 103

　　任务八　综合练习 ··· 111

模块四　铣工 ·· 118

　　任务一　铣削基础知识 ··· 118

　　任务二　铣削平面 ··· 129

　　任务三　铣削斜面 ··· 137

　　任务四　铣削台阶 ··· 143

　　任务五　铣削槽 ··· 150

　　任务六　综合练习 ··· 158

模块五　车工 ·· 166

　　任务一　车床及车削加工基础知识 ·································· 166

任务二　车削外圆 ·· 183

任务三　车削端面、切槽和切断 ·························· 192

任务四　车削台阶 ·· 201

任务五　车削圆锥面 ·· 208

任务六　钻加工（车工加工孔） ························· 216

任务七　车削螺纹 ·· 224

任务八　车削特形面 ·· 233

任务九　综合练习 ·· 241

模块六　磨工 ·· 248

任务一　磨床及磨削加工基础知识 ······················ 248

任务二　磨削平面 ·· 253

任务三　磨削内、外圆及锥面 ···························· 260

任务四　综合练习 ·· 266

模块七　焊接 ·· 273

任务一　焊条电弧焊 ·· 273

任务二　气焊和气割 ·· 285

参考文献 ·· 295

模块一

金工实训基础知识

任务一　安全生产教育、6S 管理

任务编号	W01	任务名称	安全生产教育、6S 管理
一、任务描述	图 1-1-1 所示为任务描述。 穿工作服　戴安全帽　遵守安全操作规程　安全第一人人有责　戴防护眼镜　不准穿背心、短裤、裙子　不准戴手套　不准穿凉鞋或拖鞋 整顿　整理　清扫　6S 管理　清洁　安全　素养 **图 1-1-1　任务描述**		
二、学习目标	（1）熟悉机械加工的安全操作规程和文明生产规范。 （2）培养学生的职业素养、职业态度、职业作风等隐性素养。 （3）执行 6S 管理。		
三、任务分析	（1）执行安全、文明生产规范。 （2）遵守实训室规章制度和劳动纪律。 （3）做到设备、工具、量具等分类摆放整齐，使用后及时归位。		
四、相关知识点	**（一）机械加工安全操作规程** **1. 防护用品的穿戴** （1）上班前穿好工作服、工作鞋。长发操作者戴好工作帽，并将头发全部塞进帽子里。 （2）不能穿背心、拖鞋、凉鞋和裙子进入生产车间。 （3）严禁戴手套操作。		

任务编号	W01	任务名称	安全生产教育、6S 管理

<table>
<tr><td rowspan="1">四、相关
知识点</td><td colspan="3">

（4）切削或刃磨刀具时应戴防护镜。

（5）切削脆性材料时，应戴口罩，以免吸入粉尘。

2. 操作前的检查

（1）对机床的各滑动部分注润滑油。

（2）检查机床各手柄是否放在规定位置上。

（3）检查各进给方向自动停止挡铁是否紧固在最大行程以内。

（4）检查起动机床主轴和进给系统工作是否正常，油路是否畅通。

（5）检查夹具是否夹紧工件。

3. 防止划伤

（1）装卸工件、更换刀具、擦拭机床必须停机。

（2）在进给过程中，不准抚摸工件加工表面，以免划伤手指。

（3）在主轴未停稳时，不准测量工件。

4. 防止切屑损伤皮肤、眼睛

（1）在操作时，不要站立在切屑流出的方向，以免切屑飞入眼睛。

（2）在清除切屑时，不准用嘴吹或用手抓，要用专用工具清除切屑。

（3）当切屑飞入眼中时，应闭上眼睛，切勿用手揉擦，并应尽快请医生治疗。

5. 安全用电

（1）工作时，不得擅自离开机床；离开机床时，要切断电源。

（2）操作时，如果发生故障，应立即停机。

（3）机床电器若有损坏，应请电工修理，不得随意拆卸。

（4）不准随便使用不熟悉的电器装置。

（5）不能用金属棒去拨动电器开关。

（6）不能在裸线附近工作。

（二）文明生产常识

1. 工作场地的布置

（1）工具箱（架）应分类布置，安放整齐、牢靠，安放位置要便于操作，并保持清洁。

（2）图样和工艺文件等应放在便于阅读的地方，并保持干净、整齐。

（3）所用的工具、夹具、量具和机床附件应放在固定位置，安放整齐、取用方便。

（4）未加工的工件和已加工的工件应分开摆放，并摆放整齐，便于取放和质量检验。

（5）工作场地要保持清洁、无油渍。

（6）使用的踏板应高低合适、牢固、清洁。

2. 机床保养

要熟悉机床性能和使用范围，操作时必须严格遵守操作规程，并应根据机床说明书的要求按时进行一级保养，保持机床整齐、清洁。

3. 爱护工具、夹具、量具

工具、夹具、量具应分类整齐地摆放在工具架上，不要随便和切屑等混在一起，时常保持量具的清洁，用后要擦净、除油，放在工具箱，方便保管。

4. 爱护刀具

不能用磨钝的刀具继续切削，否则会增加机床负荷，甚至损坏机床。
</td></tr>
<tr><td>五、看资
料，谈感想</td><td colspan="3">

</td></tr>
<tr><td>六、任务
实施</td><td colspan="3">进入实训室后，组织学习安全操作知识，增强安全意识，严格执行 6S 管理制度。
安全操作和 6S 管理评分见表 1－1－1。</td></tr>
</table>

任务编号	W01		任务名称	安全生产教育、6S 管理

六、任务实施

表 1-1-1 安全操作和 6S 管理评分

考核项目		考核内容	配分	得分
出勤		按时上课、下课，不迟到、不早退、不旷课，违反一次扣 2 分	10 分	
文明生产要点	纪律	服从安排，按规程操作等，违反一次扣 2 分	10 分	
	安全生产	操作设备时要求穿戴防护用品，操作前对设备进行检查，注意安全用电，违反一项扣 3 分	30 分	
	职业规范	开机预热，按照标准进行设备检查，违反一项扣 2 分	20 分	
6S 管理要求	整洁	工作场地布置合理，工具箱安放整齐、牢靠，违反一项扣 2 分	10 分	
	清洁	离开实训室前，工作场地要保持清洁、无油垢，违反一项扣 2 分	10 分	
	保养	根据机床说明书的要求对设备定时进行保养，保持机床整齐、清洁，违反一项扣 2 分	10 分	
备注	考评教师签名			

七、反思

（1）如图 1-1-2 所示，有哪些地方违反安全操作？

图 1-1-2 操作（1）

（2）如图 1-1-3 所示，有哪些地方违反安全操作？

图 1-1-3 操作（2）

续表

任务编号	W01	任务名称	安全生产教育、6S 管理
七、反思	（3）如图 1-1-4 所示，有哪些地方违反安全操作？	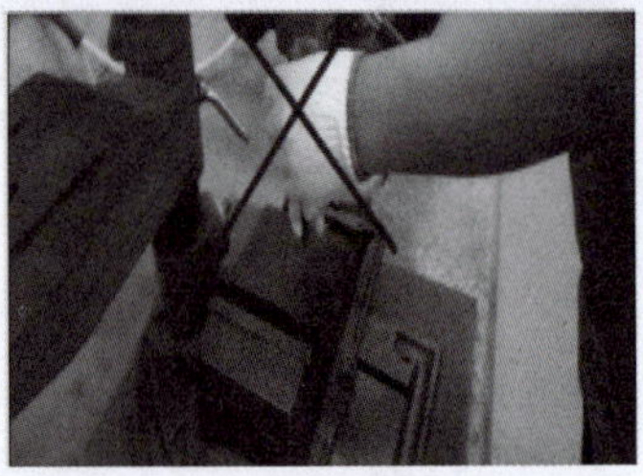 图 1-1-4　操作（3）	

任务二　金属材料常识

任务编号	W02	任务名称	金属材料常识
一、任务描述	分别指出图 1-2-1 中的火花是什么钢材的火花。 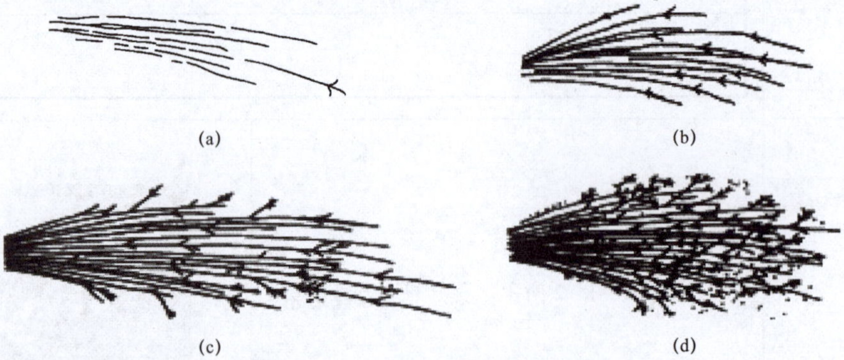 (a)　　　　　　　　　(b) (c)　　　　　　　　　(d) 图 1-2-1　钢的火花鉴别任务图		
二、学习目标	（1）掌握钢的种类及其在工业中的用途。 （2）掌握钢材的鉴别方法。 （3）掌握常用的热处理设备及其使用方法。 （4）掌握砂轮机的安全操作知识。		
三、任务分析	通过火花鉴别、涂色标记等方法掌握各种钢材鉴别相关知识及其在工业中的用途。		
四、相关知识点	**（一）钢的分类** **1. 碳素钢** 碳素钢是以铁和碳为主要组成元素且常含 Si，Mn，S，P 元素或杂质的铁碳合金。工业中常按用途将碳素钢分为碳素结构钢和碳素工具钢。 　（1）碳素结构钢。按含磷、硫量的不同，碳素结构钢分为碳素结构钢、优质碳素结构钢和一般工程铸造碳钢。碳素结构钢分类及用途见表 1-2-1。		

续表

任务编号	**W02**	任务名称	金属材料常识

表 1-2-1　碳素结构钢分类及用途

名称	常用钢种牌号	牌号意义	应用举例
碳素结构钢	Q195，Q235，Q235A，Q255，Q255B	数字表示最小屈服强度。数字越大，含碳量越高。A，B，C，D 表示质量等级	螺栓连杆、法兰盘、键、轴
优质碳素结构钢	08F，08，15，20，35，45，45Mn，60，60Mn	数字表示含碳量，用万分之几表示。F 表示沸腾钢，Mn 表示含锰量在 0.7%以上的钢	冲压件、焊接件、轴类件、齿轮类蜗杆、弹簧等
一般工程铸造碳钢	ZG200-400，ZG270-500，ZG340-640	ZG 表示铸钢，前面三位数表示最小屈服强度值，后面三位数表示最小抗拉强度值。强度值越高，含碳量越多	机座、连杆、箱体齿轮、棘轮等

四、相关知识点

（2）碳素工具钢。碳素工具钢牌号有 T8，T10，T10A，T12 等，含碳量用千分之几表示，A 表示高级优质钢。碳素工具钢可以制造锯条、手锤、虎钳钳口、冲头、车刀、钻头、丝锥、刮刀、锉刀、量规等耐磨工具、量具、模具等。

2. 合金钢

合金钢是指为得到或改进钢的某些性能，在碳素钢的基础上，加入一种或数种合金元素的钢。常用的合金元素有 Mn，Si，Cr，Ni，Mo，W，V，Ti，B，RE 等。合金钢种类繁多，工业上通常按合金钢的用途将其分为合金结构钢、合金工具钢、特殊性能钢等。

（1）合金结构钢是指用来制造各种机械结构零件的合金钢，如 40Cr，40CrNiMoA 等可用来制造齿轮、曲轴、连杆、车床主轴等。

（2）合金工具钢是指用于制造各种刀具、模具、量具的合金钢，如 Cr12，Cr4W2MoV 等可用来制造冷作模具；9SiCr，9Cr2 可用来制造量具；W18Cr4V，W6MO5Cr4V2，W9MO3Cr4V 等可用来制造刀具。

（3）特殊性能钢是指具有特殊化学和物理性能的合金钢，如不锈钢 1Cr17Mo，0Cr19Ni9 等可用来制造耐酸输送管道；耐热钢 1Cr13Mo，1Cr17 等可用来制造散热器；耐磨钢 ZGMn13-1 等可用来制造挖掘机履带等。

（二）钢的火花鉴别

（1）材料准备：砂轮机、火花鉴别所需的各种钢材。

（2）防护用品准备：防护眼镜、安全帽等。

（3）掌握钢的火花鉴别相关知识点。

1. 火花鉴别法

利用钢材在旋转的砂轮上磨削，根据所产生的火花形状、光亮度、色泽等特征来大致鉴别钢的化学成分。

（1）火花的构成。钢材在砂轮上磨削时射出火花，由根部火花、中部火花和尾部火花构成火花束，如图 1-2-2 所示。

磨削时由灼热粉末所形成的线条状火花称为流线。流线在飞行途中爆炸而发出稍粗而明亮的点称为节点。火花在爆裂时所射出的线条称为芒线。芒线所组成的火花称为节花。节花分一次花、二次花、三次花不等。芒线附近呈现明亮的小点称为花粉。火花束的组成如图 1-2-3 所示。

续表

任务编号	W02	任务名称	金属材料常识

四、相关
知识点

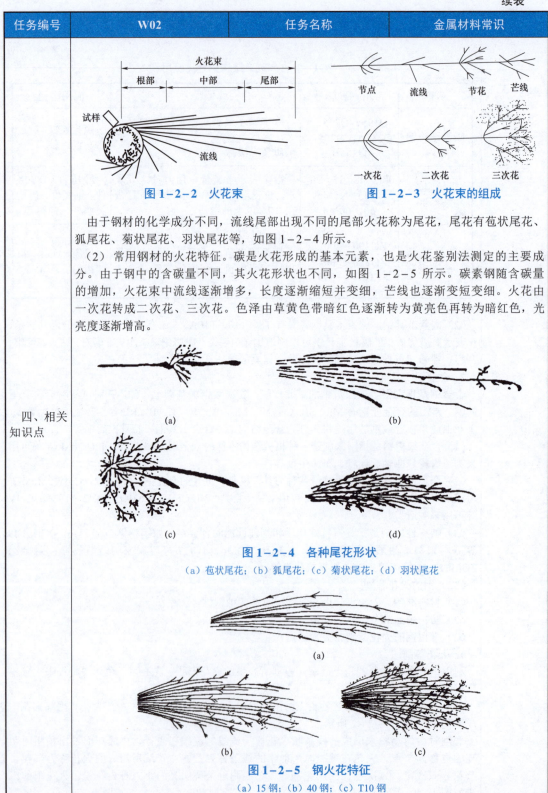

图 1-2-2　火花束

图 1-2-3　火花束的组成

由于钢材的化学成分不同，流线尾部出现不同的尾部火花称为尾花，尾花有苞状尾花、狐尾花、菊状尾花、羽状尾花等，如图 1-2-4 所示。

（2）常用钢材的火花特征。碳是火花形成的基本元素，也是火花鉴别法测定的主要成分。由于钢中的含碳量不同，其火花形状也不同，如图 1-2-5 所示。碳素钢随含碳量的增加，火花束中流线逐渐增多，长度逐渐缩短并变细，芒线也逐渐变短变细。火花由一次花转成二次花、三次花。色泽由草黄色带暗红色逐渐转为黄亮色再转为暗红色，光亮度逐渐增高。

图 1-2-4　各种尾花形状
（a）苞状尾花；（b）狐尾花；（c）菊状尾花；（d）羽状尾花

图 1-2-5　钢火花特征
（a）15 钢；（b）40 钢；（c）T10 钢

任务编号	W02		任务名称	金属材料常识

　　如图 1-2-5（a）所示，15 钢的火花束为粗流线，流线量少，火束长，一次花较多。色泽呈草黄带暗红。

　　如图 1-2-5（b）所示，40 钢的流线多而稍细，火束短，发光大，二次花较多。色泽呈黄色。

　　如图 1-2-5（c）所示，T10 钢的流线多而细，有二次花及三次花。色泽呈黄色且明亮。

　　合金钢火花的特征与加入的合金元素有关。例如，Ni，Si，Mo，W 等有抑制火花爆裂的作用，而 Mn，V，Cr 却可以助长爆裂，因而对合金钢火花的鉴别较难掌握。

　　图 1-2-6 所示为高速钢 W18Cr4V 的火花特征，火花束细长，流线数量少，无火花爆裂，色泽是暗红色。根部和中部为断续流线，尾花呈弧状。

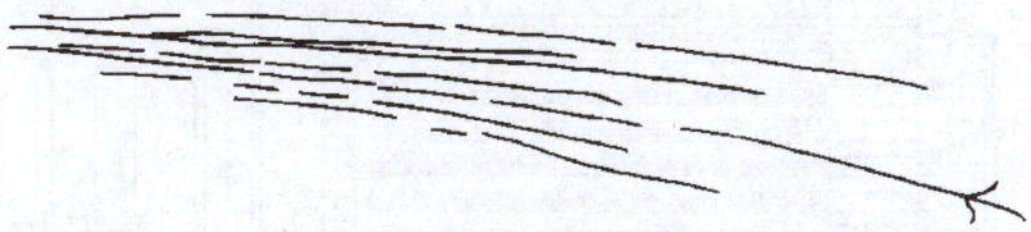

图 1-2-6　高速钢 W18Cr4V 的火花特征

　　（3）涂色标记法。在管理钢材和使用钢材时，为了避免出差错，常在钢材的两端面涂上不同颜色的油漆作为标记，以便于对钢材进行分类。所涂油漆的颜色和要求应严格按照相关标准执行。

　　例如，Q235 碳素结构钢——红色；

　　45 优质碳素结构钢——白色＋棕色；

　　60Mn 优质碳素结构钢——绿色三条；

　　20CrMnTi 合金结构钢——黄色＋黑色；

　　42CrMo 合金结构钢——绿色＋紫色；

　　GCr15 铬轴承钢——蓝色一条；

　　W18Cr4V 高速钢——棕色一条＋蓝色一条；

　　0Cr19Ni9 不锈钢——铝色＋绿色。

（三）钢的热处理

　　钢的热处理是一种将金属在固态下通过加热、保温和不同方式的冷却，以改变金属内部组织结构，从而得到所需性能的工艺处理方法。

　　热处理能充分发挥材料潜力，节省金属，延长机械的使用寿命。目前机器中大多数零件都要进行热处理，对于刀具、量具和模具等，必须进行热处理。由此可见，热处理在机械制造中具有重要的作用。常用钢的热处理工艺曲线如图 1-2-7 所示。

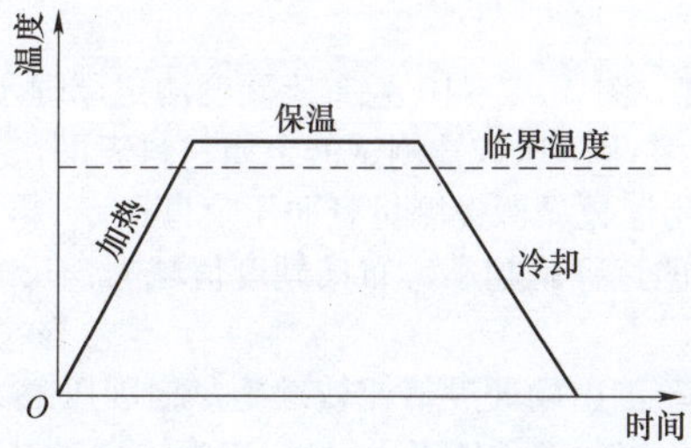

四、相关知识点

图 1-2-7　常用钢的热处理工艺曲线

1. 热处理常用设备及其使用

　　热处理常用设备主要有加热炉、测温仪表、硬度计等。

　　（1）加热炉。常用的加热炉有电阻炉、盐浴炉、气体渗碳炉和高频感应加热炉。

任务编号	**W02**	任务名称	金属材料常识
四、相关 知识点	电阻炉按结构分为箱式电阻炉和井式电阻炉。箱式电阻炉主要用于中、小型零件的热处理，图 1-2-8 所示为常见的箱式电阻炉，其工作原理是利用电流通过电热元件产生的热量来加热零件，同时用热电偶等电热仪表控制温度，操作简单，温度准确，易于实现机械化和自动化。 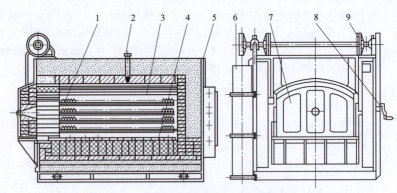 **图 1-2-8 常见的箱式电阻炉** 1—电热元件；2—热电偶孔；3—工作室；4—炉底板；5—炉壳； 6—重锤筒；7—炉门；8—摇把；9—行程开关 （2）测温仪表。在热处理时，为了准确地测量和控制零件的加热温度，常用热电偶高温计和光学高温计等仪器进行测温。图 1-2-9 所示为热电偶高温计示意图。 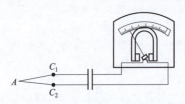 **图 1-2-9 热电偶高温计示意图** （3）硬度计及硬度测定。硬度是指金属材料抵抗外物压入其表面的能力，是衡量金属材料软硬程度的性能指标。硬度和其他力学性能之间有着一定的内在关系，材料的强度越高，塑性变形抗力越大，硬度值也就越高。硬度有很多，最常用的是布氏硬度（HBS）和洛氏硬度（HRC）。 ① 布氏硬度。图 1-2-10 为布氏硬度测定原理示意图。一个直径为 D 的淬硬钢球，在一定试验力 F 作用下压入被测试的金属材料表面，并保持数秒以保证达到稳定状态，然后将载荷卸除，用读数显微镜测量表面压痕直径 d，再从硬度换算表上换算成布氏硬度值。材料越硬，压痕的直径就越小，布氏硬度值越大；反之，材料越软，压痕的直径就越大，布氏硬度值越小。 布氏硬度试验测出的硬度值比较准确，但因压痕大而不宜测定成品或薄片金属的硬度。另外，也不能用来测定硬度高于 450 HBS 的金属材料，否则淬硬钢球会产生变形，从而降低测量的精度。 ② 洛氏硬度。图 1-2-11 所示为洛氏硬度测定原理示意图。它的压头有两种：一种是顶角为 120° 的金刚石圆锥体，多用来测定淬火钢等较硬的金属材料；另一种是直径为 1.588 mm 的淬硬钢球，多用来测定退火钢等较软的金属材料。

续表

任务编号	W02	任务名称	金属材料常识

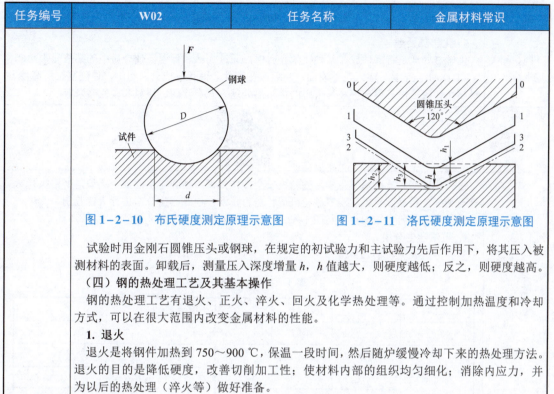

图 1-2-10　布氏硬度测定原理示意图　　　图 1-2-11　洛氏硬度测定原理示意图

　　试验时用金刚石圆锥压头或钢球，在规定的初试验力和主试验力先后作用下，将其压入被测材料的表面。卸载后，测量压入深度增量 h，h 值越大，则硬度越低；反之，则硬度越高。

（四）钢的热处理工艺及其基本操作

　　钢的热处理工艺有退火、正火、淬火、回火及化学热处理等。通过控制加热温度和冷却方式，可以在很大范围内改变金属材料的性能。

1. 退火

　　退火是将钢件加热到 750～900 ℃，保温一段时间，然后随炉缓慢冷却下来的热处理方法。退火的目的是降低硬度，改善切削加工性；使材料内部的组织均匀细化；消除内应力，并为以后的热处理（淬火等）做好准备。

2. 正火

　　正火是将钢件加热到 780～920 ℃，保温一段时间后在空气中冷却的热处理方法。正火实质上是退火的另一种形式，其作用与退火相似，与退火的不同之处是正火时工件在空气中冷却。由于冷却速度比退火快，因此，正火工件比退火工件所得组织细、强度和硬度稍高，而塑性和韧性稍低，内应力消除得不如退火彻底。正火时工件在炉外冷却，不占用设备、生产率较高，成本较低，所以一般低碳钢和中碳钢大都采用正火处理。

3. 淬火

　　淬火是将工件加热到 780～860 ℃，保温一段时间，然后进行快速冷却的热处理方法。淬火的主要目的是提高钢的强度和硬度，增加耐磨性，并在回火后获得高强度和一定韧性相配合的性能。淬火时的冷却介质称为淬火剂，经过加热的工件在淬火剂中以合适的冷却速度冷却时，获得高的硬度，而又不至于产生裂纹和过大的变形。

4. 回火

　　回火是将淬火后的工件重新加热到某一较低温度，然后冷却下来的热处理方法。回火后钢的性能不是取决于冷却方法，而是主要取决于加热温度。根据加热温度的不同，回火可分为以下三种。

　　（1）低温回火。回火温度为 150～250 ℃。低温回火可消除淬火造成的内应力，适当降低钢的脆性，提高韧性，同时工件仍保持高硬度和耐磨性，例如，刀具、量具和其他一些工具，淬火后多用低温回火。

　　（2）中温回火。回火温度为 350～500 ℃。中温回火可消除淬火工件大部分内应力，硬度显著下降，但具有一定的韧性和高的弹性，一般用于处理热锻模、弹簧等。

　　（3）高温回火。回火温度为 500～650 ℃。高温回火可以消除内应力，使零件获得较好的强度、塑性和韧性等综合力学性能。生产上把淬火+高温回火称为调质处理。一般具有较高综合力学性能的重要结构零件，如连杆、齿轮和主轴等都要经过调质处理。

左栏：四、相关知识点

任务编号	**W02**	任务名称	金属材料常识

四、相关知识点	**5. 化学热处理** 化学热处理是将零件放在某种化学介质中，通过加热和保温，使介质中的某些元素（C，N，B，Al，Cr等）渗入工件表面，从而改变零件表面化学成分和组织，使硬度、耐磨性、耐热性和耐蚀性等得到提高。常用的化学热处理方式有渗碳、渗氮和碳氮共渗等。

五、看资料，谈感想

六、任务实施

进入实训室后，组织学生学习砂轮机安全操作知识，增强学生的安全意识，严格执行 6S 管理制度，启动砂轮机后观察砂轮机运行是否正常，组织学生分组进行火花鉴别。

根据本任务所学知识点鉴别图 1-2-1 中的火花各是什么钢的火花？

1. 组织学生分组

学生分组表见表 1-2-2。

表 1-2-2　学生分组表

班级		组号		指导教师	
组长		学号			
组员	姓名	学号		姓名	学号

2. 任务分工

零件加工任务单见表 1-2-3。

表 1-2-3　零件加工任务单

班级		完成时间				
序号	产品名称	材料	加工数量	技术标准	质量要求	图样要求
1						
2						
3						
4						
5						
6						

任务编号	W02		任务名称	金属材料常识

3. 熟悉任务

（1）任务图的识读。认真阅读任务图 1-2-1，确定图中的钢材类别。

_____

_____

_____

_____

_____

_____

_____

（2）技术要求分析。分析任务图样 1-2-1，并在表 1-2-4 中写出所需要的材料，为任务实施做准备。

表 1-2-4 零件技术要求分析

序号	项目	内容	偏差范围
1	钢材火花鉴别		
2			
3			
4			

4. 工作方案

（1）设备和材料的选择。根据图 1-2-1 中钢的火花鉴别选择加工设备及材料。

_____

_____

_____

（2）拟订材料鉴别工艺路线。分组讨论任务图 1-2-1，并拟订不同钢材的火花鉴别工艺路线。

_____

_____

_____

（3）小组讨论，确定最佳方案。师生共同讨论并确定最合理的工艺路线及最佳方案。

_____

_____

_____

六、任务实施

任务编号	**W02**	任务名称	金属材料常识

（4）工作实施。在教师的指导下，熟悉设备的操作，简述设备安全操作的注意事项。

_____

_____

_____

（5）熟悉车间管理制度，简述 6S 管理的定义和目的。

_____

_____

_____

_____

5. 检测评分

检测评分表见表 1−2−5。

表 1−2−5　检测评分表

工件编号：							完成人：				
项目与配分			序号	技术要求	配分	评分标准	自测记录	得分	互测记录	得分
工件加工评分（80%）	火花鉴别		1	图 1−2−1（a）火花鉴别	20 分	鉴别错误全扣				
			2	图 1−2−1（b）火花鉴别	20 分	鉴别错误全扣				
			3	图 1−2−1（c）火花鉴别	20 分	鉴别错误全扣				
			4	图 1−2−1（d）火花鉴别	20 分	鉴别错误全扣				
工艺（10%）			5	工艺正确	10 分	每错一处扣 2 分				
设备操作（10%）			6	设备操作规范	10 分	每错一处扣 2 分				
安全文明生产（倒扣分）			7	安全操作	倒扣	因安全事故停止操作扣 5~10 分				
			8	6S 管理	倒扣					
得分										

6. 火花鉴别不正确的原因分析

小组根据检测结果讨论、分析火花鉴别不正确的原因及预防方法，并填写表 1−2−6。

（左侧栏）六、任务实施

续表

任务编号	W02	任务名称	金属材料常识

表1-2-6 火花鉴别不正确的原因及预防方法

序号	原因	预防方法
1		
2		
3		
4		

7. 教师评价

教师对学生的整个任务实施过程进行评价，并填写表1-2-7。

表1-2-7 教师评价表

班级		组名		姓名		
出勤情况						
评价内容	评价要点	考察要点	分数	分数评定		得分
任务描述、接受任务	口述内容细节	表述仪态自然、吐字清晰	2分	表述仪态不自然或吐字模糊扣1分		
		表达思路清晰、层次分明、准确		表达思路模糊或层次不清扣1分		
任务分析、分组情况	依据图样分析工艺、分组、分工	分析图样关键点准确	3分	表达思路模糊或层次不清扣1分		
		涉及的理论知识回顾完整，分组、分工明确		知识不完整扣1分，分组、分工不明确扣1分		
制订计划	制订加工工艺路线	准确制订工艺路线	15分	工艺路线步骤每错误一步扣1分，扣完为止		
计划实施	加工前准备	设备准备	3分	每漏一项扣1.5分		
		材料准备		没有检查扣1.5分		
		以情景模拟的方式，体验到材料库领取材料的过程，并完成领料单	2分	领料单填写不完整扣1分		
	加工	正确选择材料	5分	选择错误一项扣1分，扣完为止		
		查阅资料，正确选择加工的技术参数	5分	选择错误一项扣1分，扣完为止		

（左侧纵向）六、任务实施

续表

任务编号	W02		任务名称		金属材料常识	

续表

<table>
<tr><td rowspan="8">六、任务实施</td><td>评价内容</td><td>评价要点</td><td>考察要点</td><td>分数</td><td>分数评定</td><td>得分</td></tr>
<tr><td rowspan="3">计划实施</td><td>加工</td><td>正确实施零件加工，无失误（依据工件评分表）</td><td>40 分</td><td>依据工件评分标准超差扣分</td><td></td></tr>
<tr><td rowspan="2">现场恢复</td><td>在加工过程中保持 6S 管理、三环落地</td><td>3 分</td><td>每漏一项扣 1 分，扣完为止</td><td></td></tr>
<tr><td>设备、材料、工具、工位恢复整理</td><td>2 分</td><td>每违反一项扣 1 分，扣完为止</td><td></td></tr>
<tr><td rowspan="3">总结</td><td rowspan="3">任务总结</td><td>依据自评分数</td><td>5 分</td><td>依据总结内容是否到位酌情给分</td><td></td></tr>
<tr><td>依据互评分数</td><td>5 分</td><td>依据总结内容是否到位酌情给分</td><td></td></tr>
<tr><td>依据个人总结评分报告</td><td>10 分</td><td>依据总结内容是否到位酌情给分</td><td></td></tr>
<tr><td colspan="3">合计</td><td>100 分</td><td></td><td></td></tr>
</table>

七、反思	（1）火花鉴别所需的设备有哪些？ （2）常用热处理方法有哪些？ （3）选择正火和退火工艺的依据是什么？ （4）回火有哪几种，各自作用是什么？

14

任务三 常用量具的使用方法

任务编号	**W03**		任务名称	常用量具的使用方法
一、任务描述	图1-3-1所示为常用量具，掌握各个常用量具的结构、读数原理。 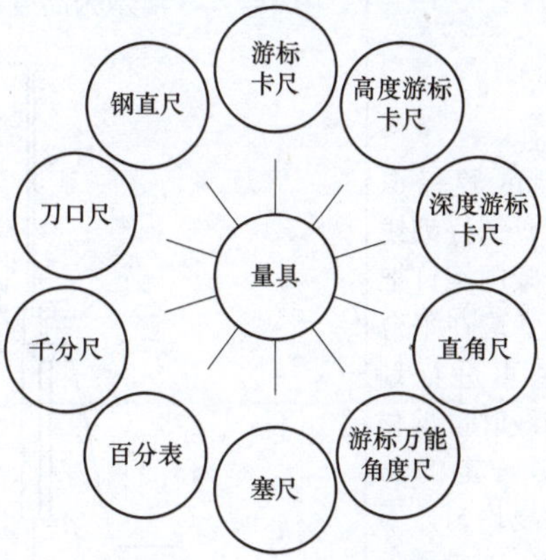 图1-3-1 常用量具			
二、学习目标	掌握常用量具的使用方法和读数原理。			
三、任务分析	了解常用量具的结构及读数方法，并说明常用量具的用途，以及维护和保养方法。			

	名称	注意事项	图示	使用说明及读数
四、相关知识点	游标卡尺	测量前应擦干净被测量工件，同时检查游标卡尺量爪是否贴合无间隙，主尺游标是否两对零。尺框活动应自如，不松、不紧、不摇晃。测力松紧细调整。量轴防歪斜，量孔防偏歪。读数垂直看。不能测量转动的工件，绝对禁止将游标卡尺两个量爪当作扳手或划线工具使用。	图1-3-2所示为游标卡尺。 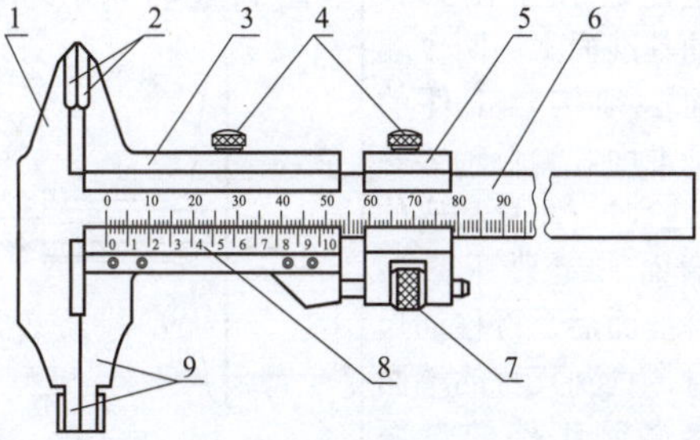 图1-3-2 游标卡尺 1—尺身；2—上量爪；3—尺框；4—紧固螺钉； 5—微动装置；6—主尺；7—微动螺母； 8—游标；9—下量爪	游标卡尺是一种常用的量具，具有结构简单、使用方便、精度中等和测量的尺寸范围大等特点，可以用它来测量零件的外径、内径、长度、宽度、厚度、深度和孔距等，应用范围很广。游标卡尺读数方法与案例见表1-3-1。

任务编号		**W03**		任务名称	常用量具的使用方法

四、相关知识点	名称	注意事项	图示		使用说明及读数
	高度游标卡尺	应用高度游标卡尺划线时，调好划线高度，用紧固螺钉把尺框锁紧。应在平台上先调整再进行划线，在划线时量爪和工件倾斜一定的角度，用力要均匀，不能太大力，以免量爪受冲击力而损坏。	图1-3-3所示为高度游标卡尺。 **图1-3-3　高度游标卡尺** 1—主尺；2—紧固螺钉；3—尺框；4—基座； 5—量爪；6—游标；7—微动装置		高度游标卡尺用于测量零件的高度和精密划线。游标卡尺读数方法与案例见表1-3-1。
	深度游标卡尺	测量时，先擦干净量具和工件，把测量基座轻轻压在工件的基准面上，两个端面必须接触工件的基准面。测量轴类等台阶时，测量基座的端面一定要压紧在基准面后，再移动尺身，直到尺身的端面接触到工件的量面（台阶面）上，然后用紧固螺钉固定尺框，提起卡尺，读出深度尺寸。	图1-3-4所示为深度游标卡尺。 **图1-3-4　深度游标卡尺** 1—测量基座；2—紧固螺钉；3—尺框； 4—尺身；5—游标		深度游标卡尺用于测量零件的深度尺寸、台阶高低或槽的深度。游标卡尺读数方法与案例见表1-3-1。

任务编号		W03		任务名称	常用量具的使用方法
四、相关知识点	名称	注意事项	图示		使用说明及读数
	钢直尺	钢直尺是最简单的长度量具，它的长度有 150 mm，300 mm，500 mm 和 1 000 mm 四种规格。常用的是 150 mm 钢直尺。钢直尺因精度不高，故在测量时，不能用来测量精度要求高的工件。	图 1-3-5 所示为钢直尺。 图 1-3-5　钢直尺		钢直尺用于测量零件的长度尺寸，它的测量结果不太准确。这是由于钢直尺的刻线间距为 1 mm，而刻线本身的宽度就有 0.1～0.2 mm，因此，测量时读数误差比较大，只能读出毫米数，即它的最小读数值为 1 mm，比 1 mm 小的数值，只能估计得到。
	千分尺	测量面保持干净，使用时应校准，零线应与固定套管上的基准线对齐。先转动微分筒，当测量面将要接近工件时，改用棘轮，直到棘轮发出吱吱的声音为止。测量时，千分尺要放正。注意温度对测量的影响。不能测毛坯。工件转动时不能测量。	图 1-3-6 所示为千分尺。 图 1-3-6　千分尺 1—尺架；2—固定测砧；3—测微螺杆； 4—螺纹轴套；5—固定刻度套筒；6—微分筒； 7—调节螺母；8—接头；9—垫片；10—测力装置； 11—锁紧螺钉；12—绝热板		各种千分尺的结构大同小异，常用的外径千分尺用于测量或检验零件的外径、板厚或壁厚等（测量孔壁厚度的千分尺，其量面呈球弧形）。

 金工实训

任务编号	W03		任务名称	常用量具的使用方法
	名称	注意事项	图示	使用说明及读数
四、相关知识点	百分表	使用前，请检查测量杆是否灵活，即轻轻推动测量杆时，测量杆在套筒内的移动是否流畅，无卡顿现象。为了确保测量准确性和防止损坏百分表，请务必将百分表可靠地固定在稳定的支承物上，如磁性支架。测量时，要小心操作，避免测量杆的行程超出行程范围，或者测头突然撞击工件。当测量平面时，百分表的测量杆应当与所测平面平行；而当测量圆柱形工件时，测量杆需要与工件的中心线重合，这样才能确保测量杆的正常运动。	图1-3-7所示为百分表。 **图1-3-7 百分表** 1—表体；2—调节螺母；3—表盘；4—表圈；5—转数指示盘；6—指针；7—套筒；8—测量杆；9—测量头	百分表是一种精度较高的量具，它只能测出相对的数值，不能测出绝对数值。百分表主要用来检查工件的形状和位置误差（如圆度、平面度、垂直度、跳动等），也常用于工件的精密找正。
	刀口尺	测量前，应检查刀口尺测量面是否清洁，用后要保养。使用刀口尺时，手应握持绝热板，以避免温度对测量结果产生影响或使刀口尺产生锈蚀。使用时不得碰撞，以确保其工作棱边的完整性，否则将影响测量的准确度。由于刀口尺的测量精度受到其尺寸限制，因此刀口尺只适于测量磨削或研磨加工小平面的直线度及短圆柱面、圆锥面的母线直线度。	图1-3-8所示为刀口尺。 **图1-3-8 刀口尺**	刀口尺有镁铝合金与钢制两种，主要用于以光隙法进行直线度测量和平面度测量，也可与量块一起用于检验平面精度。刀口尺的精度可以分为0级和1级。

续表

任务编号	W03		任务名称	常用量具的使用方法
	名称	注意事项	图示	使用说明及读数
四、相关知识点	塞尺	塞尺又称测微片或厚薄规，是用来检验间隙的量具。因为厚薄规比较薄，所以在使用时要轻拿轻放，不能用力过猛，以免变形，影响测量精度。用完后要进行保养。	图1-3-9所示为塞尺。 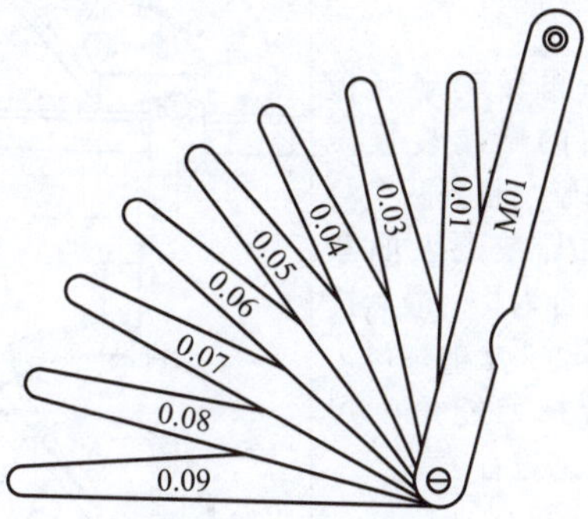 图1-3-9 塞尺	测量时，根据结合面间隙的大小，用一片或数片重叠在一起塞进间隙内，例如，用0.03 mm的一片能插入间隙，而用0.04 mm的一片不能插入间隙，这说明间隙在 0.03～0.04 mm 之间，所以塞尺也是一种界限量规。
	直角尺	直角尺主要是用来测量两相邻面的垂直度，在测量时，直角尺一定要紧贴被测量面，不能有间隙。	图1-3-10所示为直角尺。 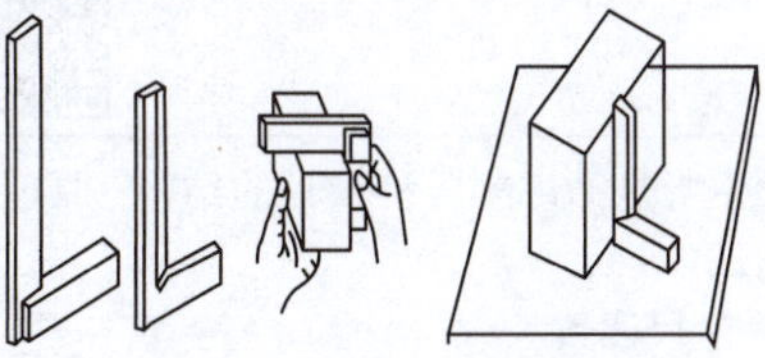 图1-3-10 直角尺	直角尺用来测量零件的垂直度。
	游标万能角度尺	使用前应先将游标万能角度尺各组件擦干净。测量时，根据产品被测部位的情况，先调整好角尺或直尺的位置，用卡块上的螺钉把它们紧固住，再来调整基尺测量面与其他有关测量面之间的夹角。这时，要先松开制动头上的螺母，移动主尺做粗调整，	图1-3-11所示为游标万能角度尺。 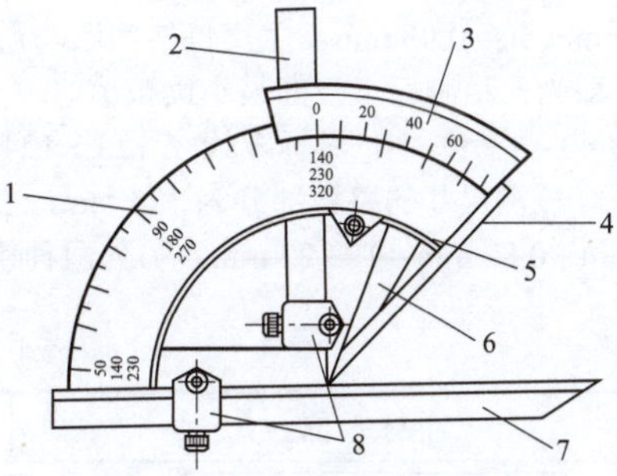 图1-3-11 游标万能角度尺 1—主尺；2—角尺；3—游标；4—基尺； 5—制动头；6—扇形板；7—直尺；8—卡块	游标万能角度尺是用来测量精密零件内外角度或进行角度划线的量具，测量范围为0°～320°。如图1-3-11所示，当角尺和直尺全装上时，可测量0°～50°的外

续表

任务编号	W03		任务名称	常用量具的使用方法

	名称	注意事项	图示	使用说明及读数
四、相关知识点	游标万能角度尺	然后再转动扇形板背面的微动装置做细调整，直到两个测量面与被测表面紧密贴合为止。最后拧紧制动头上的螺母，将游标万能角度尺取下来进行读数。	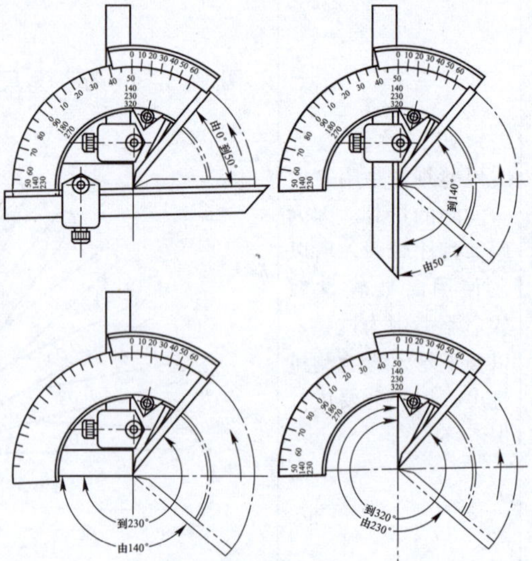 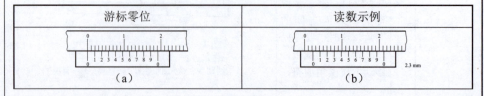图1-3-11　游标万能角度尺（续）	角度；只装上直尺时，可测量50°～140°的角度；只装上角尺时，可测量140°～230°的角度；将角尺和直尺全拆下时，可测量230°～320°的角度。

五、看资料，谈感想

六、任务实施

组织学生听老师讲解各种量具的结构、原理及读数方法后，对学生进行面对面的各种量具读数的测试。

1. 游标卡尺读数

（1）游标卡尺、高度游标卡尺、深度游标卡尺几种量具的读数方法相同。

（2）游标卡尺读数方法与示例见表1-3-1。

游标卡尺测量精度有0.02 mm，0.05 mm，0.10 mm三种。

下面以测量精度为0.02 mm的游标卡尺读数为例，在表1-3-1（e）中，主尺每小格为1 mm，当两爪合并时，游标上的50格刚好等于主尺上的49 mm，则游标每格间距＝49 mm÷50＝0.98 mm，主尺每格间距与游标每格间距差＝1 mm－0.98 mm＝0.02 mm，0.02 mm即为此种游标卡尺的最小读数值。

在表1-3-1（f）中，游标零线在123～124 mm之间，游标上的11格刻线与主尺刻线对准。所以，被测尺寸的整数部分为123 mm，小数部分为11×0.02 mm＝0.22 mm，被测尺寸为123 mm＋0.22 mm＝123.22 mm。另外两种精度的读数方法见表1-3-1。

表1-3-1　游标卡尺读数方法与示例

游标零位	读数示例
（a）	（b） 2.3 mm

续表

任务编号	**W03**	任务名称	常用量具的使用方法

续表

游标零位	读数示例
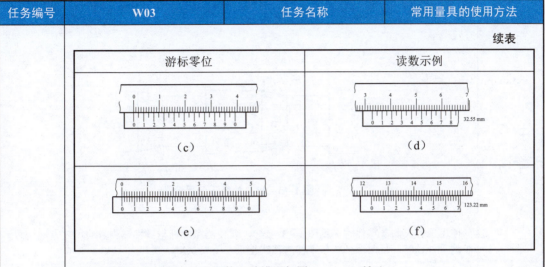	
（c）	（d）
（e）	（f）

（3）游标卡尺使用中易出现的几种错误如图1-3-12所示。

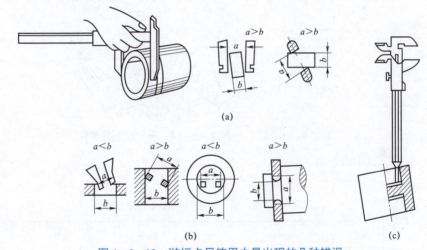

图1-3-12 游标卡尺使用中易出现的几种错误
（a）测量外径的错误；（b）测量内径和沟槽的错误；（c）测量深度的错误

2. 千分尺读数

千分尺的测微螺杆右端螺纹的螺距为0.5 mm，其微分筒前端圆锥面的圆周上共刻50格，因此当微分筒转1格时，测微螺杆就移动0.01 mm，即0.5 mm÷50＝0.01 mm，固定刻度套筒上刻有间距为0.5 mm的刻度线。

千分尺的读数方法可分为三步，如图1-3-13所示。

第1步，读出微分筒边缘在固定刻度套筒的多少尺寸。

第2步，读出微分筒与固定套管基准线对齐的那一格。

第3步，把两个读数相加，得到实测尺寸。

如图1-3-13（a）所示，在固定刻度套筒上读出的尺寸为8 mm，微分筒上读出的尺寸为27×0.01 mm＝0.27 mm，两数相加，得被测零件的尺寸为8.27 mm；如图1-3-13（b）所示，在固定套筒上读出的尺寸为8.5 mm，在微分筒上读出的尺寸为27×0.01 mm＝0.27 mm，两数相加，得被测零件的尺寸为8.77 mm。

六、任务实施

任务编号	**W03**	任务名称	常用量具的使用方法

<table>
<tr><td rowspan="5">六、任务
实施</td><td colspan="3">

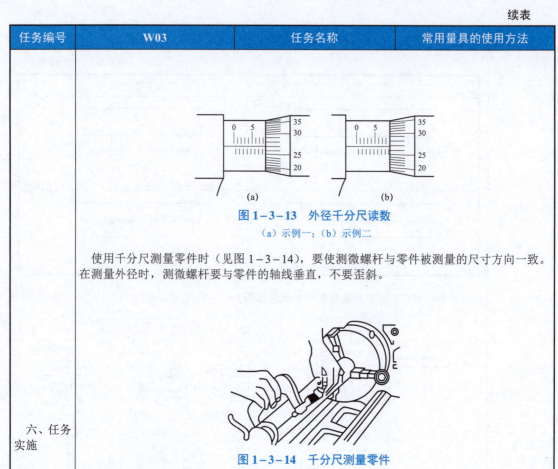

图 1-3-13 外径千分尺读数

（a）示例一；（b）示例二

使用千分尺测量零件时（见图 1-3-14），要使测微螺杆与零件被测量的尺寸方向一致。在测量外径时，测微螺杆要与零件的轴线垂直，不要歪斜。

图 1-3-14 千分尺测量零件

3. 评分标准

评分表见表 1-3-2。

表 1-3-2 评分表

</td></tr>
</table>

班级			姓名		学号	
实训	量具读数					
序号	检测内容	配分	酌情扣分	学生自评	教师评分	
1	游标卡尺读数是否准确	20 分	酌情扣分			
2	高度游标卡尺读数是否准确	20 分	酌情扣分			
3	深度游标卡尺读数是否准确	20 分	酌情扣分			
4	千分尺读数是否准确	20 分	酌情扣分			
5	百分表读数是否准确	10 分	酌情扣分			
6	刀口尺读数是否准确	10 分	酌情扣分			
	合计	100 分				

任务编号	W03	任务名称	常用量具的使用方法
七、反思	（1）量具是指可以对物体的某些性质（如尺寸、形状、位置等）进行测量的工具，请指出下面各种量具的名称，并指出这些量具的作用。请咨询教师或查阅教材，说出下列各量具（见图1－3－15）的名称和测量对象。 名称：＿＿＿＿＿＿＿＿＿　　　　　　名称：＿＿＿＿＿＿＿＿＿ 测量对象：＿＿＿＿＿＿＿＿＿　　　　测量对象：＿＿＿＿＿＿＿＿＿ 名称：＿＿＿＿＿＿＿＿＿　　　　　　名称：＿＿＿＿＿＿＿＿＿ 测量对象：＿＿＿＿＿＿＿＿＿　　　　测量对象：＿＿＿＿＿＿＿＿＿ 名称：＿＿＿＿＿＿＿＿＿　　　　　　名称：＿＿＿＿＿＿＿＿＿ 测量对象：＿＿＿＿＿＿＿＿＿　　　　测量对象：＿＿＿＿＿＿＿＿＿ 图1－3－15　题（1）图 （2）对比图1－3－16（a）和图1－3－16（b），判断哪个操作正确，哪个操作错误，并说明理由。 （a）　　　　　　　　　　　　　（b） 图1－3－16　测量实操（一）		

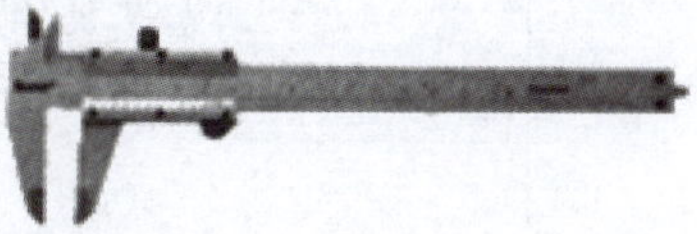

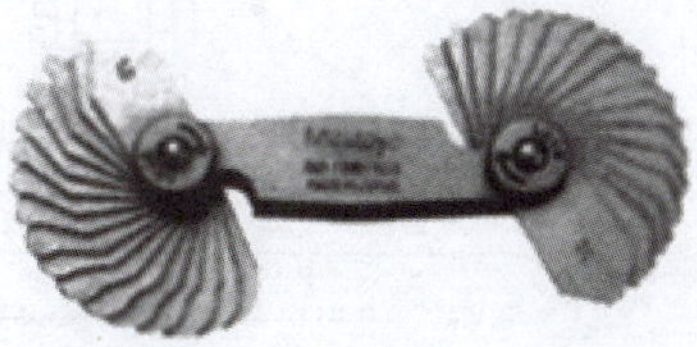

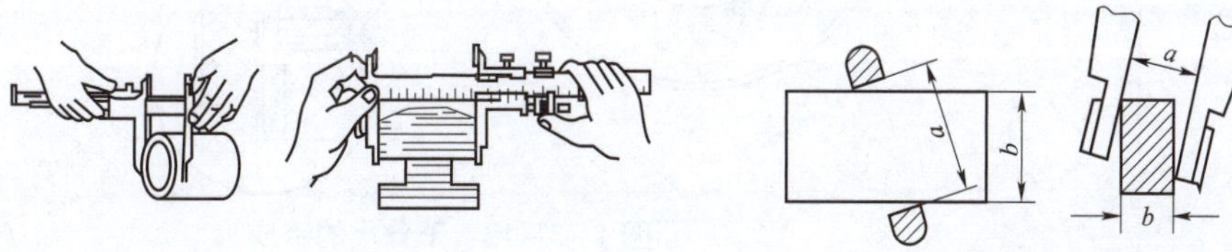

任务编号	W03	任务名称	常用量具的使用方法

（3）如图 1－3－17 所示，指出各测量操作是否正确，并说明理由。

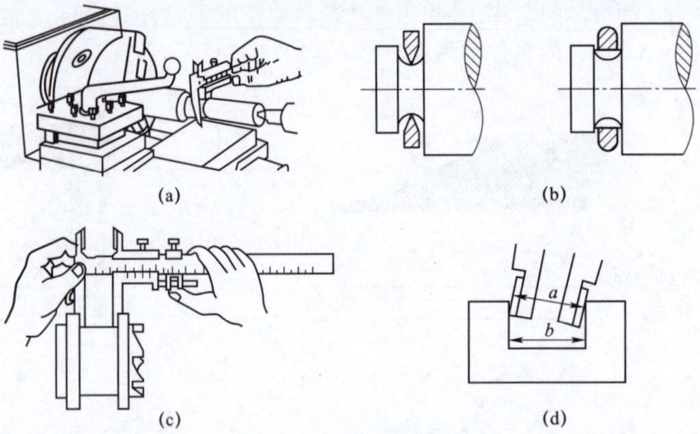

（a）　　　　　　　　　　（b）

（c）　　　　　　　　　　（d）

图 1－3－17　测量实操（二）

_____

_____

（4）试述百分表的计数原理及其用途。

_____

_____

_____

（5）在使用游标卡尺和千分尺前为什么要检查零点？

_____

_____

_____

七、反思

（6）如图 1－3－18 所示，指出千分尺的各部分名称和作用。

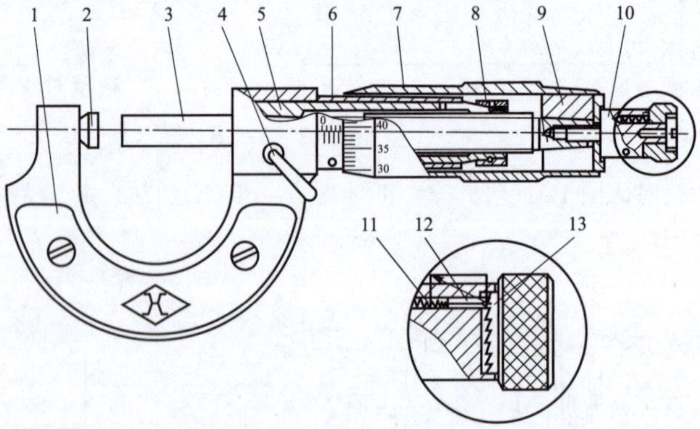

图 1－3－18　千分尺的组成

1—_____；2—_____；3—_____；4—_____；5—_____；

6—_____；7—_____；8—_____；9—_____；

10—_____；11—_____；12—_____；13—_____；

作用：_____

_____

_____

续表

任务编号	W03	任务名称	常用量具的使用方法

（7）如图 1-3-19 所示，指出测量操作哪些正确，哪些错误？并说明理由。

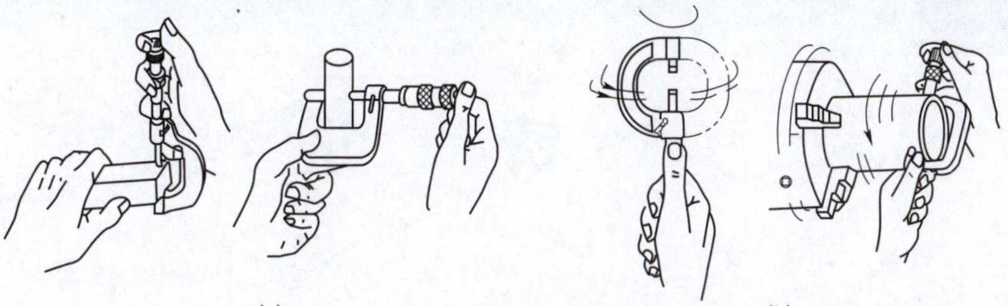

七、反思

(a)　　　　　　　　　(b)

图 1-3-19　测量实操（三）

_____

_____

_____

_____

模块二

铸　　造

任务　铸　　造

任务编号	W04	任务名称	铸造
一、任务描述	如图 2-1-1 所示，按要求进行支座的铸造。 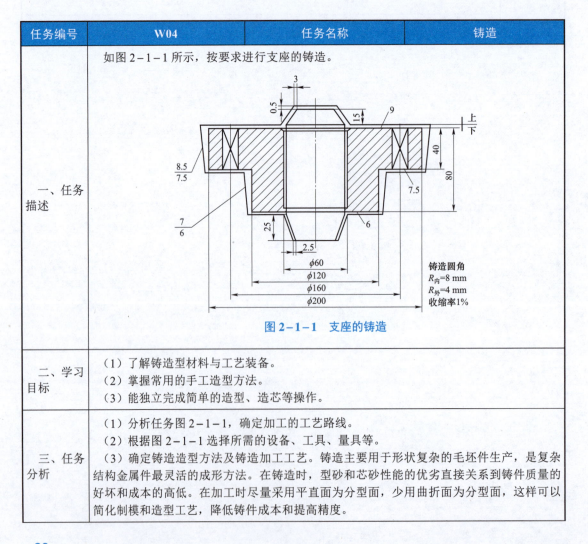 图 2-1-1　支座的铸造		
二、学习目标	（1）了解铸造型材料与工艺装备。 （2）掌握常用的手工造型方法。 （3）能独立完成简单的造型、造芯等操作。		
三、任务分析	（1）分析任务图 2-1-1，确定加工的工艺路线。 （2）根据图 2-1-1 选择所需的设备、工具、量具等。 （3）确定铸造造型方法及铸造加工工艺。铸造主要用于形状复杂的毛坯件生产，是复杂结构金属件最灵活的成形方法。在铸造时，型砂和芯砂性能的优劣直接关系到铸件质量的好坏和成本的高低。在加工时尽量采用平直面为分型面，少用曲折面为分型面，这样可以简化制模和造型工艺，降低铸件成本和提高精度。		

任务编号	**W04**	任务名称	铸造
四、相关知识点	（一）常用的铸造方法 铸造是将液态合金在自重或压力作用下浇注到与零件的形状、尺寸相适应的铸型空腔中，待其冷却凝固，获得零件和毛坯的生产方法。铸造获得的零件和毛坯称为铸件。铸件在机械制造业中应用极其广泛，一般需要经机械加工后才能使用。铸造成形的方法很多，主要分为砂型铸造和特种铸造。 **1. 砂型铸造** 砂型铸造是利用砂型生产铸件的方法，是应用最广泛的方法之一，其生产的铸件量占铸件总产量的80%以上。砂型铸造主要分为砂箱造型和金属的熔炼与浇注两个过程，砂型铸造的工艺过程如图2-1-2所示。 **图2-1-2　砂型铸造的工艺过程** 套筒铸件砂型铸造工艺如图2-1-3所示。 **图2-1-3　套筒铸件砂型铸造工艺** **2. 特种铸造** 特种铸造主要包括熔模铸造、金属型铸造、压力铸造、低压铸造、离心铸造等多种铸造方法。

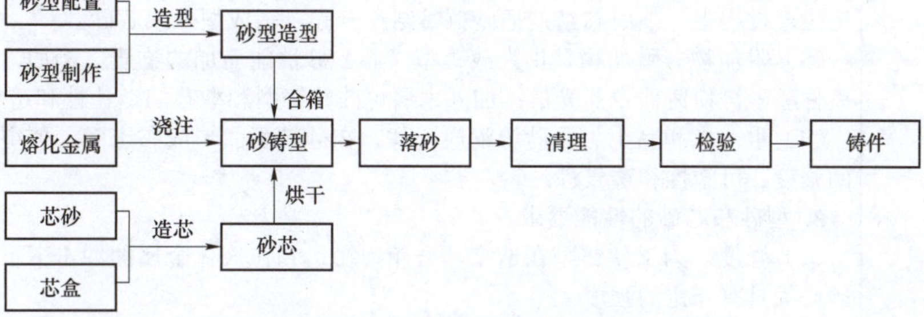

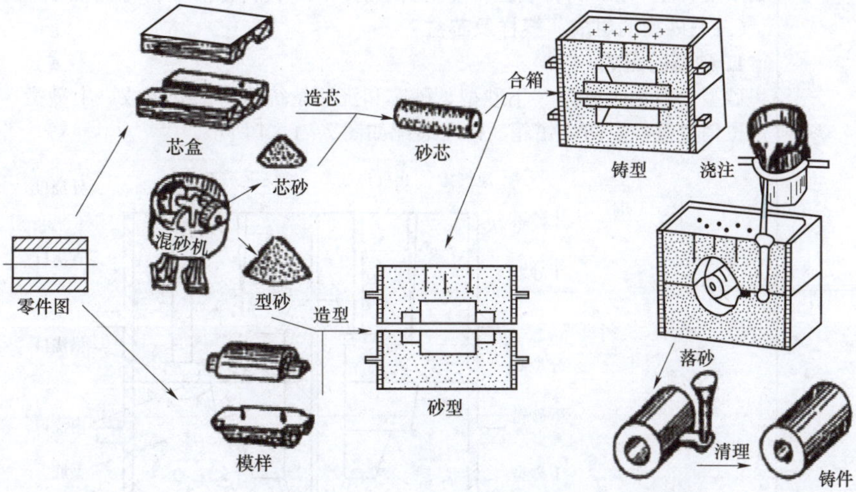

任务编号	W04	任务名称	铸造

<table>
<tr><td rowspan="1">四、相关
知识点</td><td colspan="3">

（二）造型材料与性能要求

铸造生产中的铸型是用来容纳金属液，使金属液按照它的型腔形状凝固成形，从而获得与它的型腔形状一致的铸件。铸造主要用于形状复杂的毛坯生产，如机床床身、发动机缸体、各种支架、箱体等，它是制造具有复杂结构金属件最灵活的成形方法。常用的铸件，按造型材料的不同可分为砂型和金属型。砂型铸造是用型砂制成铸型并进行浇注而生产出铸件的铸造方法。

1. 型砂和芯砂的概念

砂型铸造的造型材料由原砂、黏结剂、附加物等按一定比例混合而成，它具有一定的物理性能，能满足造型的需要。制造铸型的材料称为型砂，制造型芯的材料称为芯砂。型砂和芯砂性能的优劣直接关系到铸件质量的好坏和成本的高低。

2. 型砂和芯砂的组成

（1）原砂。只有符合一定技术要求的天然矿砂才能作为铸造用砂，这种天然矿砂称为原砂。

（2）黏结剂。沙粒之间是松散的，且没有黏结力，不能形成具有一定形状的整体。在铸造生产过程中，须用黏结剂把砂粒黏结在一起，制成型砂或芯砂。

（3）附加物。附加物是指为改善型（芯）砂性能而加的物质，例如，加入煤粉能防止铸铁件黏砂，使铸件表面光洁；加入木屑可改善铸型和型芯的退让性和透气性。

（4）水。水和黏土、原砂等混成一体，在砂粒表面形成黏土膜，使型（芯）砂具有一定的强度、可塑性和透气性。

3. 型砂和芯砂的性能要求

（1）强度。为了使铸型在造型、合箱、搬运和在液体金属的冲击下不致损坏，型砂和芯砂必须具有一定的强度。

（2）透气性。型砂和芯砂能让气体通过的性能称为透气性。在浇注时，铸型中会产生大量气体，液体金属中也会排出气体，这些气体必须从铸型中排出。如果透气性不足，气体将留在铸件里，形成气孔。

（3）耐火性。在高温的液体金属作用下，型砂和芯砂不被烧结或熔化的性能称为耐火性。如果耐火性不够，铸件表面将产生黏砂的缺陷，使铸件清理和切削加工困难，甚至造成废品。

（三）砂型的组成、模样及芯盒

1. 砂型的组成

砂型一般由上砂型、下砂型、砂芯和浇注系统等几部分组成。上砂型、下砂型通常要用定位销定位，以防止错箱。砂型装配如图 2-1-4 所示。 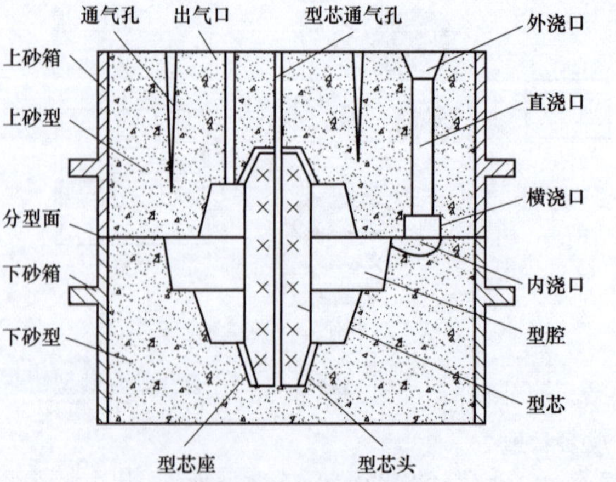

图 2-1-4　砂型装配

</td></tr>
</table>

任务编号	W04	任务名称		铸造

2. 模样与芯盒

模样与芯盒是制造砂型的基本工具，是用来造型和造芯的模具。

模样用来获得铸件的外形，芯盒用来造芯，以获得铸件的内腔。

制造模样及芯盒时，应考虑分型面问题。

分型面指的是上砂型、下砂型间相互接触的表面。选择时必须考虑造型、起模是否方便，并保证铸件质量。如图 2-1-5 所示，分型面的位置用短线表示，箭头和"上""下"分别表示上型和下型的位置。

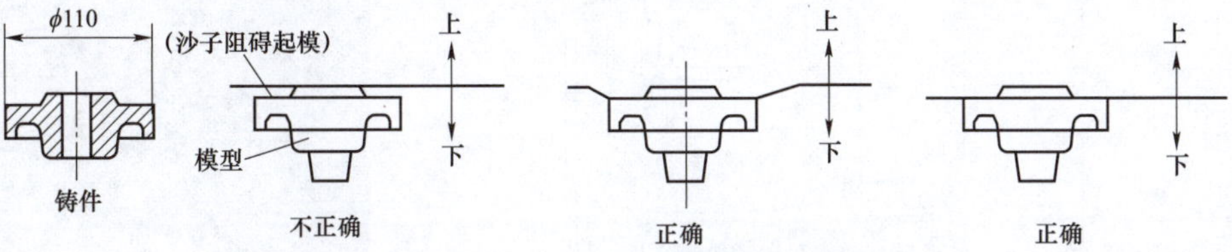

图 2-1-5 分型面应选择最大截面处

分型面的确定应注意以下原则。

（1）分型面应选择在模样的最大截面处，以便于取模。

（2）尽可能使铸件在同一砂型内，以减少错箱和提高铸件的精度。分模造型易错箱，分型面位置不够合理；整机模、挖砂造型，铸件大部分在同一砂型内，不易错箱，飞边少，分型面位置较合理。

（3）应使铸件中重要的机加工面朝下。

（4）尽量采用平直面为分型面，少用曲折面为分型面，这样可以简化制模和造型工艺，降低铸件成本和提高精度。

（四）手工造型常用的工具

手工砂箱造型的常用工具如图 2-1-6 所示。

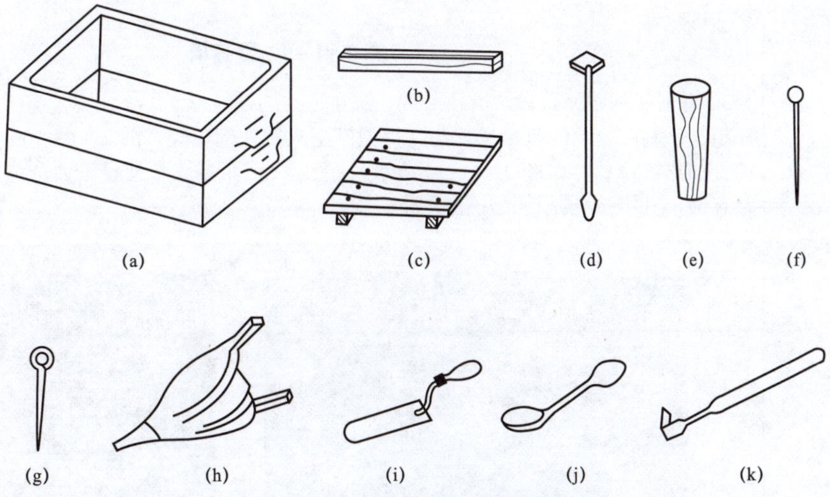

四、相关知识点

图 2-1-6 手工砂箱造型的常用工具

（a）砂箱；（b）刮砂板；（c）底板；（d）春砂锤；（e）浇口棒；（f）通气针

任务编号	W04	任务名称	铸造

（五）手工造型基本操作过程

1. 混砂阶段

制备型砂和芯砂，供造型用，一般使用混砂机将型砂和适量黏土搅拌，如图2-1-7所示。

2. 制模阶段

根据零件图纸制作模样和芯盒，如图2-1-8所示，一般单件可以用木模，批量生产可制作塑料模或金属模（俗称铁模或钢模），大批量铸件可以制作型板。现在模样基本是用雕刻机制作，制作周期大幅缩短，如图2-1-9所示，制模一般需要2~10天不等。

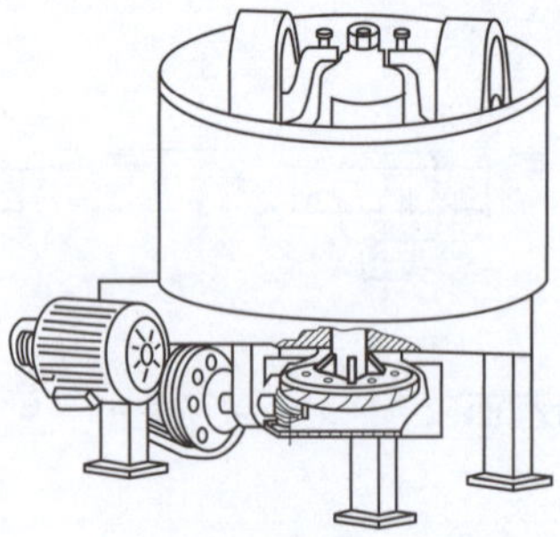

图2-1-7　混砂机

图2-1-8　铸造木模

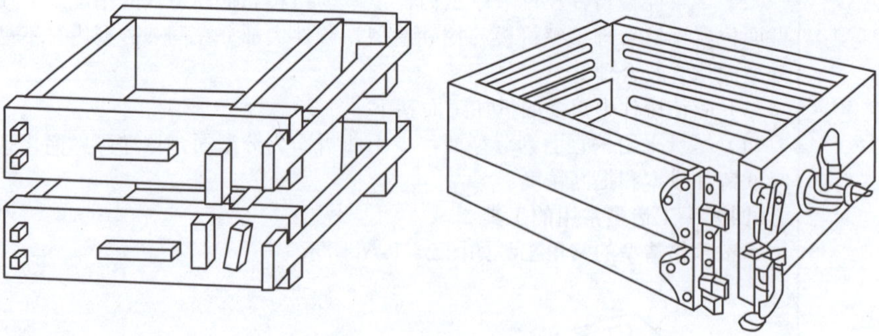

图2-1-9　型芯箱

3. 造型（制芯）阶段

造型（制芯）阶段包括了造型（用型砂形成铸件的型腔，图2-1-10所示）、制芯（形成铸件的内部形状，如图2-1-11所示）、配模（把泥芯放入型腔里面，将上下砂箱合好）几个环节，其中造型是铸造中的关键环节。

图2-1-10　造型

图2-1-11　制芯

四、相关知识点

任务编号	W04	任务名称	支座的铸造

4. 浇注阶段

用铁水包把电炉里熔化的铁水（见图 2-1-12）注入造好的型腔里。浇注铁水需要注意浇注的速度，让铁水注满整个型腔，图 2-1-13 所示为铁火浇注。另外，浇注铁水比较危险，需要注意安全。

图 2-1-12　电炉熔炼铁水

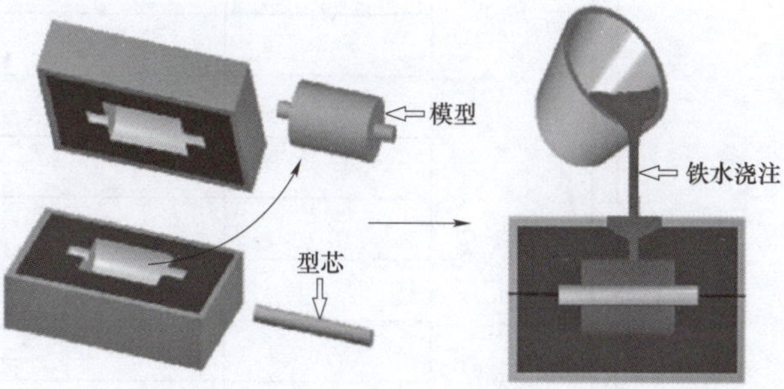

图 2-1-13　铁火浇注

5. 清理阶段

等熔融金属凝固后，拿锤子清掉浇口，清除砂芯和黏砂，如图 2-1-14 所示，修整铸件，再经过热处理工序才能达到要求。

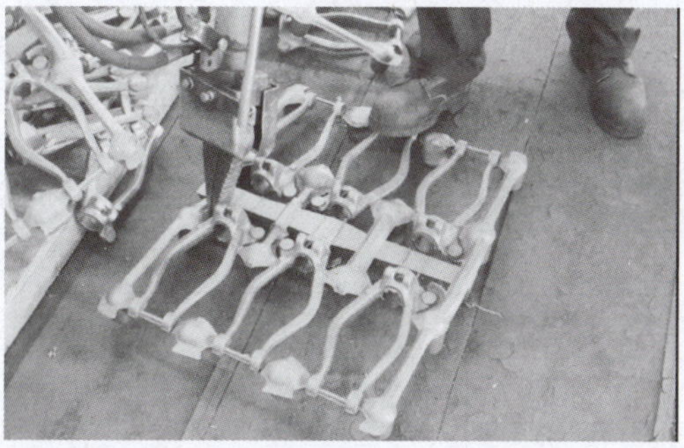

图 2-1-14　清掉浇口、砂芯、黏砂

6. 铸件检验

一般在清理或加工阶段过程中，发现不合格的产品要先挑出来。但有些铸件有特殊要求，需要再检查一遍。

经过以上 6 个步骤，铸件就基本成形了，对于要求精度高的铸件，需要进行机加工。随着铸造技术的不断发展，传统砂型铸造或是被改进或是被其他铸造方法所替代。

（左侧分栏）四、相关知识点

五、看资料，谈感想

六、任务实施

按图 2-1-1 进行支座的铸造。

1. 组织学生分组

学生分组表见表 2-1-1。

31

任务编号	W04		任务名称		铸造

六、任务实施

表 2−1−1　学生分组表

班级		组号		指导教师	
组长		学号			
组员	姓名	学号		姓名	学号

2. 任务分工

零件加工任务单见表 2−1−2。

表 2−1−2　零件加工任务单

班级		完成时间			
序号	产品名称	材料	加工数量	技术标准	质量要求	图样要求
1						
2						
3						
4						
5						
6						

3. 熟悉任务

（1）任务图的识读。认真阅读任务图 2−1−1，找出其中标注错误或者漏标的情况，若发现问题，应及时提出修改意见。

_____

_____

_____

（2）毛坯选择分析。分析本任务所加工的零件，并选择合理的毛坯。

_____

_____

_____

续表

任务编号	W04	任务名称	铸造
六、任务实施	(3) 技术要求分析。分析任务图 2-1-1，并在表 2-1-3 中写出所需要的材料，为任务实施做准备。 **表 2-1-3 零件技术要求分析表** _见下表_ **4. 工作方案** (1) 设备和材料的选择。根据图 2-1-1 支座的铸造选择加工设备及材料。 (2) 拟订工艺路线。分组讨论，拟订任务加工的工艺路线。 (3) 小组讨论，确定最佳方案。师生共同讨论并确定最合理的工艺路线及最佳方案，完善零件加工的工艺路线。 (4) 工作实施。在老师的指导下，熟悉设备的操作，简述设备安全操作的注意事项。 (5) 熟悉车间管理制度。简述 6S 管理的定义和目的。		

表 2-1-3 零件技术要求分析表

序号	项目	内容	偏差范围
1			
2	支座的铸造		
3			
4			

任务编号	W04	任务名称	铸造

5. 检测评分。

检测评分表见表 2-1-4。

表 2-1-4　检测评分表

工件编号：							完成人：			
项目与配分		序号	技术要求	配分	评分标准	自测记录	得分	互测记录	得分
工件加工评分（80%）	支座的铸造	1	造型	20 分	操作错误全扣				
		2	熔炼	20 分	操作错误全扣				
		3	浇注	20 分	操作错误全扣				
		4	落砂和清理	20 分	操作错误全扣				
工艺（10%）		5	工艺正确	10 分	每错一处扣 2 分				
设备操作（10%）		6	设备操作规范	10 分	每错一处扣 2 分				
安全文明生产（倒扣分）		7	安全操作	倒扣	因安全事故停止操作扣 5~10 分				
		8	6S 管理	倒扣					
得分									

6. 支座铸造不正确的原因分析

小组根据检测结果讨论、分析支座铸造不正确的原因及预防方法，并填写表 2-1-5。

表 2-1-5　支座铸造不正确的原因及预防方法

序号	产生原因	预防方法
1		
2		
3		
4		

7. 教师评价

教师对学生的整个任务实施过程进行评价，并填写表 2-1-6。

六、任务实施

续表

任务编号	W04		任务名称		铸造	

表 2 – 1 – 6　教师评价表

班级		组名		姓名		
出勤情况						
评价内容	评价要点	考察要点		分数	分数评定	得分
任务描述、接受任务	口述内容细节	表述仪态自然、吐字清晰		2 分	表述仪态不自然或吐字模糊扣 1 分	
		表达思路清晰、层次分明、准确			表达思路模糊或层次不清扣 1 分	
任务分析、分组情况	依据图样分析工艺、分组、分工	分析图样关键点准确		3 分	表达思路模糊或层次不清扣 1 分	
		涉及的理论知识回顾完整，分组、分工明确			知识不完整扣 1 分，分组、分工不明确扣 1 分	
制订计划	制订加工工艺路线	准确制订工艺路线		15 分	工艺路线步骤每错误一步扣 1 分，扣完为止	
	加工前准备	设备准备		3 分	每漏一项扣 1.5 分	
		材料准备			没有检查扣 1.5 分	
		以情景模拟的方式，体验到材料库领取材料的过程，并完成领料单		2 分	领料单填写不完整扣 1 分	
计划实施	加工	正确选择材料		5 分	选择错误一项扣 1 分，扣完为止	
		查阅资料，正确选择加工的技术参数		5 分	选择错误一项扣 1 分，扣完为止	
		正确实施零件加工，无失误（依据工件评分表）		40 分	依据工件评分标准超差扣分	
	现场恢复	在加工过程中保持 6S 管理、三环落地		3 分	每漏一项扣 1 分，扣完为止	
		设备、材料、工具、工位恢复整理		2 分	每违反一项扣 1 分，扣完为止	

六、任务实施

任务编号	W04		任务名称		铸造

续表

	评价内容	评价要点	考察要点	分数	分数评定	得分
六、任务实施	总结	任务总结	依据自评分数	5分	依据总结内容是否到位酌情给分	
			依据互评分数	5分	依据总结内容是否到位酌情给分	
			依据个人总结评分报告	10分	依据总结内容是否到位酌情给分	
		合计		100分		

（1）图2−1−15及图2−1−16所示分别为铸型装配图、带浇注系统的铸件图。请填写其中标注部位的名称。

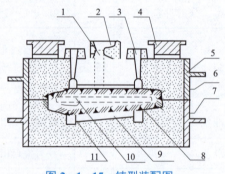

图2−1−15　铸型装配图

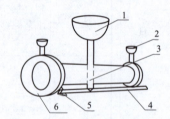

图2−1−16　带浇注系统的铸件图

七、反思

图2−1−15标注部位的名称：

1—_____；2—_____；3—_____；4—_____；5—_____；

6—_____；7—_____；8—_____；9—_____；10—_____；

11—_____。

图2−1−16标注部位的名称：

1—_____；2—_____；3—_____；4—_____；5—_____；

6—_____。

（2）如图2−1−17所示，填写砂型腔铸造的工艺过程。

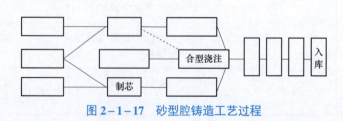

图2−1−17　砂型腔铸造工艺过程

任务编号	**W04**	任务名称	铸造

（3）图 2-1-18 所示为轴承盖，使用材料为 HT150，小批量生产，要求 ϕ126 mm，ϕ90 mm，ϕ74 mm，具备较高的同轴度。请确定其造型工艺方案（标出浇注位置、分型面，说明造型方法），并简述理由。

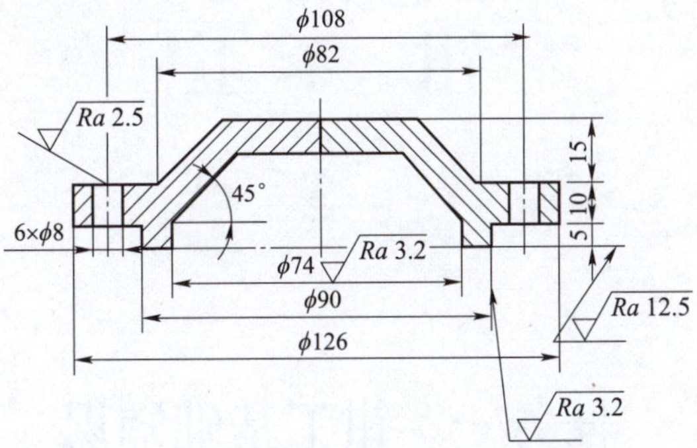

图 2-1-18　轴承盖

七、反思

（4）由于铝合金在高温下极易氧化，且具有很强的吸气能力。为保证铸件质量，试分析在熔炼铝合金时，应采取哪些措施？

（5）说明铸造缺陷的主要特征。试列举 1～2 条防止缺陷产生的措施。

模块三

钳　　工

任务一　钳工基础知识

任务编号	W05	任务名称	钳工基础知识
一、任务描述	（1）钳工是使用手工工具和机动工具（如钻床、砂轮机等）对工件进行加工或对部件整机进行加工、修整和装配的工种，是机械制造厂和非机械制造厂中不可缺少的一个工种，工作范围广泛。 （2）现代钳工的专业化分工越来越细，分别为装配钳工、机修钳工、划线钳工、模具钳工、化工检修钳工等。		
二、学习目标	（1）了解钳工的工作性质及工作任务。 （2）了解钳工常用设备的种类与用途。 （3）了解钳工常用量具的结构及用途。 （4）了解量具的维护和保养知识。 （5）熟悉钳工的安全操作规程。		
三、任务分析	用钳工知识分析如何完成以下工作任务。 （1）用钳工工具进行修配及小批量零件的加工。 （2）精度较高的样板及模具的制作。 （3）整机产品的装配和调试。 （4）使用中的机器设备（或产品）调试和维修。		
四、相关知识点	**（一）钳工的工作性质及工作任务** 　　钳工具有使用工具简单、加工方式灵活多样、操纵方便和适应面广等特点。目前虽然有各种先进的加工方法，但很多工作仍然需要钳工来完成，钳工在保证产品质量中起着重要作用。 　　钳工的基本操作技能包括划线、錾削（凿削）、锯割、锉削、钻孔、扩孔、锪孔、铰孔、攻丝、套丝、矫正、弯曲、铆接、刮削、研磨及简单的热处理等。 **（二）钳工常用设备及工作场地** **1. 钳工工作台、台虎钳** 　　钳工基本设备主要有钳工工作台，如图 3-1-1（a）所示。钳工工作台一般是木制、坚		

任务编号	**W05**	任务名称	钳工基础知识

<table>
<tr>
<td rowspan="2">四、相关
知识点</td>
<td>

实的桌子，桌面一般用铁皮包裹，钳工工作台分单人使用和多人使用两种。工作台要求平稳、结实，台面高度一般以装上台虎钳后钳口高度恰好与人手肘齐平为宜，高度一般为800～900 mm。

　　台虎钳是钳工最常用的一种夹持工具。凿切、锯割、锉削及许多其他钳工操作都是在台虎钳上进行的。

　　钳工常用的台虎钳有固定式和回转式两种。图3－1－1（b）所示为回转式台虎钳。台虎钳的主体是用铸铁制成的，由固定部分和活动部分组成。台虎钳的固定部分由转盘锁紧螺钉固定在转盘座上，转盘座内装有夹紧盘，放松转盘夹紧手柄，固定部分就可以在转盘座上转动，以变更台虎钳方向。转盘座用螺钉固定在钳台上。连接手柄的螺杆穿过活动部分旋入固定部分上的螺母内。扳动夹紧手柄使螺杆从螺母中旋出或旋进，从而带动活动部分移动，使钳口张开或合拢，以放松或夹紧零件。

图3－1－1　钳工工作台与台虎钳
（a）钳工工作台；（b）回转式台虎钳
1—手柄；2—活动钳口；3—固定钳口；4—螺母；5—夹紧手柄；6—夹紧盘；7—转盘座

使用台虎钳注意事项如下。

（1）台虎钳安装在钳工台上，必须使固定钳身的钳口工作面处于钳台边缘之外。

（2）工件应尽量夹在台虎钳钳口中部，以便钳口受力均匀。

（3）台虎钳必须牢固固定在钳工台上。

（4）当夹紧工件时，只能用手扳紧手柄，不允许套上套管或用手锤敲击手柄。

（5）在进行强力作业时，应尽量使作用力朝向固定钳身，以免造成螺纹的损坏。

2. 钻床

常见的钻床有台式钻床、立式钻床和摇臂钻床。

（1）台式钻床。台式钻床是一种小型钻床，一般用来钻直径在13 mm以下的孔。台式钻床的规格是指所钻孔的最大直径，常用6 mm和12 mm等。台式钻床的结构如图3－1－2所示。

使用台式钻床时应注意以下几点。

①　在使用过程中，工作台面必须保持清洁。

②　在钻通孔时，必须使钻头能通过工作台面上的让刀孔，或者在工件下垫上垫铁，以免钻坏工作台面。

</td>
</tr>
</table>

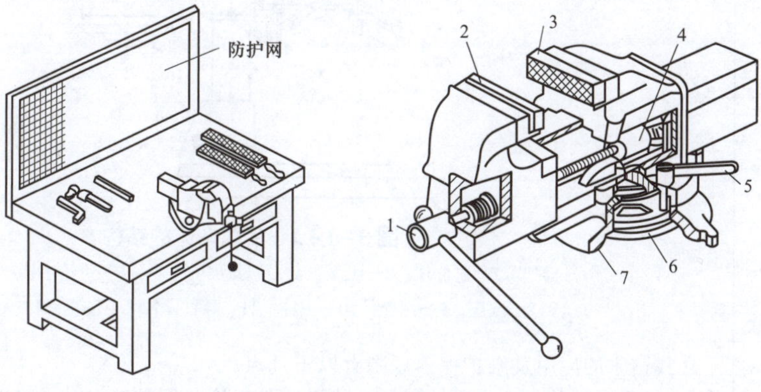

任务编号	W05		任务名称	钳工基础知识

③ 钻床用完，必须将机床外露滑动面及工作台面擦净，并对各滑动面及注油孔加润滑油。

（2）立式钻床。立式钻床一般用来钻中小型工件上的孔，其规格有 25 mm，35 mm，40 mm，50 mm 等几种。立式钻床的结构如图 3－1－3 所示。

立式钻床的功率较大，可实现机动进给，因此可获得较高的效率和加工精度。另外，它的主轴转速和机动进给量变动范围较大，适用于不同材料的加工，可以钻孔、扩孔、铰孔、镗孔及攻螺纹等多种操作。

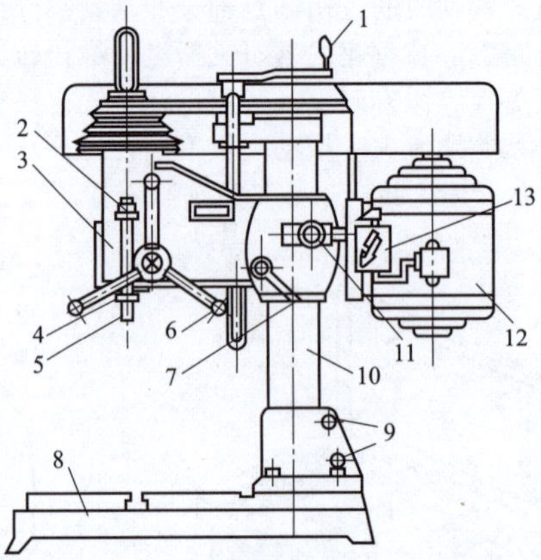

四、相关知识点

图 3－1－2　台式钻床的结构

1—摇把；2—定位杆；3—机头；4—锁母；5—主轴；6—进给手柄；7—手柄；
8—底座；9—螺栓；10—主柱；11—螺钉；12—电动机；13—开关

立式钻床的应用及维护保养规则有以下几点。

① 使用立钻前必须先空转试车，待机床各机构能正常工作时方可操作。

② 不采用机动进给时，必须将端盖向里推，断开机动进给传动。

③ 采用机动进给量时，必须先停机后变换主轴转速。

④ 要经常检查润滑系统的供油情况。

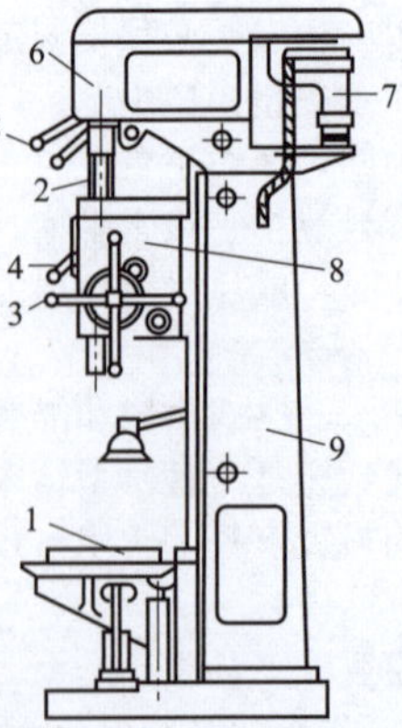

图 3－1－3　立式钻床的结构

1—工作台；2—主轴；3—进给手柄及自动进刀；4—开关；
5—变速手柄；6—变速箱；7—电动机；8—进给箱；9—立柱

任务编号	W05	任务名称	钳工基础知识

（3）摇臂钻床。摇臂钻床用于大工件及多孔工件的钻孔。它需要通过移（转）动钻轴对准工件上孔的中心后钻孔。主轴变速箱能沿摇臂左右移动，摇臂能回转260°，因此，摇臂钻床的工作范围很大，摇臂的位置由电动闸锁紧在立柱上，主轴变速箱可用电动锁紧装置固定在摇臂上。当工件不太大时，可将工件放在工作台上加工；当加工件很大时，则可直接将工件放在底座上加工。摇臂钻床除了用来钻孔外，还能用来扩孔、锪孔、铰孔、镗孔和攻螺纹等。摇臂钻床的结构如图3-1-4所示。

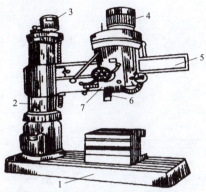

图3-1-4　摇臂钻床的结构

1—底座；2—立柱；3—电动机；4—摇臂；5—主轴；6—主轴箱；7—工作台

（4）钻床附件。钻床附件主要有钻夹头、钻头套等。钻夹头（见图3-1-5）用来装夹直径不大于13 mm的直柄钻头。钻头套（见图3-1-6）用来装夹锥柄钻头，根据钻头锥柄莫氏锥度的号数选用相应的钻头套。

四、相关
知识点

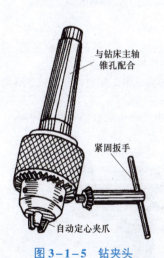

图3-1-5　钻夹头

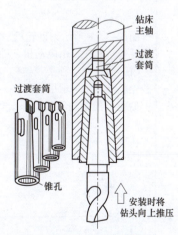

图3-1-6　钻头套

钻头套共有以下5种规格。

1号钻头套：内锥孔为1号莫氏锥度，外圆锥为2号莫氏锥度。

2号钻头套：内锥孔为2号莫氏锥度，外圆锥为3号莫氏锥度。

3号钻头套：内锥孔为3号莫氏锥度，外圆锥为4号莫氏锥度。

4号钻头套：内锥孔为4号莫氏锥度，外圆锥为5号莫氏锥度。

任务编号	**W05**	任务名称	钳工基础知识

5 号钻头套：内锥孔为 5 号莫氏锥度，外圆锥为 6 号莫氏锥度。

一般立式钻床主轴的锥孔为 3 号或 4 号莫氏锥度，摇臂钻床主轴的锥孔为 5 号或 6 号莫氏锥度。

（5）使用钻床的注意事项。

① 使用过程中，工作台台面必须保持清洁。

② 当钻通孔时，必须使钻头能通过工作台台面上的让刀孔或在工件下面垫上垫铁，以免钻坏工作台台面。

③ 使用立式钻床前必须先空转试车，在机床各机构都能正常工作时才可操作。

④ 使用立式钻床时，当不采用自动进给时，必须将立式钻床进给手柄端盖向里推，断开自动进给传动。

3. 手电钻

手电钻是一种用于小孔钻孔的电动工具，主要由电动机和两级减速齿轮组成。各种型式如图 3-1-7 所示。

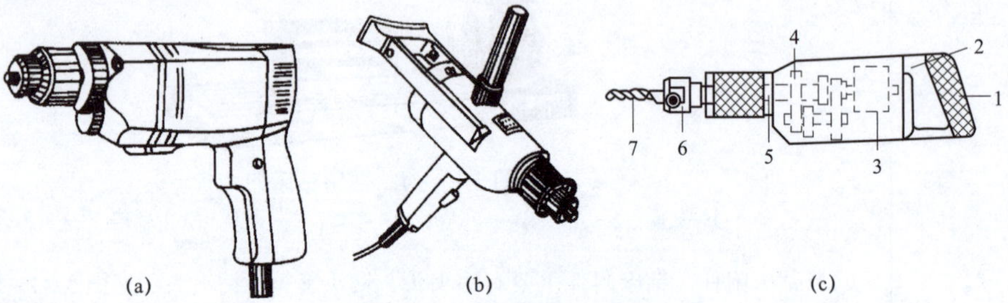

（a） （b） （c）

图 3-1-7　各种型式手电钻

（a）手枪式；（b）手提式；（c）内部结（手提式）

1—手柄；2—开关；3—电动机；4—齿轮；5—钻轴；6—钻头夹；7—钻头

4. 砂轮机

图 3-1-8 所示为砂轮机，用来磨削各种刀具或工具，如磨削錾子、钻头、刮刀、样冲、划针等。砂轮机由电动机、砂轮、机座及防护罩等组成。

（1）砂轮机的种类及结构。砂轮机的种类很多，如台式砂轮机、落地式砂轮机、手提式砂轮机等，工厂常用前两种。它是刃磨钻头、錾子、刮刀及各种刀具的专用设备。

砂轮机的结构和传动系统比较简单，由一个电动机带动砂轮转动。

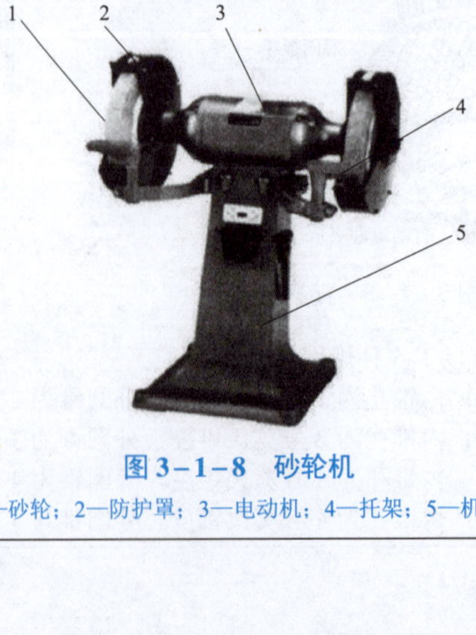

图 3-1-8　砂轮机

1—砂轮；2—防护罩；3—电动机；4—托架；5—机座

四、相关知识点

任务编号	**W05**		任务名称	钳工基础知识

四、相关知识点	（2）需注意的安全操作规程。 砂轮安装在电动机转轴两端，要做好平衡，使其在工作中平衡运转。砂轮质硬且脆，转速很高，使用时一定要按安全操作规程操作。 ① 砂轮的旋转方向要正确，以便磨屑向下飞离，而不致伤人。 ② 启动砂轮机后，应使砂轮旋转平稳后再开始磨削。若砂轮跳动明显，应及时停机修整。 ③ 启动砂轮机后，要防止工具和工件对砂轮发生剧烈的撞击或施加过大的压力。砂轮表面有明显的不平整时，应及时用修整器修整。 ④ 砂轮机的托架与砂轮之间的距离应保持在 3 mm 以内，以防止磨削件扎入，造成事故。 ⑤ 磨削过程中，操作者应站在砂轮的侧面或斜对面，不能站在砂轮的正对面。
五、看资料，谈感想	
六、任务实施	进入钳工实训室后，组织学习钻床、砂轮机的安全操作知识，增强安全意识，严格执行6S 管理制度。启动钻床、砂轮机后，观察钻床、砂轮机运行是否正常，了解钻床和砂轮机的操作要领。
七、反思	（1）如图 3-1-9 所示，回转式台虎钳由哪些部分组成？并说明每个部分的作用。 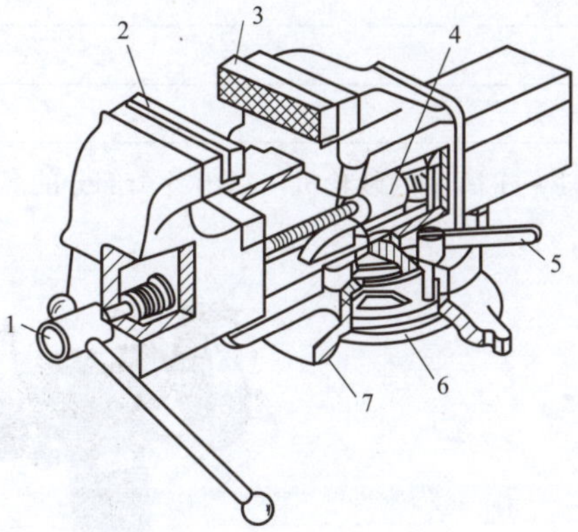 图 3-1-9　回转式台虎钳 1—_____；2—_____；3—_____；4—_____； 5—_____；6—_____；7—_____。 作用：_____ _____ _____ （2）图 3-1-10 所示为钻床，简述钻床的用途，并指出钻床的组成部分。

任务编号	W05	任务名称	钳工基础知识

七、反思

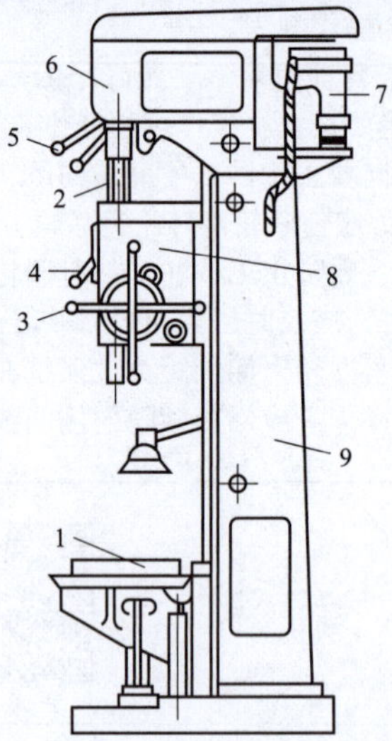

图 3-1-10　钻床

1—＿＿＿＿＿＿；2—＿＿＿＿＿＿；3—＿＿＿＿＿＿；4—＿＿＿＿＿＿；
5—＿＿＿＿＿＿；6—＿＿＿＿＿＿；7—＿＿＿＿＿＿；8—＿＿＿＿＿＿；
9—＿＿＿＿＿＿
钻床的用途：＿＿＿＿＿＿＿＿＿＿＿＿＿＿＿＿＿＿＿＿＿＿＿＿＿＿＿
＿＿＿＿＿＿＿＿＿＿＿＿＿＿＿＿＿＿＿＿＿＿＿＿＿＿＿＿＿＿＿＿＿＿＿
＿＿＿＿＿＿＿＿＿＿＿＿＿＿＿＿＿＿＿＿＿＿＿＿＿＿＿＿＿＿＿＿＿＿＿

（3）图 3-1-11 所示为砂轮机，指出各个部分的名称和作用。

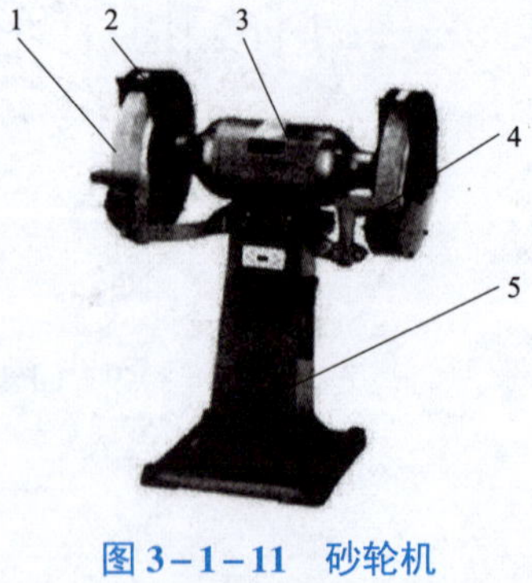

图 3-1-11　砂轮机

1—＿＿＿＿＿＿；2—＿＿＿＿＿＿；3—＿＿＿＿＿＿；4—＿＿＿＿＿＿；
5—＿＿＿＿＿＿
作用：＿＿＿＿＿＿＿＿＿＿＿＿＿＿＿＿＿＿＿＿＿＿＿＿＿＿＿＿＿＿＿
＿＿＿＿＿＿＿＿＿＿＿＿＿＿＿＿＿＿＿＿＿＿＿＿＿＿＿＿＿＿＿＿＿＿＿
＿＿＿＿＿＿＿＿＿＿＿＿＿＿＿＿＿＿＿＿＿＿＿＿＿＿＿＿＿＿＿＿＿＿＿

任务二　划　线

任务编号	W06	任务名称	划线

一、任务描述

如图 3-2-1 所示，按要求进行平面划线。

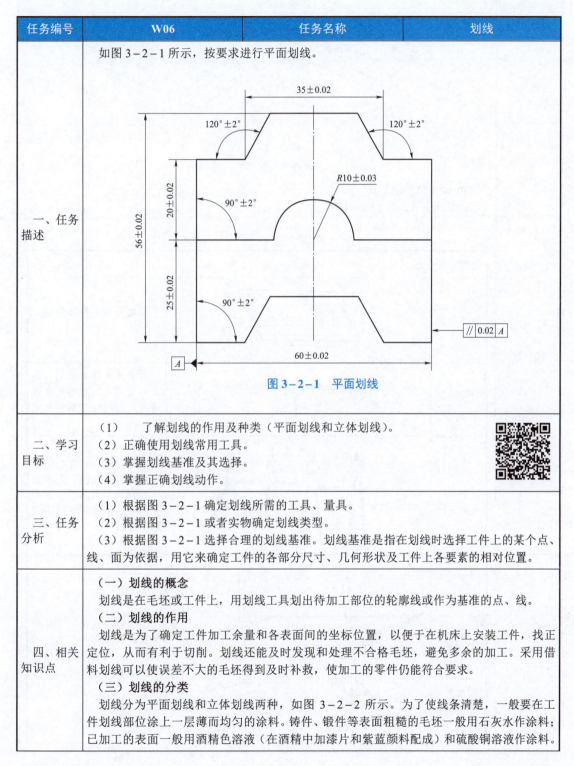

图 3-2-1　平面划线

二、学习目标

（1）　了解划线的作用及种类（平面划线和立体划线）。
（2）正确使用划线常用工具。
（3）掌握划线基准及其选择。
（4）掌握正确划线动作。

三、任务分析

（1）根据图 3-2-1 确定划线所需的工具、量具。
（2）根据图 3-2-1 或者实物确定划线类型。
（3）根据图 3-2-1 选择合理的划线基准。划线基准是指在划线时选择工件上的某个点、线、面为依据，用它来确定工件的各部分尺寸、几何形状及工件上各要素的相对位置。

四、相关知识点

（一）划线的概念
划线是在毛坯或工件上，用划线工具划出待加工部位的轮廓线或作为基准的点、线。
（二）划线的作用
划线是为了确定工件加工余量和各表面间的坐标位置，以便于在机床上安装工件，找正定位，从而有利于切削。划线还能及时发现和处理不合格毛坯，避免多余的加工。采用借料划线可以使误差不大的毛坯得到及时补救，使加工的零件仍能符合要求。
（三）划线的分类
划线分为平面划线和立体划线两种，如图 3-2-2 所示。为了使线条清楚，一般要在工件划线部位涂上一层薄而均匀的涂料。铸件、锻件等表面粗糙的毛坯一般用石灰水作涂料；已加工的表面一般用酒精色溶液（在酒精中加漆片和紫蓝颜料配成）和硫酸铜溶液作涂料。

任务编号	W06	任务名称	划线

图 3-2-2 划线

（a）平面划线；（b）立体划线

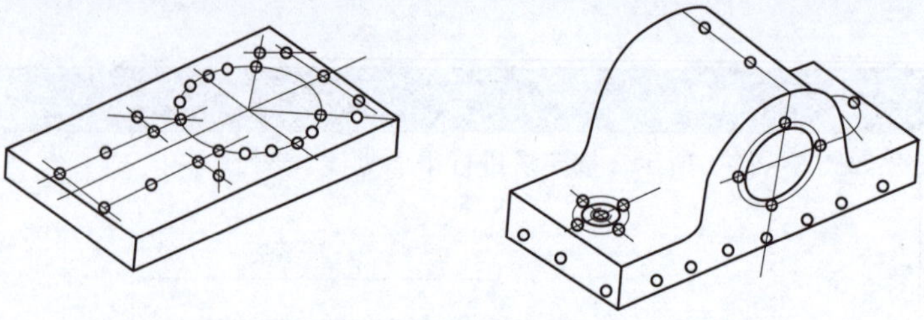

（四）常用的划线工具

常用划线工具见表 3-2-1。

表 3-2-1 常用划线工具

划线工具	图样	作用
划线平板		用来安装工件和划线工具
划针	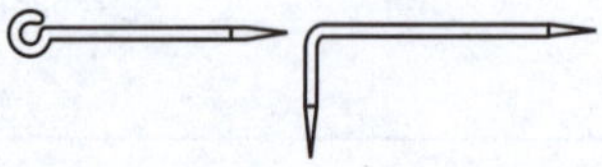	用来在工件表面刻划线条的工具，常需要配合直尺、直角尺等工具一起使用
划规	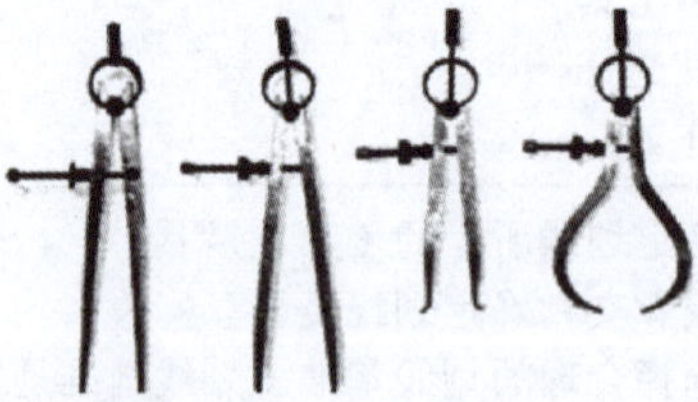	用来划圆、圆弧，量取尺寸和等分线段。划规又称单脚规，用来确定轴和孔的中心位置，也可用来划平行线
划线盘	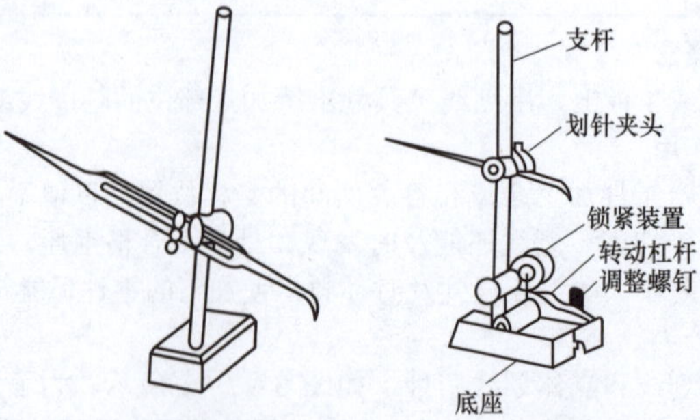 支杆 划针夹头 锁紧装置 转动杠杆调整螺钉 底座 （a）普通划针盘　（b）可调划针盘	用来划线或找正工件的位置，其划针的直头端用来划线，弯头端用来找正工件位置

四、相关知识点

任务编号	W06	任务名称	划线

划线工具	图样	作用
样冲	 (a) 正确　　　　　(b) 不正确	用来在所划的线条或圆弧中心上冲孔，以固定所划线条
高度游标卡尺		用于测量零件的高度和精密划线
直角尺		钳工常用的量具，在划线时常用作划垂直线或平行线的导向工具，也可以用来找正工件在平台上的垂直位置
常用划线支承工具	 划线方箱　　　　角铁 V形架　　　　千斤顶	划线时用来支承零件，辅助划线

四、相关知识点

任务编号	W06	任务名称	划线

（五）常用划线方法

常用划线方法见表 3-2-2。

表 3-2-2 常用划线方法

划线要求	图样	划线方法
五等分线段 AB		（1）作直线 AC 与已知线段 AB 呈 20°～40°。 （2）由点 A 起在 AC 上任意截取五等分点 a，b，c，d，e。 （3）连接 Be，过点 d，c，b，a 分别作 Be 的平行线，各平行线在线段 AB 上的交点为 d'，c'，b'，a'，即线段 AB 的五等分点
作与直线 AB 距离为 R 的平行线		（1）在已知直线 AB 上任意取两点 a，b。 （2）分别以点 a，b 为圆心，R 为半径，在同侧画圆弧。 （3）作两圆弧的公切线，即所求的平行线
过线外一点 P，作线段 AB 的平行线		（1）在线段 AB 的中段任取一点 O。 （2）以点 O 为圆心、OP 为半径作圆弧，交 AB 于点 a，b。 （3）以点 b 为圆心、aP 为半径作圆弧，交圆弧 ab 于点 c。 （4）连接 Pc，即所求平行线
过已知线段 AB 的端点 B 作垂线		（1）以点 B 为圆心、Ba 为半径作圆弧交线段 AB 于点 a。 （2）以点 a 为圆心，以 aB 为半径，在圆弧上截取 ab；再以点 b 为圆心，以 aB 为半径，在圆弧上截取 bc。 （3）以点 b，c 为圆心，Ba 为半径作圆弧，得交点 d。连接 dB，即所求垂线
过直角顶点 O 等分角度		（1）以直角的顶点 O 为圆心，任意长为半径作圆弧，与直角边 OA，OB 交于点 a，b。 （2）以 Oa 为半径，分别以点 a，b 为圆心作圆弧，交圆弧 ab 于 c，d 两点。 （3）连接 Oc，Od，则 $\angle bOc$，$\angle cOd$，$\angle dOa$ 均为 30°。 （4）用等分角度的方法，也可作出 15°，45°，60°，75° 及 120°

四、相关知识点

任务编号	**W06**	任务名称	划线

	划线要求	图样	划线方法
四、相关知识点	任意角度的近似作法		（1）作直线 AB。 （2）以点 A 为圆心、57.4 mm 为半径作圆弧 CD。 （3）以点 D 为圆心、10 mm 为半径，在圆弧 CD 上截取得点 E。 （4）连接 AE，则 $\angle EAD$ 近似为 10°，以点 D 为圆心、1 mm 为半径所截的弧长对应的圆心角近似为 1°
	求已知弧的圆心		（1）在已知圆弧 AB 上取点 N_1，N_2，M_1，M_2，并分别作线段 N_1N_2 和 M_1M_2 的垂直平分线。 （2）两垂直平分线的交点 O 为圆弧 AB 的圆心
	作圆弧与两相交直线相切		（1）在两相交直线的锐角 $\angle BAC$ 内侧，作与两直线平行且相距为 R 的两条线，两条线交于点 O。 （2）以点 O 为圆心、R 为半径作圆弧即成
	作圆弧与两圆外切		（1）分别以点 O_1 和点 O_2 为圆心，以 R_1+R 及 R_2+R 为半径作圆弧交于点 O。 （2）连接 O_1O 交已知圆于点 M，连接 O_2O 交已知圆于点 N。 （3）以点 O 为圆心、R 为半径作圆弧即成
	作圆弧与两圆内切		（1）分别以点 O_1 和 O_2 为圆心，$R-R_1$ 和 $R-R_2$ 为半径作弧，交于点 O。 （2）以点 O 为圆心、R 为半径作圆弧即成
	圆内接正五边形边长		（1）过圆心 O 作直径 $CD\perp AB$。 （2）取 OA 的中点 E。 （3）以点 E 为圆心、EC 为半径作圆弧交 AB 于点 F，直线 CF 即为该圆内接正五边形的边长长度

任务编号	W06	任务名称	划线

划线要求	图样	划线方法
任意等分半圆		（1）将圆的直径 AB 分为任意等份，得交点 1，2，3，4，…。 （2）分别以点 A，B 为圆心，AB 为半径作圆弧交于点 O。 （3）连接 $O1$，$O2$，$O3$，$O4$，…，并分别延长交半圆于 $1'$，$2'$，$3'$，$4'$，…，即半圆的等分点

四、相关知识点

（六）划线基准的确定

虽然工件的结构和几何形状各不相同，但是任何工件的几何形状都是由点、线、面构成的。不同工件的划线基准虽有差异，但都离不开点、线、面的范围。

基准是用来确定生产对象几何要素间的几何关系所依据的点、线、面。在零件图上用来确定其他点、线、面位置的基准称为设计基准。

划线基准是指在划线时选择工件上的某个点、线、面为依据，用它来确定工件的各部分尺寸、几何形状及工件上各要素的相对位置。合理地选择划线基准是做好划线工作的关键。只有选好划线基准，才能提高划线的质量、效率，进而提高工件的合格率。

根据作用的不同，划线基准分为以下三种。

1. 尺寸基准

在选择划线尺寸基准时，应先分析图样，找正设计尺寸基准，使划线的尺寸基准与设计尺寸基准一致，从而能够直接量取划线尺寸，简化换算过程。

2. 放置基准

划线基准和尺寸基准选好后，就要考虑工件在划线平板或划线方箱、V 形铁上的放置位置，即找出工件最合理的放置位置。

3. 校正基准

选择校正基准主要是指毛坯工件放置在平台上后，校正哪个面（或点和线）的问题。通过校正基准，能使工件上有关的表面处于合适的位置。

平面划线时一般要划 2 条互相垂直的线。立体划线时一般要划 3 条互相垂直的线。因为每划 1 条方向的线就必须确定 1 个基准，所以平面划线时要确定 2 个基准，立体划线时要确定 3 个基准。

无论是平面划线还是立体划线，它们的基准选择原则是一致的，不同的是，平面划线是基准线，而立体划线是基准平面或基准中心平面。

（七）划线基准的确定原则如下。

（1）划线基准应尽量与设计基准重合。

（2）对称形状的工件应以对称中心线为基准。

（3）有孔或凸台的工件应以主要的孔或凸台中心线为基准。

（4）在未加工的毛坯上划线时，应以非主要加工面为基准。

（5）在加工过的工件上划线时，应以加工过的表面为基准。

续表

任务编号	**W06**	任务名称	划线

（八）平面划线

平面划线实例如图3-2-3所示。

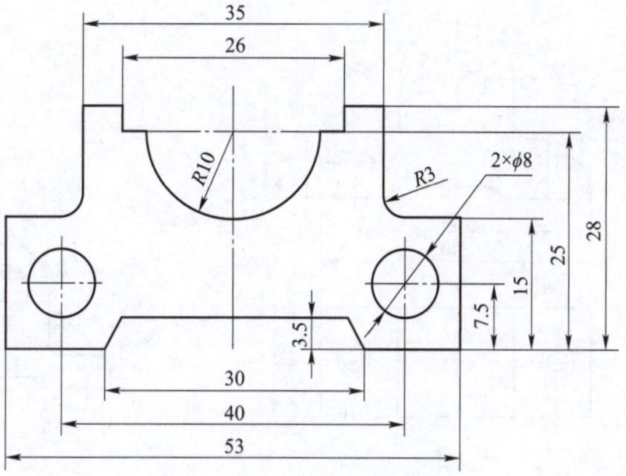

图3-2-3 平面划线实例

1. 划线步骤

（1）在划线前，先选择划线工具，再对工件表面进行清理，并涂上涂料。

（2）检查待划线工件是否有足够的加工余量。

（3）分析图样，根据工艺要求明确划线位置，确定划线基准。

（4）确定待划线图样位置。

（5）划出宽度基准的位置线，同时划出其他要素的宽度位置线。

（6）用样冲打出各圆心的冲孔，并划出各圆和圆弧。

（7）划出各处的连接线，完成工件的划线工作。

（8）检查各图样方向划线基准选择是否合理、各部分是否正确及线是否清晰、有无遗漏和错误。

（9）打样冲眼，显示各部分尺寸及轮廓，工件划线结束。

2. 注意事项

（1）首先应看懂图样，了解零件的作用，分析零件的加工顺序和加工方法。

（2）工件夹持或支承要稳妥，以防滑倒或移动。

（3）在一次支承中应将要划出的平行线划全，以免再次支承补划，造成误差。

（4）正确使用划线工具，划出的线要准确、清晰。

（5）划线完成后，要反复核对尺寸，核对无误后才能进行机械加工。

3. 操作要点

划线基准首选定，零件摆位并放牢。

线条清晰冲眼准，机械加工才可靠。

位置准确印记清，加工制造精度高。

（九）立体划线

轴承座的立体划线如图3-2-4所示。

四、相关知识点

任务编号	**W06**	任务名称	划线

四、相关
知识点

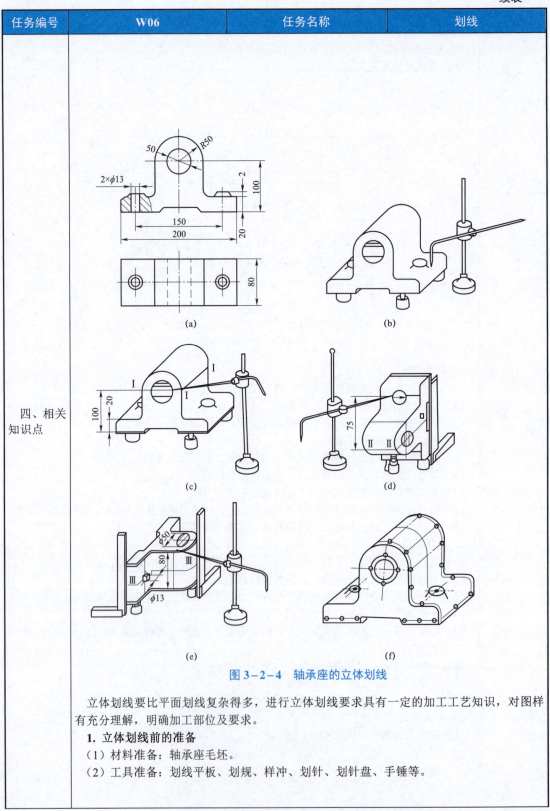

图 3-2-4　轴承座的立体划线

立体划线要比平面划线复杂得多，进行立体划线要求具有一定的加工工艺知识，对图样有充分理解，明确加工部位及要求。

1. 立体划线前的准备

（1）材料准备：轴承座毛坯。

（2）工具准备：划线平板、划规、样冲、划针、划针盘、手锤等。

任务编号	W06	任务名称	划线

四、相关知识点	（3）量具准备：钢尺、角度规、直角尺、高度尺等。 （4）辅具：方箱、V形块、千斤顶、垫铁、石灰水、棉纱等。 **2. 立体划线的步骤** （1）阅读图样。初步检查工件的形尺寸。检查铸件毛坯，不加工表面是否存在图样不允许的缺陷（如气孔、裂纹等）。 （2）清理工件。在毛坯件划线前，应将铸件毛坯残余型砂清除，去掉毛刺、冒口。 （3）涂色。在毛坯件表面涂上石灰水。 （4）选定划线基准。由于立体划线时，需要划线的尺寸有两个方向，因此，立体划线时需要选两个方格划线基准。 （5）正确安放工件。用放置在划线平板上的三个千斤顶顶尖支承轴承座底面，先调整左右两个千斤顶，使工件在纵向与平板平行，后调整后边千斤顶，使轴承座底面与平板平行，如图3−2−4所示。 （6）划线。 ① 划大孔水平中心线和底面加工线，如图3−2−4（c）所示。根据孔中心及上平面，调节千斤顶，使工件水平。 ② 转动90°，用90°角尺找正，划大孔的垂直中心线及螺孔一个方向的中心线，如图3−2−4（d）所示。 ③ 再翻转90°，用90°角尺在两个方向找正，划螺孔另一个方向的中心线及大端面加工线，如图3−2−4（e）所示。 ④ 打样冲眼。 **3. 立体划线注意事项** 立体划线是在工件的几个表面上划线，如在长、宽、高方向或其他方向上划线。划线工作应注意以下事项。 （1）在划线前要清理毛坯，除去残留型砂及氧化皮，更应仔细清理划线部位，以便划出的线条明显、清晰。 （2）对照图样，检查毛坯及半成品尺寸和质量，剔除不合格件。 （3）划线表面需涂上一层薄而均匀的涂料，毛坯面用石灰水；已加工面用紫色涂料或绿色涂料。 （4）用铅块或木块堵孔，以便确定孔的中心。 （5）工件支承要牢固、稳当，以防滑倒或移动。 （6）在一次支承中，应把需要划出的平行线划全，以免补划，费工、费时及造成误差。 （7）应正确使用划线工具，爱护精密工具。
五、看资料，谈感想	
六、任务实施	按图3−2−1进行平面划线。 **1. 组织学生分组** 学生分组表见表3−2−3。

任务编号	**W06**		任务名称		划线

表 3-2-3 学生分组表

班级		组号		指导教师	
组长		学号			
组员	姓名	学号		姓名	学号

2. 任务分工

零件加工任务单见表 3-2-4。

表 3-2-4 零件加工任务单

班级		完成时间			
序号	产品名称	材料	加工数量	技术标准	质量要求	图样要求
1						
2						
3						
4						
5						
6						

3. 熟悉任务

（1）任务图的识读。认真阅读任务图 3-2-1，找出其中标注错误或者漏标的情况，若发现问题，应及时提出修改意见。

_____

_____

_____

_____

六、任务实施

任务编号	W06	任务名称	划线

（2）毛坯选择分析。分析本任务所加工的零件，并选择合理的毛坯。

_____

_____

_____

_____

（3）技术要求分析。

分析任务图 3-2-1，并在表 3-2-5 中写出所需要的材料，为任务实施做准备。

表 3-2-5　零件技术要求分析表

序号	项目	内容	偏差范围
1	平面划线		
2			
3			
4			

4. 工作方案

（1）设备和材料的选择。根据图 3-2-1 的平面划线选择加工设备及材料。

_____

_____

_____

_____

（2）拟订工艺路线。分组讨论，拟订任务加工的工艺路线。

_____

_____

_____

_____

（3）小组讨论，确定最佳方案。师生共同讨论并确定最合理的工艺路线及最佳方案，完善零件加工的工艺路线。

_____

_____

_____

六、任务实施

任务编号	W06	任务名称		划线

（4）工作实施。在教师的指导下，熟悉设备的操作，简述设备安全操作的注意事项有哪些。

_____

_____

_____

（5）熟悉车间管理制度，简述 6S 管理的定义和目的。

_____

_____

_____

5. 检测评分

检测评分表见表 3-2-6。

表 3-2-6　检测评分表

工件编号：				完成人：						
项目与配分		序号	技术要求	配分	评分标准	自测记录	得分	互测记录	得分
工件加工评分（80%）	平面划线	1	划线前是否清掉型砂	20 分	操作错误全扣				
		2	基准是否正确	20 分	操作错误全扣				
		3	线条是否清晰	20 分	操作错误全扣				
		4	样冲是否均匀	20 分	操作错误全扣				
工艺（10%）		5	工艺正确	10 分	每错一处扣 2 分				
设备操作（10%）		6	设备操作规范	10 分	每错一处扣 2 分				
安全文明生产（倒扣分）		7	安全操作	倒扣	因安全事故停止操作扣 5~10 分				
		8	6S 管理	倒扣					
得分									

6. 平面划线不正确的原因分析

小组根据检测结果讨论、分析平面划线不正确的原因及预防方法，并填写表 3-2-7。

六、任务实施

任务编号	W06	任务名称	划线

表 3-2-7　平面划线不正确的原因及预防方法

序号	产生原因	预防方法
1		
2		
3		
4		

7. 教师评价

教师对学生的整个任务实施过程进行评价，并填写表 3-2-8。

表 3-2-8　教师评价表

班级		组名			姓名		
出勤情况							
评价内容	评价要点	考察要点		分数	分数评定		得分
六、任务实施	任务描述、接受任务	口述内容细节	表述仪态自然、吐字清晰	2分	表述仪态不自然或吐字模糊扣1分		
			表达思路清晰、层次分明、准确		表达思路模糊或层次不清扣1分		
	任务分析、分组情况	依据图样分析工艺、分组、分工	分析图样关键点准确	3分	表达思路模糊或层次不清扣1分		
			涉及的理论知识回顾完整，分组、分工明确		知识不完整扣1分，分组、分工不明确扣1分		
	制订计划	制订加工工艺路线	准确制订工艺路线	15分	工艺路线步骤每错一步扣1分，扣完为止		
	计划实施	加工前准备	设备准备	3分	每漏一项扣1.5分		
			材料准备		没有检查扣1.5分		
			以情景模拟的方式，体验到材料库领取材料的过程，并完成领料单	2分	领料单填写不完整扣1分		
		加工	正确选择材料	5分	选择错误一项扣1分，扣完为止		
			查阅资料，正确选择加工的技术参数	5分	选择错误一项扣1分，扣完为止		

续表

任务编号	W06		任务名称		划线	

续表

<table>
<tr><td colspan="7" style="text-align:right">续表</td></tr>
</table>

	评价内容	评价要点	考察要点	分数	分数评定	得分
六、任务实施	计划实施	加工	正确实施零件加工，无失误（依据工件评分表）	40 分	依据工件评分表要求扣分	
		现场恢复	在加工过程中保持 6S 管理、三环落地	3 分	每漏一项扣 1 分，扣完为止	
			设备、材料、工具、工位恢复整理	2 分	每违反一项扣 1 分，扣完为止	
	总结	任务总结	依据自评分数	5 分	依据总结内容是否到位酌情给分	
			依据互评分数	5 分	依据总结内容是否到位酌情给分	
			依据个人总结评分报告	10 分	依据总结内容是否到位酌情给分	
	合计			100 分		

七、反思

（1）如何避免划线误差？

_____

_____

_____

（2）什么叫划线基准？常用的划线基准有哪 3 种？

_____

_____

_____

（3）划线工具见表 3-2-9，指出几种划线工具的名称和作用。

表 3-2-9　划线工具

名称	图样	作用

续表

任务编号	W06		任务名称		划线

续表

	名称	图样	作用
七、反思		1—扳手孔；2—丝杠；3—千斤顶座	

任务三 錾 削

任务编号	W07		任务名称	錾削
一、任务描述	如图 3-3-1 所示,按照要求进行錾削。 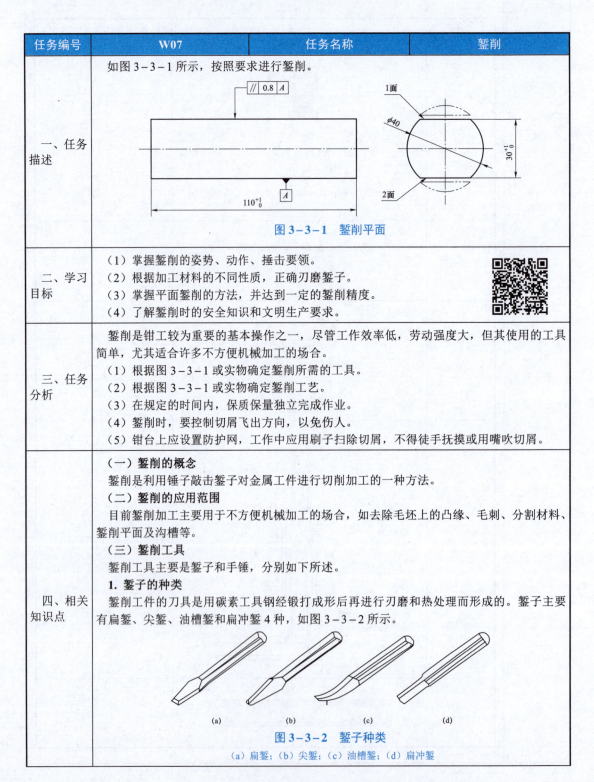 图 3-3-1 錾削平面			
二、学习目标	(1)掌握錾削的姿势、动作、捶击要领。 (2)根据加工材料的不同性质,正确刃磨錾子。 (3)掌握平面錾削的方法,并达到一定的錾削精度。 (4)了解錾削时的安全知识和文明生产要求。			
三、任务分析	錾削是钳工较为重要的基本操作之一,尽管工作效率低,劳动强度大,但其使用的工具简单,尤其适合许多不方便机械加工的场合。 (1)根据图 3-3-1 或实物确定錾削所需的工具。 (2)根据图 3-3-1 或实物确定錾削工艺。 (3)在规定的时间内,保质保量独立完成作业。 (4)錾削时,要控制切屑飞出方向,以免伤人。 (5)钳台上应设置防护网,工作中应用刷子扫除切屑,不得徒手抚摸或用嘴吹切屑。			
四、相关知识点	**(一)錾削的概念** 錾削是利用锤子敲击錾子对金属工件进行切削加工的一种方法。 **(二)錾削的应用范围** 目前錾削加工主要用于不方便机械加工的场合,如去除毛坯上的凸缘、毛刺、分割材料、錾削平面及沟槽等。 **(三)錾削工具** 錾削工具主要是錾子和手锤,分别如下所述。 **1. 錾子的种类** 錾削工件的刀具是用碳素工具钢经锻打成形后再进行刃磨和热处理而形成的。錾子主要有扁錾、尖錾、油槽錾和扁冲錾 4 种,如图 3-3-2 所示。 图 3-3-2 錾子种类 (a)扁錾;(b)尖錾;(c)油槽錾;(d)扁冲錾			

任务编号	**W07**	任务名称	錾削

（1）扁錾。如图 3-3-2（a）所示，扁錾又分大扁錾和小扁錾两种，用于錾削平面、切割材料和去毛刺，其切削部分扁平，切削刃较长，且略带圆弧。

（2）尖錾。如图 3-3-2（b）所示，尖錾用于开槽，其刃较窄，且刃的两侧从切削刃至柄部逐渐变窄，作用是防止錾槽时錾子两侧面被工件卡住。刃部可根据需要用砂轮磨成圆形或三角形等。

（3）油槽錾。如图 3-3-2（c）所示，油槽錾用于錾削轴瓦或一些设备上的油槽等，其切削刃很短且呈半圆形，切削部分呈弯曲状。

（4）扁冲錾。如图 3-3-2（d）所示，扁冲錾用于打通两个钻孔间的间隔。

2. 錾子的结构及切削角度。

（1）錾子结构。如图 3-3-3 所示，錾子切削部分具有两面一刃。

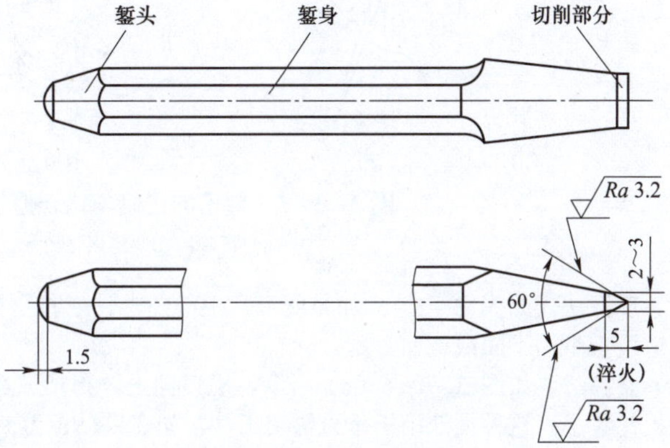

四、相关知识点

图 3-3-3　錾子结构

① 前面：錾子工作时与切屑接触的表面。

② 后面：錾子工作时与切削表面相对的表面。

③ 切削刃：錾子前面与后面的交线。

（2）錾子切削角度：錾子切削时的三个角度如图 3-3-4 所示。

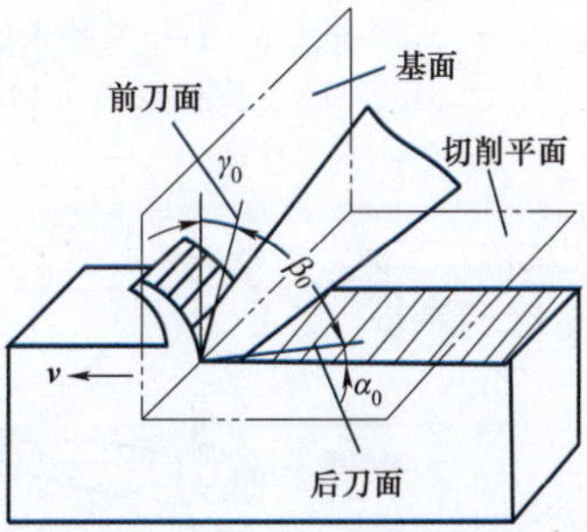

图 3-3-4　錾子切削角度

① 楔角 β_0 是前面与后面所夹的锐角，楔角小，錾削省力，但刃口薄弱，容易崩损；楔角大，錾削费力，錾削表面不易平整。通常根据工件材料软硬选取楔角适当的錾子。

② 后角 α_0 是后面与切削平面所夹的锐角，为了减少錾子后刀面与切削表面摩擦，使錾子容易切入材料。后角大小取决于錾子被掌握的方向。

任务编号	W07	任务名称	錾削

③ 前角 γ_0 是前面与基面所夹的锐角，为了减小切削变形，使切削轻快。前角越大，切削越省力。

3. 錾子的握法

应轻松自如地握持錾子，主要用中指夹紧。錾子头部伸出 20～25 mm（见图 3-3-5）。握錾子的方法随工作条件的不同而不同，其常用的方法有以下几种。

（1）正握法。如图 3-3-6（a）所示，手心向下，用虎口夹住錾身，拇指与食指自然伸开，其余三指自然弯曲靠拢，并握住錾身。这种握法适于在平面上进行錾削。

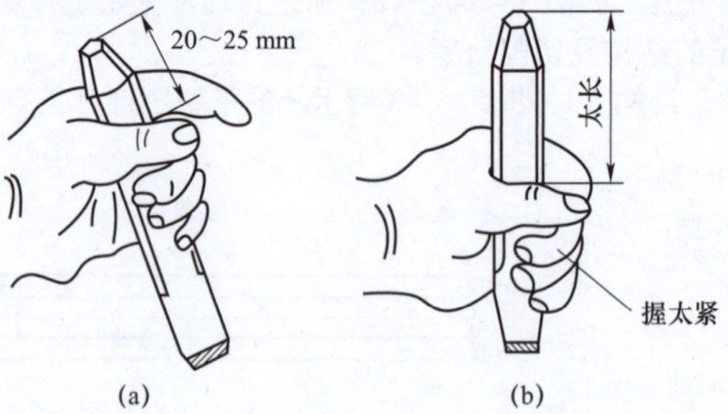

20～25 mm

太长

握太紧

(a)　　　　　　　　(b)

图 3-3-5　錾子的正确与错误握法

（a）正确；（b）错误

（2）反握法。如图 3-3-6（b）所示，手心向上，手指自然握住錾柄，手心悬空。这种握法适用于小的平面或侧面錾削。

（3）立握法。如图 3-3-6（c）所示，虎口向上，拇指放在錾子一侧，其余 4 指放在另一侧捏住錾子。这种握法用于垂直錾切工件，如在铁砧上錾断材料等。

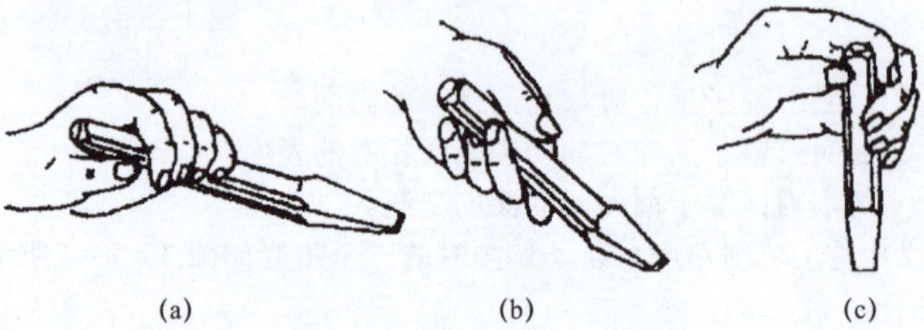

(a)　　　　　　　(b)　　　　　　　(c)

图 3-3-6　錾子的常用握法

（a）正握法；（b）反握法；（c）立握法

4. 手锤

手锤是钳工常用的敲击工具，由锤头、木柄和斜楔铁组成，如图 3-3-7 所示。常用的有 0.25 kg，0.5 kg，1 kg 等规格。

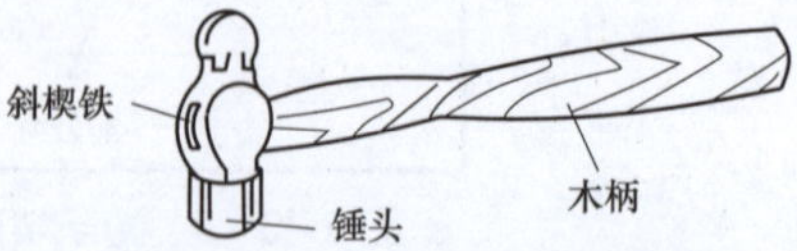

斜楔铁

木柄

锤头

图 3-3-7　手锤的结构

5. 手锤的握法

手锤的握法有紧握法和松握法两种。

四、相关知识点

任务编号	**W07**	任务名称	錾削

<table>
<tr>
<td rowspan="2">四、相关
知识点</td>
<td>

（1）紧握法。如图 3-3-8（a）所示，右手 5 指紧握锤柄，大拇指合在食指上，虎口对准锤头方向，木柄尾端露出 15～30 mm，在锤击过程中 5 指始终紧握。这种握法因紧握手锤，故容易疲劳或将手磨破，应尽量少用。

（2）松握法。如图 3-3-8（b）所示，在锤击过程中，拇指与食指始终握紧锤柄，其余三指稍有自然松动并压着锤柄，锤击时三指随冲击逐渐收拢。这种握法的优点是轻便自如、锤击有力、不易疲劳，故常在操作中使用。

（a）　　　　　　　　　　　　　　　　（b）

图 3-3-8　手锤的握法

（a）紧握法；（b）松握法

6. 挥锤方法

挥锤方法有腕挥、肘挥、臂挥三种。

（1）腕挥。如图 3-3-9（a）所示，腕挥是指单凭腕部的动作，挥锤敲击。这种方法锤击力太小，适用錾削的开始与收尾或錾油槽、打样冲眼等用力不大的地方。

（2）肘挥。如图 3-3-9（b）所示，肘挥是靠手腕和肘的活动，也就是小臂的挥动来完成挥锤动作。在挥锤时，手腕和肘向后挥动，然后迅速向錾子顶部击去。肘挥的锤击力较大，应用最广。

（3）臂挥。如图 3-3-9（c）所示，臂挥靠的是腕、肘和臂的联合动作，也就是挥锤时手腕和肘向后上方伸，并将臂伸开。臂挥的锤击力大，适用于要求锤击力大的錾削工作。

（a）　　　　　　　　　（b）　　　　　　　　　（c）

图 3-3-9　挥锤方法

（a）腕挥；（b）肘挥；（c）臂挥

</td>
</tr>
</table>

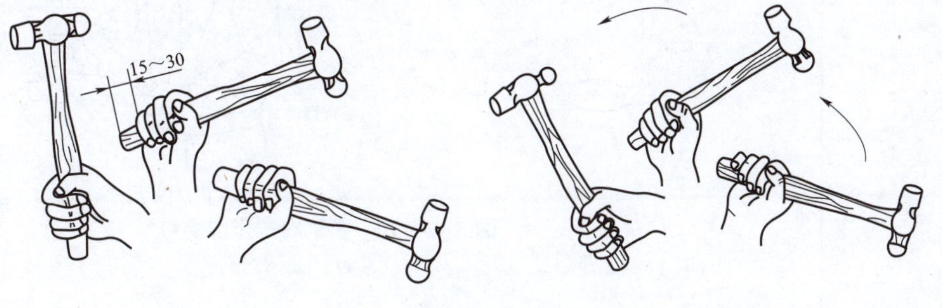

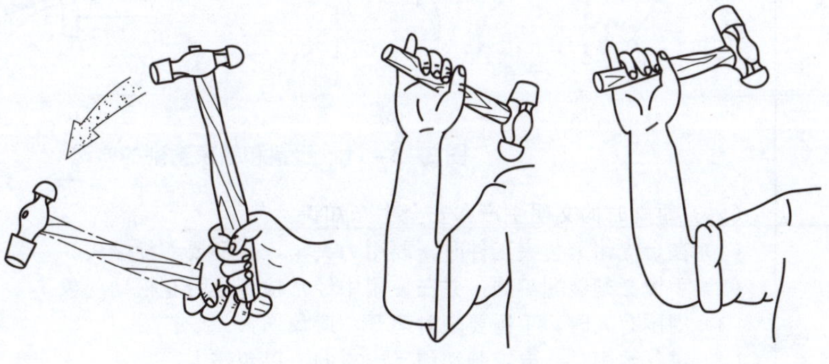

任务编号	**W07**	任务名称	錾削

（四）錾削时的步位和姿势

在錾削时，操作者的步位和姿势应便于用力，操作者身体的重心偏于右腿，挥锤要自然，眼睛应正视錾刃而不是看錾子的头部（见图3—3—10）。

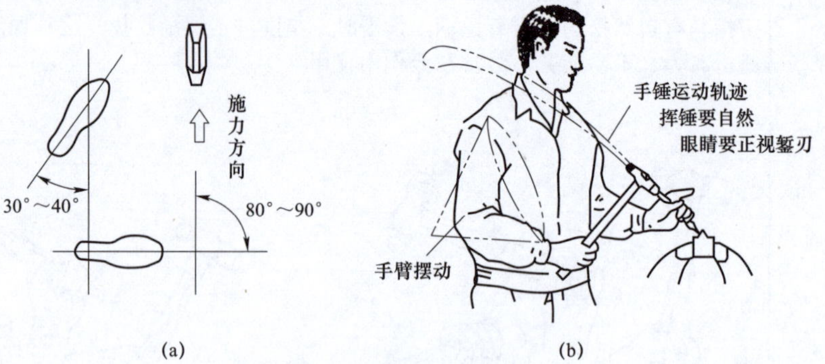

施力方向

30°～40°   80°～90°

手锤运动轨迹
挥锤要自然
眼睛要正视錾刃

手臂摆动

（a）   （b）

图3—3—10 錾削时的步位姿势

（a）步位；（b）姿势

（五）錾削要领

起錾时，錾子尽可能向右倾斜45°左右，如图3—3—11（a）所示，从工件尖角处向下倾斜30°，轻打錾子，这样錾子便容易切入材料，然后按正常的錾削角度，逐步向中间錾削。

当錾削到距工件尽头10 mm左右时，应调转錾子来錾掉余下的部分，如图3—3—11（b）所示，这样，可以避免单向錾削到终了时边角崩裂，保证錾削质量，在錾削脆性材料时尤其应该注意。在錾削过程中，锤击次数在40次/min左右。刃口不要老是顶住工件，每錾两三次，可将錾子退回一些，这样既可观察錾削刃口的平整度，又可使手臂肌肉放松一下，效果较好。

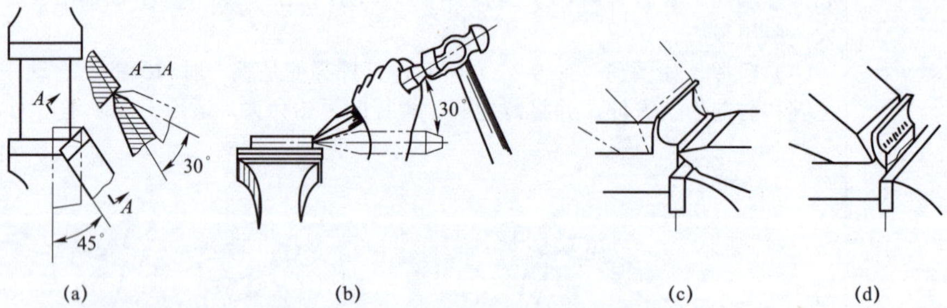

四、相关
知识点

A—A

30°

45°

（a）   （b）   （c）   （d）

图3—3—11 起錾和结束錾削的方法

（六）錾削时的文明生产和安全生产知识

（1）在台虎钳上装夹工件时，要用力夹牢，手柄要靠拢端头。

（2）手锤必须装配牢固，并在使用中经常检查是否有松动现象。

（3）周围有人时，手锤要随时避开，避免伤人。

（4）进行錾削时，要控制切屑飞出方向，以免伤人。

（5）钳台上应设置防护网，工作中应用刷子扫除切屑，不得徒手抚摸或用嘴吹切屑。

（6）钳工工具、量具应放在工作台的合适位置，以免滑落掉地而损坏。

（7）工作场地应保持整洁，过道通畅，毛坯和零件摆放整齐。

任务编号	W07	任务名称	錾削

五、看资料，谈感想	

六、任务实施

根据图 3-3-1 进行錾削

1. 组织学生分组

学生分组表见表 3-3-1。

表 3-3-1　学生分组表

班级		组号		指导教师	
组长		学号			
组员	姓名	学号		姓名	学号

2. 任务分工

零件加工任务单见表 3-3-2。

表 3-3-2　零件加工任务单

班级		完成时间					
序号	产品名称	材料	加工数量	技术标准	质量要求	图样要求	
1							
2							
3							
4							
5							
6							

任务编号	**W07**	任务名称	錾削

<table>
<tr><td rowspan="13">六、任务
实施</td><td colspan="3">

3. 熟悉任务

（1）任务图的识读。认真阅读任务图 3-3-1，找出其中标注错误或者漏标的情况，若发现问题，应及时提出修改意见。

_____

_____

（2）毛坯选择分析。分析本任务所加工的零件，并选择合理的毛坯。

_____

_____

（3）技术要求分析。分析任务图 3-3-1，并在表 3-3-3 中写出所需要的材料，为任务实施做准备。

表 3-3-3　零件技术要求分析表

</td></tr>
</table>

序号	项目	内容	偏差范围
1	錾削平面		
2			
3			
4			

4. 工作方案

（1）设备和材料的选择。根据图 3-3-1 的錾削平面选择加工设备及材料。

_____

_____

（2）拟订工艺路线。分组讨论，拟订合理的任务加工工艺路线。

_____

_____

_____

（3）小组讨论，确定最佳方案。师生共同讨论并确定最合理的工艺路线及最佳方案，完善零件加工的工艺路线。

_____

_____

_____

续表

任务编号	**W07**		任务名称			錾削			

（4）工作实施。在教师的指导下，熟悉设备的操作，简述设备安全操作的注意事项。

_____

_____

_____

（5）熟悉车间管理制度，简述 6S 管理的定义和目的。

_____

_____

_____

_____

5. 检测评分。

检测评分表见表 3–3–4。

表 3–3–4　检测评分表

工件编号：					完成人：				
项目与配分		序号	技术要求	配分	评分标准	自测记录	得分	互测记录	得分
工件加工评分（80%）	錾削平面	1	粗糙度是否达标	20分	操作错误全扣				
		2	// 0.8 A	20分	操作错误全扣				
		3	尺寸 30^{+1}_0	20分	操作错误全扣				
		4	錾削姿势是否正确	20分	操作错误全扣				
工艺（10%）		5	工艺正确	10分	每错一处扣2分				
设备操作（10%）		6	设备操作规范	10分	每错一处扣2分				
安全文明生产（倒扣分）		7	安全操作	倒扣	因安全事故停止操作扣5~10分				
		8	6S 管理	倒扣					
得分									

一、六、任务实施

任务编号	W07	任务名称	錾削

6. 錾削平面不正确的原因分析。

小组根据检测结果讨论、分析錾削平面不正确的原因及预防方法，并填写表 3-3-5。

表 3-3-5　錾削平面不正确的原因及预防方法

序号	产生原因	预防方法
1		
2		
3		
4		

7. 教师评价

教师对学生的整个任务实施过程进行评价，并填写表 3-3-6。

表 3-3-6　教师评价表

班级		组名		姓名			
出勤情况							
评价内容	评价要点	考察要点	分数	分数评定			得分
任务描述、接受任务	口述内容细节	表述仪态自然、吐字清晰	2 分	表述仪态不自然或吐字模糊扣 1 分			
		表达思路清晰、层次分明、准确		表达思路模糊或层次不清扣 1 分			
任务分析、分组情况	依据图样分析工艺、分组、分工	分析图样关键点准确	3 分	表达思路模糊或层次不清扣 1 分			
		涉及的理论知识回顾完整，分组、分工明确		知识不完整扣 1 分，分组分工不明确扣 1 分			
制订计划	制订加工工艺路线	准确制订工艺路线	15 分	工艺路线步骤每错误一步扣 1 分，扣完为止			
计划实施	加工前准备	设备准备	3 分	每漏一项扣 1.5 分			
		材料准备		没有检查扣 1.5 分			
		以情景模拟的方式，体验到材料库领取材料的过程，并完成领料单	2 分	领料单填写不完整扣 1 分			
	加工	正确选择材料	5 分	选择错误一项扣 1 分，扣完为止			
		查阅资料，正确选择加工的技术参数	5 分	选择错误一项扣 1 分，扣完为止			
		正确实施零件加工无失误（依据工件评分表）	40 分	依据工件评分标准超差扣分			

六、任务实施

续表

| 任务编号 | W07 | | 任务名称 | | 錾削 | |

续表

<table>
<tr><td>任务编号</td><td colspan="2">W07</td><td colspan="2">任务名称</td><td colspan="2">錾削</td></tr>
</table>

<table>
<tr><td rowspan="8">六、任务实施</td><td>评价内容</td><td>评价要点</td><td>考察要点</td><td>分数</td><td>分数评定</td><td>得分</td></tr>
<tr><td rowspan="2">计划实施</td><td rowspan="2">现场恢复</td><td>在加工过程中保持 6S 管理、三环落地</td><td>3 分</td><td>每漏一项扣 1 分，扣完为止</td><td></td></tr>
<tr><td>设备、材料、工具、工位恢复整理</td><td>2 分</td><td>每违反一项扣 1 分，扣完为止</td><td></td></tr>
<tr><td rowspan="3">总结</td><td rowspan="3">任务总结</td><td>依据自评分数</td><td>5 分</td><td>依据工件评分标准扣分</td><td></td></tr>
<tr><td>依据互评分数</td><td>5 分</td><td>依据总结内容是否到位酌情给分</td><td></td></tr>
<tr><td>依据个人总结评分报告</td><td>10 分</td><td>依据总结内容是否到位酌情给分</td><td></td></tr>
<tr><td colspan="3">合计</td><td>100 分</td><td></td><td></td></tr>
</table>

七、反思	(1) 为什么楔角 β 越大，錾削越省力？请说明原因。
	_____
	_____
	_____
	(2) 錾子切削部分由哪些部分组成？并画出结构图。
	_____
	_____
	_____

任务四　锯　削

| 任务编号 | W08 | | 任务名称 | | 锯削 | |

<table>
<tr><td>任务编号</td><td colspan="2">W08</td><td colspan="2">任务名称</td><td colspan="2">锯削</td></tr>
<tr><td rowspan="2">一、任务描述</td><td colspan="6">如图 3−4−1 所示，按要求进行锯削。</td></tr>
<tr><td colspan="6">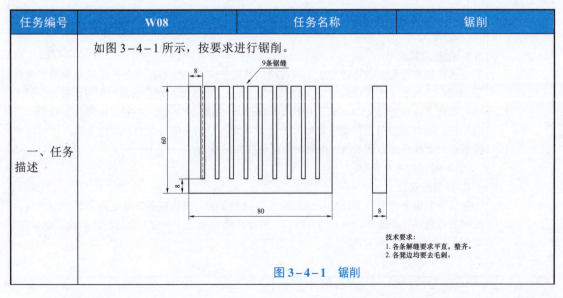

图 3−4−1　锯削</td></tr>
</table>

任务编号	**W08**	任务名称	锯削

二、学习目标	（1）对各种形体材料进行正确的锯削，操作姿势正确，并能达到一定的精度要求。 （2）根据被加工材料，正确选用锯条，熟练安装锯条。 （3）能分析锯条折断的原因和锯缝歪斜的因素及预防方法。 （4）做到安全生产、文明操作。		
三、任务分析	锯削是钳工较为重要的基本操作之一，尽管工作效率低，劳动强度大，但使用简单，尤其适合不方便机械加工的场合。 （1）根据图3-4-1或实物确定锯削所需的工具。 （2）根据图3-4-1或实物确定锯削的工艺。 （3）在规定的时间内，保质保量独立完成作业。		
四、相关知识点	**（一）锯削的概念** 用手锯对材料或工件进行切断或切槽等的加工方法叫锯削。锯削属于粗加工的一种方法，其加工精度一般可控制在0.2 mm以内，具有操作方便、简单、灵活等特点。 **（二）手锯的组成** 手锯是钳工用来锯削的手动工具。手锯的组成比较简单，由锯弓和锯条两部分组成。 **1. 锯弓** 锯弓是用来安装和张紧锯条的工具，可分为固定式（见图3-4-2（a））和可调式（见图3-4-2（b））两种，常用的锯弓为可调式。  （a）　　　　　　　　　　　　　　（b） **图3-4-2　锯弓的构造** （a）固定式；（b）可调式 **2. 锯条及其选用** 锯条由碳素工具钢经淬硬制成，其规格以两端安装孔的中心距表示。常用锯条的长度为300 mm，宽度在12～13 mm之间，厚度为0.6 mm。锯条上有许多细密的锯齿，按齿距的大小可将锯条分为粗齿（1.8 mm）、中齿（1.4 mm）、细齿（1.1 mm）三种。锯齿分左右错开形成锯路，锯路的作用是使锯缝宽度大于锯条厚度，以减少摩擦阻力，防止卡锯，并可以使排屑顺利，同时提高锯条的工作效率和延长其使用寿命。 **（三）锯削的基本操作** **1. 锯条的安装** 锯弓安装锯条时具有方向性，锯条安装方向要正确。安装锯条时要使齿尖的方向朝前，此时前角为零，如图3-4-3（a）所示。锯条如果装反了，前角为负值，就不能正常锯削，如图3-4-3（b）所示。		

任务编号	**W08**		任务名称	锯削

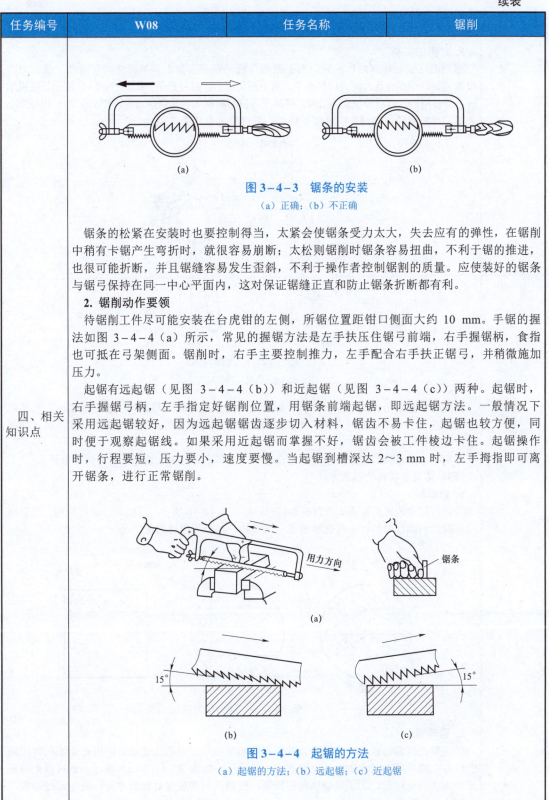

图 3-4-3 锯条的安装
（a）正确；（b）不正确

　　锯条的松紧在安装时也要控制得当，太紧会使锯条受力太大，失去应有的弹性，在锯削中稍有卡锯产生弯折时，就很容易崩断；太松则锯削时锯条容易扭曲，不利于锯的推进，也很可能折断，并且锯缝容易发生歪斜，不利于操作者控制锯割的质量。应使装好的锯条与锯弓保持在同一中心平面内，这对保证锯缝正直和防止锯条折断都有利。

2. 锯削动作要领

　　待锯削工件尽可能安装在台虎钳的左侧，所锯位置距钳口侧面大约 10 mm。手锯的握法如图 3-4-4（a）所示，常见的握锯方法是左手扶压住锯弓前端，右手握锯柄，食指也可抵在弓架侧面。锯削时，右手主要控制推力，左手配合右手扶正锯弓，并稍微施加压力。

　　起锯有远起锯（见图 3-4-4（b））和近起锯（见图 3-4-4（c））两种。起锯时，右手握锯弓柄，左手指定好锯削位置，用锯条前端起锯，即远起锯方法。一般情况下采用远起锯较好，因为远起锯锯齿逐步切入材料，锯齿不易卡住，起锯也较方便，同时便于观察起锯线。如果采用近起锯而掌握不好，锯齿会被工件棱边卡住。起锯操作时，行程要短，压力要小，速度要慢。当起锯到槽深达 2～3 mm 时，左手拇指即可离开锯条，进行正常锯削。

四、相关知识点

图 3-4-4 起锯的方法
（a）起锯的方法；（b）远起锯；（c）近起锯

任务编号	**W08**	任务名称	锯削

3. 锯削的姿势

锯削的站位与锉削站位相同，右手握锯弓柄，左手五指中关节握住锯弓前端上部。前腿微微弯曲，后腿伸直，两肩自然摆平，两手握正锯弓，目视锯条，如图 3-4-5 所示。在锯削时，朝前用力，向后轻拉快速带回，根据工件材料软硬来确定锯削速度，控制在 20~50 次/min 之间。材料越硬，向前推的速度要越慢，锯弓对工件压力要越大。

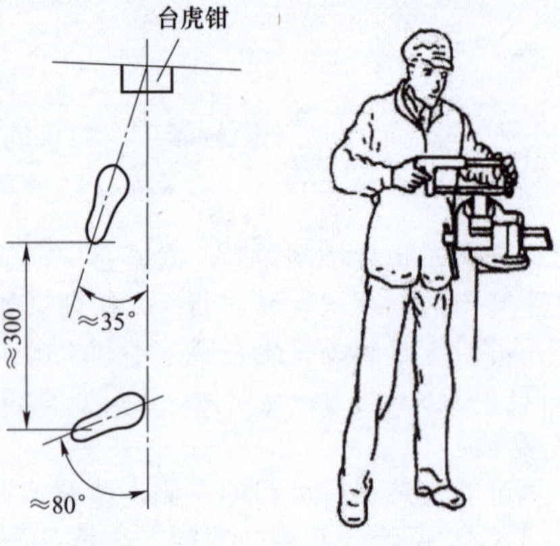

台虎钳

≈300

≈35°

≈80°

(a)   (b)

图 3-4-5 锯削姿势

（a）站立位置；（b）站立姿势

四、相关知识点

锯削时要借助身体的力量，身体各部位肌肉要放松，眼睛要随时注意锯削情况，保持锯条与工件垂直。发现稍有歪斜，应及时采取措施，将锯弓朝歪斜方向带力锯削，纠正偏斜后再摆正锯弓。

锯削时，向前推的速度要慢，不允许有尖叫声和锯条打滑，避免锯齿的锯路磨损。

（四）常见原材料的锯削方法

1. 锯棒料

当锯削尺寸较大的圆钢、方钢等棒料时，如图 3-4-6 所示，可按顺序进行锯削。当锯削尺寸较大的脆性材料时，可在两侧锯一深缝和一浅缝后用锤敲断。

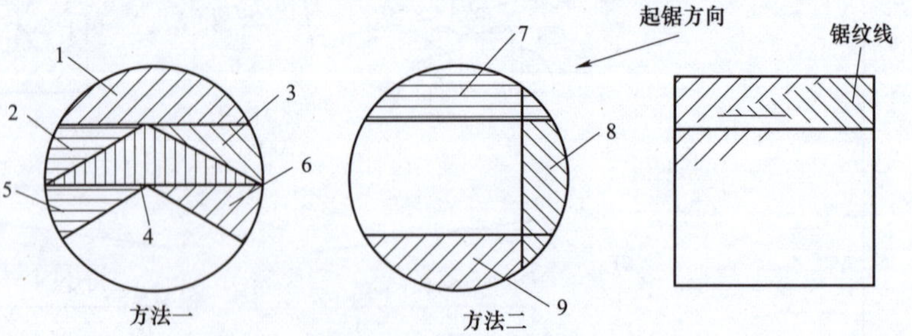

起锯方向

锯纹线

1
2
3
5
4
6

7
8
9

方法一   方法二

图 3-4-6 锯棒料方法

2. 锯薄板

在锯削比较薄的板料时，板料会发生弯曲和颤动，使锯削无法进行。因此，锯削时应将板料夹在两块废木料的中间，连同木板一起锯开，如图 3-4-7（a）所示。也可以把薄板直接夹在台虎钳上，用手锯做横向斜推锯，使锯齿与薄板接触齿数增加，避免锯齿崩裂，如图 3-4-7（b）所示。

任务编号	W08	任务名称	锯削

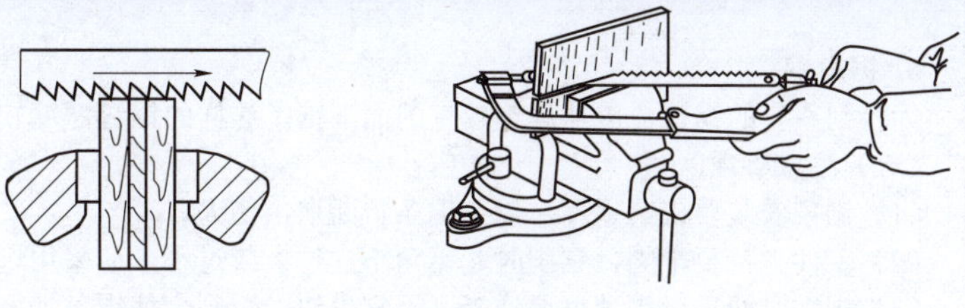

（a）　　　　　　　　　　　　　（b）

图 3−4−7　锯薄板

（a）用木板夹持锯削；（b）横向斜面锯削

3. 锯圆管

锯圆管一般不采用一锯到底的方法，而是将管壁锯透后，把管子向推锯方向转动，直到锯掉为止，如图 3−4−8 所示。

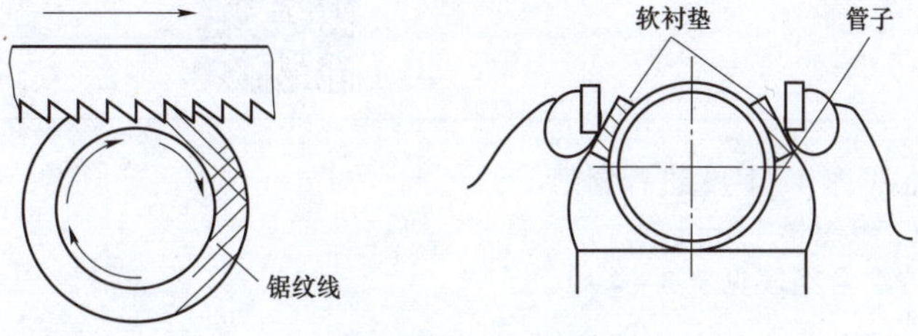

图 3−4−8　锯圆管

4. 锯角钢、槽钢

角钢、槽钢等型钢的锯削如图 3−4−9 所示。

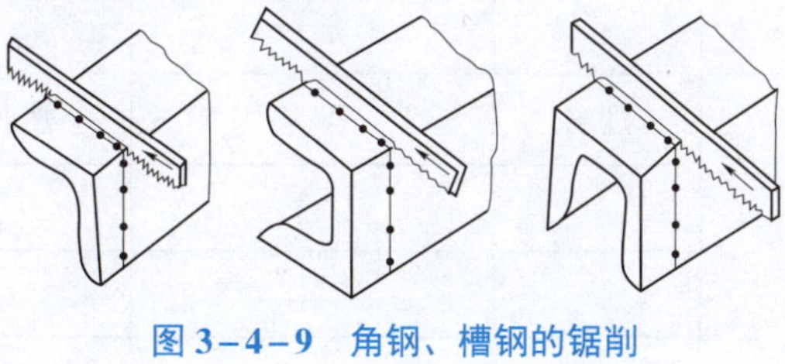

图 3−4−9　角钢、槽钢的锯削

5. 锯深缝

当锯缝的深度超过弓架的高度时（见图 3−4−10（a）），应将锯条转过 90°后重新安装，使弓架转到工件侧面再锯削（见图 3−4−10（b）），也可把锯条安装成使锯条在锯内进行锯割（见图 3−4−10（c））。

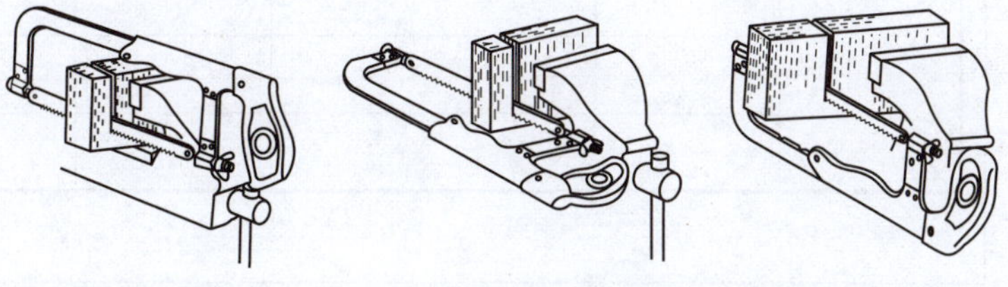

（a）　　　　　　　　　（b）　　　　　　　　　（c）

图 3−4−10　锯深缝

（a）锯条垂直锯削深缝；（b）锯条侧面锯削深缝；（c）锯条在锯弓内锯削深缝

四、相关
知识点

任务编号	**W08**	任务名称	锯削

四、相关知识点	**6. 锯扁钢** 为得到整齐的锯口，应从扁钢较宽的面下锯，这样的锯缝深度较浅，锯条不致被卡。 **（五）注意事项** （1）锯条安装要松紧适度，以免锯条折断崩出伤人。 （2）工件夹持要牢固，锯削时起锯角不宜过大或过小，应采用远起锯法。 （3）锯削时两手运锯速度要适当。不宜过快，否则会使锯条加剧磨拉。 （4）锯削时切削行程不宜过短，应使锯条的全长参与切削。 （5）锯断工件时，要防止工件落下伤脚。 （6）要留意锯缝的平直情况，及时纠正。
五、看资料，谈感想	
六、任务实施	根据图3-4-1进行锯削。 **1. 组织学生分组** 学生分组表见表3-4-1。

表 3-4-1　学生分组表

班级		组号		指导教师	
组长		学号			
组员	姓名	学号	姓名		学号

2. 任务分工
零件加工任务单见表3-4-2。

续表

任务编号	W08		任务名称		锯削

表 3－4－2 零件加工任务单

班级			完成时间			
序号	产品名称	材料	加工数量	技术标准	质量要求	图样要求
1						
2						
3						
4						
5						
6						

3. 熟悉任务

（1）任务图的识读。认真阅读任务图 3－4－1，找出其中标注错误或者漏标的情况，若发现问题，应及时提出修改意见。

_____

_____

_____

（2）毛坯选择分析。分析本任务所加工的零件，并选择合理的毛坯。

_____

_____

（3）零件技术要求分析。分析任务图 3－4－1，并在表 3－4－3 中写出所需要的材料，为任务实施做准备。

表 3－4－3 零件技术要求分析表

序号	项目	内容	偏差范围
1	锯削		
2			
3			
4			

4. 工作方案

（1）设备和材料的选择。根据图 3－4－1 的锯削平面选择加工设备及材料。

_____

_____

六、任务实施

任务编号	W08	任务名称	锯削

<table>
<tr><td rowspan="20">六、任务
实施</td><td colspan="3">（2）拟订工艺路线。分组讨论，拟订合理的任务加工工艺路线。

　

　

　

（3）小组讨论，确定最佳方案。师生共同讨论并确定最合理的工艺路线及最佳方案，完善零件加工的工艺路线。

　

　

　

（4）工作实施。在教师的指导下，熟悉设备的操作，简述设备安全操作的注意事项。

　

　

　

（5）熟悉车间管理制度，简述 6S 管理的定义和目的。

　

　

　
</td></tr>
</table>

5. 检测评分

检测评分表见表 3-4-4。

表 3-4-4　检测评分表

工件编号：				完成人：					
项目与配分		序号	技术要求	配分	评分标准	自测记录	得分	互测记录	得分
工件加工评分 （80%）	锯削平面	1	9×8 mm	50 分	操作错误全扣				
		2	锯条安装是否正确	10 分	操作错误全扣				
		3	握锯姿势是否正确	10 分	操作错误全扣				
		4	锯削姿势是否正确	10 分	操作错误全扣				
工艺（10%）		5	工艺正确	10 分	每错一处扣 2 分				
设备操作（10%）		6	设备操作规范	10 分	每错一处扣 2 分				
安全文明生产 （倒扣分）		7	安全操作	倒扣	因安全事故停止操作扣 5～10 分				
		8	6S 管理	倒扣					
得分									

任务编号	**W08**		任务名称	锯削

6. 锯削平面不正确的原因分析

小组根据检测结果讨论、分析锯削平面不正确的原因及预防方法，并填写表 3-4-5。

表 3-4-5　锯削平面不正确的原因及预防方法

序号	产生原因	预防方法
1		
2		
3		
4		
5		

7. 教师评价

教师对学生的整个任务实施过程进行评价，并填写表 3-4-6。

表 3-4-6　教师评价表

班级		组名		姓名		
出勤情况						
评价内容	评价要点	考察要点		分数	分数评定	得分
任务描述、接受任务	口述内容细节	表述仪态自然、吐字清晰		2分	表述仪态不自然或吐字模糊扣1分	
		表达思路清晰、层次分明、准确			表达思路模糊或层次不清扣1分	
任务分析、分组情况	依据图样分析工艺、分组、分工	分析图样关键点准确		3分	表达思路模糊或层次不清扣1分	
		涉及的理论知识回顾完整，分组、分工明确			知识不完整扣1分，分组分工不明确扣1分	
制订计划	制订加工工艺路线	准确制订工艺路线		15分	工艺路线步骤每错误一步扣1分，扣完为止	
计划实施	加工前准备	设备准备		3分	每漏一项扣1.5分	
		材料准备			没有检查扣1.5分	
		以情景模拟的方式，体验到材料库领取材料的过程，并完成领料单		2分	领料单填写不完整扣1分	

六、任务实施

续表

任务编号	W08		任务名称		锯削

续表

<table>
<tr><td rowspan="10">六、任务实施</td><td colspan="5" align="right">续表</td></tr>
<tr><td>评价内容</td><td>评价要点</td><td>考察要点</td><td>分数</td><td>分数评定</td><td>得分</td></tr>
<tr><td rowspan="5">计划实施</td><td rowspan="3">加工</td><td>正确选择材料</td><td>5分</td><td>选择错误一项扣1分，扣完为止</td><td></td></tr>
<tr><td>查阅资料，正确选择加工的技术参数</td><td>5分</td><td>选择错误一项扣1分，扣完为止</td><td></td></tr>
<tr><td>正确实施零件加工，无失误（依据工件评分表）</td><td>40分</td><td>依据工件评分标准超差扣分</td><td></td></tr>
<tr><td rowspan="2">现场恢复</td><td>在加工过程中保持6S管理、三环落地</td><td>3分</td><td>每漏一项扣1分，扣完为止</td><td></td></tr>
<tr><td>设备、材料、工具、工位恢复整理</td><td>2分</td><td>每违反一项扣1分，扣完为止</td><td></td></tr>
<tr><td rowspan="3">总结</td><td rowspan="3">任务总结</td><td>依据自评分数</td><td>5分</td><td>依据总结内容是否到位酌情给分</td><td></td></tr>
<tr><td>依据互评分数</td><td>5分</td><td>依据总结内容是否到位酌情给分</td><td></td></tr>
<tr><td>依据个人总结评分报告</td><td>10分</td><td>依据总结内容是否到位酌情给分</td><td></td></tr>
<tr><td colspan="3" align="center">合计</td><td>100分</td><td></td><td></td></tr>
</table>

七、反思

（1）如图3-4-11所示，下面两种锯弓有哪里不同？

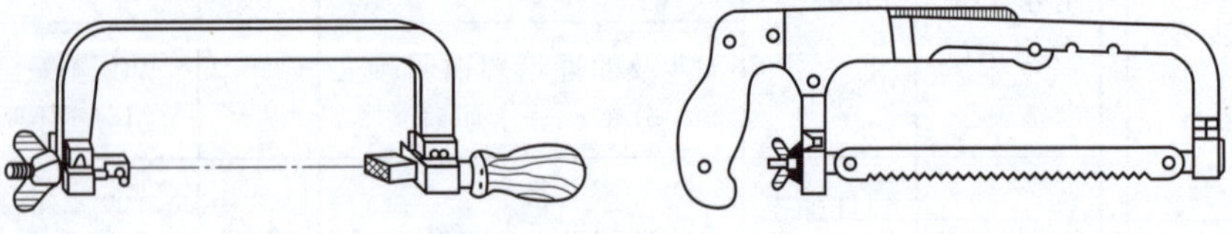

(a)　　　　　　　　　　　　　(b)

图3-4-11　题（1）图

任务编号	W08	任务名称	锯削

七、反思	（2）锯削可用在哪些场合？试举例说明。 _____ _____ _____ _____ （3）怎样选择锯条？安装锯条应注意什么？ _____ _____ _____ _____

任务五 锉 削

任务编号	W09	任务名称	锉削
一、任务描述	锉销平面如图 3-5-1 所示，按要求进行锉削。 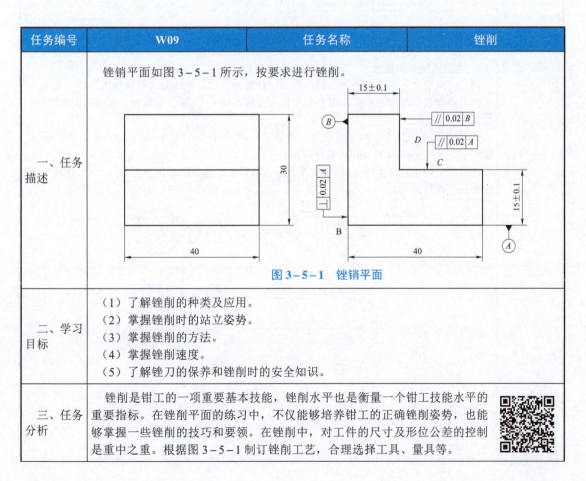 图 3-5-1 锉销平面		
二、学习目标	（1）了解锉削的种类及应用。 （2）掌握锉削时的站立姿势。 （3）掌握锉削的方法。 （4）掌握锉削速度。 （5）了解锉刀的保养和锉削时的安全知识。		
三、任务分析	锉削是钳工的一项重要基本技能，锉削水平也是衡量一个钳工技能水平的重要指标。在锉削平面的练习中，不仅能够培养钳工的正确锉削姿势，也能够掌握一些锉削的技巧和要领。在锉削中，对工件的尺寸及形位公差的控制是重中之重。根据图 3-5-1 制订锉削工艺，合理选择工具、量具等。		

任务编号	W09	任务名称	锉削

（一）锉削的概念

锉削是在錾、锯之后对工件进行的精度较高的加工，其尺寸精度可达 0.01 mm，表面粗糙度值可达 0.8 μm。锉削的工作范围很广，可以锉削平面、曲面、外表面、内孔、沟槽和各种复杂表面，还可以配键、制作样板及在装配中修整工件，是钳工常用的重要操作之一。锉削技能往往是衡量钳工技能水平的重要标志。

（二）锉刀

1. 锉刀的结构

锉刀是锉削的刀具，用高碳工具钢 T13 或 T12 制成，并经热处理，其切削部分的硬度达 62～72 HRC。锉刀由锉身和锉柄两部分组成。锉尾主要用于安装锉柄，以便提高锉削效率。锉刀多用碳素工具钢制造，锉刀的锉齿多是在剁锉机上剁出，然后经过热处理，其形状如图 3－5－2 所示，便于断屑和排屑，也能使切削时省力。

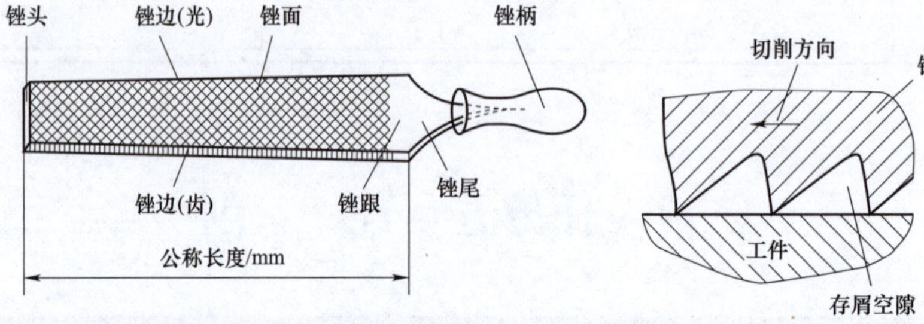

图 3－5－2　锉刀的结构

四、相关知识点

2. 锉刀的种类和规格

锉刀按用途可分为普通锉刀、整形锉刀（什锦锉）和异形锉刀（不包括机用锉）三类。

锉刀根据截面形状的不同，可分为平锉（又称板锉）、方锉、三角锉、半圆锉及圆锉等，如图 3－5－3 所示。

锉刀的规格是以工作部分的长度来表示的，有 100 mm，150 mm，200 mm，250 mm，300 mm，350 mm，400 mm 等多种规格。

锉刀的粗细是以每 10 mm 长度挫面上挫齿的齿数来划分的，按锉齿的大小分为粗锉、细锉和油光锉等。

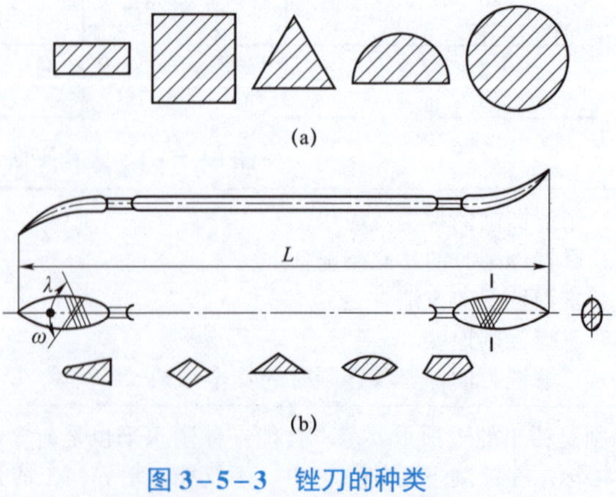

(a)

(b)

图 3－5－3　锉刀的种类

(a) 普通钳工锉断面图；(b) 异形锉刀及断面图

任务编号	**W09**	任务名称	锉削

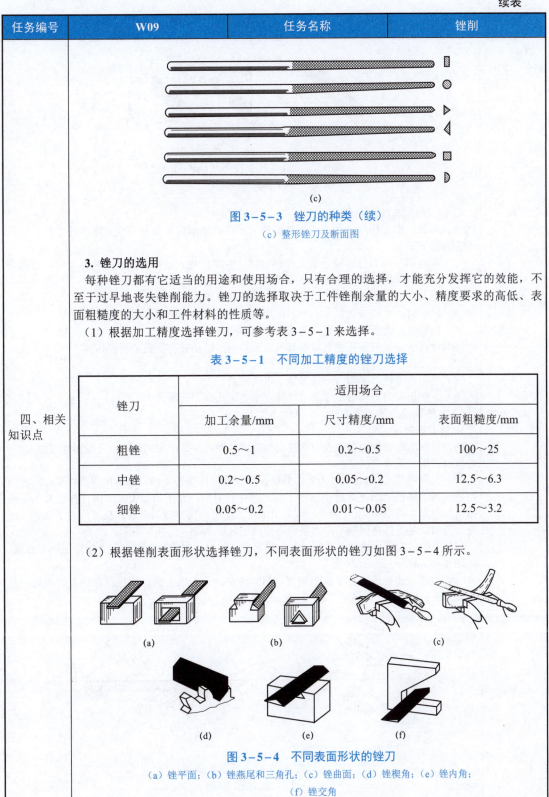

图3-5-3　锉刀的种类（续）

（c）整形锉刀及断面图

3. 锉刀的选用

每种锉刀都有它适当的用途和使用场合，只有合理的选择，才能充分发挥它的效能，不至于过早地丧失锉削能力。锉刀的选择取决于工件锉削余量的大小、精度要求的高低、表面粗糙度的大小和工件材料的性质等。

（1）根据加工精度选择锉刀，可参考表3-5-1来选择。

表3-5-1　不同加工精度的锉刀选择

锉刀	适用场合		
	加工余量/mm	尺寸精度/mm	表面粗糙度/mm
粗锉	0.5～1	0.2～0.5	100～25
中锉	0.2～0.5	0.05～0.2	12.5～6.3
细锉	0.05～0.2	0.01～0.05	12.5～3.2

（2）根据锉削表面形状选择锉刀，不同表面形状的锉刀如图3-5-4所示。

图3-5-4　不同表面形状的锉刀

（a）锉平面；（b）锉燕尾和三角孔；（c）锉曲面；（d）锉楔角；（e）锉内角；

（f）锉交角

四、相关知识点

81

任务编号	**W09**	任务名称	锉削

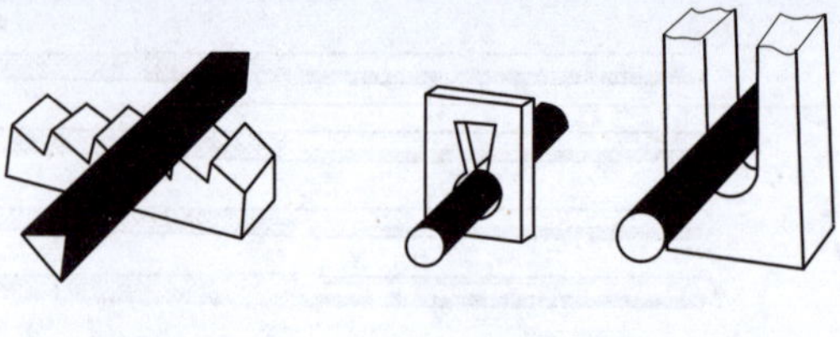

图 3-5-4 不同表面形状的锉刀（续）

（g）锉曲面；（h）锉圆孔

4. 锉刀的正确使用与维护

（1）新锉刀应先使用一面，用钝后再用另一面。锉削时充分使用锉刀的有效工作长度，避免局部磨损。

（2）不准用新锉刀锉削硬金属或淬硬材料，有氧化皮、硬皮和黏砂的铸件或锻件必须在砂轮机上将氧化皮、硬皮和黏砂磨除后，才能用锉刀锉削。

（3）锉刀不可沾油、水或其他脏物，以防锈蚀或锉削时打滑。

（4）锉削前，要刷去锉齿中的锉屑；用完后必须把锉刀刷净，防止生锈。

（5）使用时，速度不宜过快，防止锉刀过早磨损。

（6）使用后，锉刀不可叠放或与其他工具堆放，以免锉齿受撞击而损坏。

（7）不允许细锉刀锉软金属或作粗锉用。

（8）使用整形锉时，用力不能过猛，以免折断。

（9）不能把锉刀当作敲击工具或撬棒使用，防止锉刀折断伤人。

（三）锉削操作的基本方法

1. 锉刀的握法

锉刀的握法对锉削力量的控制和锉削时的疲劳程度都有一定的影响，可根据锉刀的大小、形状及使用的场合来决定。

（1）大型锉刀（250 mm 以上）的握法。用右手握住锉刀手柄，木柄尾部顶住掌心，大拇指放在锉刀柄的上部，其余手指由下而上握住锉刀柄；左手拇指根部肌肉压在锉刀上，拇指自然伸直，其余 4 指弯向掌心或者用中指、无名指捏住锉刀前端；也可用左手掌斜压在锉刀前端，各手指自然放平。大型锉刀的握法如图 3-5-5（b）所示。

（2）中型锉刀的握法。右手握法与大锉刀握法相同，左手用大拇指和食指捏住锉刀前端，如图 3-5-5（c）所示。

（3）小锉刀的握法。右手食指伸直，拇指放在锉刀木柄上面，食指靠在锉刀的刀边，左手几个手指压在锉刀中部，如图 3-5-5（d）所示。

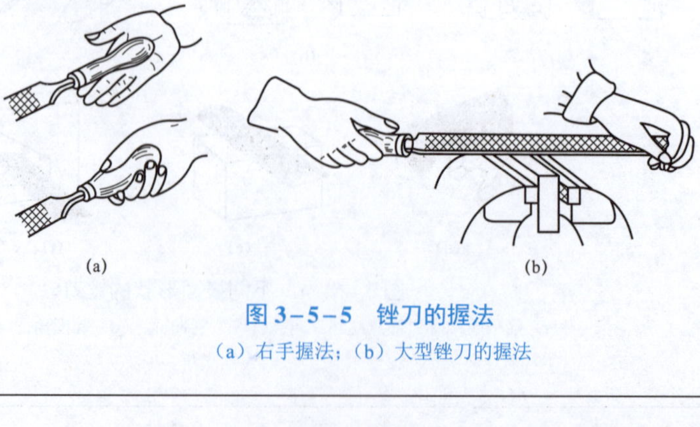

（a）　　　　　　　　　　　　　　　　　　　（b）

图 3-5-5 锉刀的握法

（a）右手握法；（b）大型锉刀的握法

四、相关知识点

任务编号	**W09**	任务名称	锉削

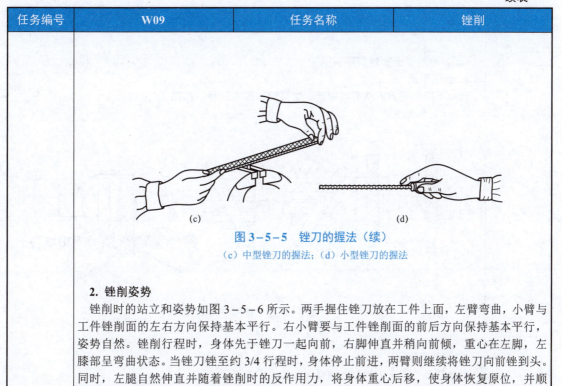

图 3-5-5 锉刀的握法（续）

（c）中型锉刀的握法；（d）小型锉刀的握法

2. 锉削姿势

锉削时的站立和姿势如图 3-5-6 所示。两手握住锉刀放在工件上面，左臂弯曲，小臂与工件锉削面的左右方向保持基本平行。右小臂要与工件锉削面的前后方向保持基本平行，姿势自然。锉削行程时，身体先于锉刀一起向前，右脚伸直并稍向前倾，重心在左脚，左膝部呈弯曲状态。当锉刀锉至约 3/4 行程时，身体停止前进，两臂则继续将锉刀向前锉到头。同时，左腿自然伸直并随着锉削时的反作用力，将身体重心后移，使身体恢复原位，并顺势将锉刀收回。当锉刀收回将近结束时，身体又开始向锉削方向前倾，做第 2 次锉削的向前运动。

四、相关
知识点

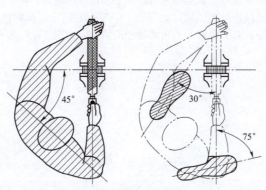

图 3-5-6 锉削时的站立和姿势

3. 锉削时工件的装夹

工件的装夹是否正确直接影响锉削质量的高低。锉削时工件的装夹应符合下列要求。

（1）工件尽量夹持在台虎钳钳口宽度方向的中间，锉削面靠近钳口，以防锉削时产生振动。

（2）装夹要稳固，但用力不可太大，以防工件变形。

（3）装夹已加工表面和精密工件时，应在台虎钳钳口衬上紫铜皮或铝皮等软的衬垫，以防夹坏表面。

任务编号	**W09**	任务名称	锉削

（四）锉削平面和锉削圆弧面

1. 锉削平面

锉削平面的基本方法有顺向锉、交叉锉和推锉三种，如图 3-5-7 所示。

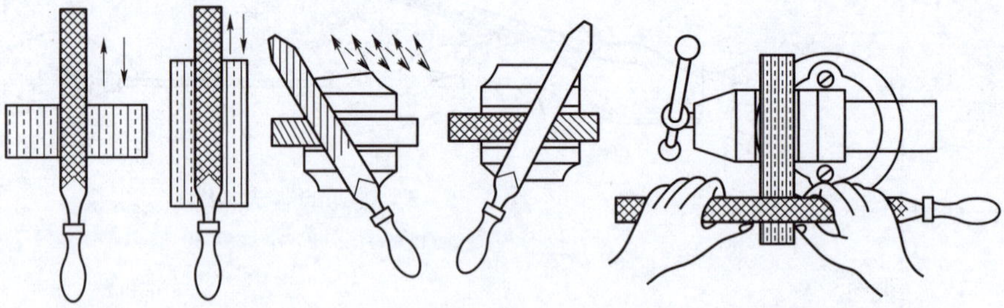

（a）   （b）   （c）

图 3-5-7 锉削平面的方法

（a）顺向锉；（b）交叉锉；（c）推锉

2. 锉削圆弧面

锉削圆弧面又分为锉削外圆弧面和锉削内圆弧面。

（1）锉削外圆弧面。

在锉削外圆弧面时，锉刀要同时完成两个运动，即锉刀的前推运动和绕弧面中心的转动。前推是完成锉削，转动是保证锉出圆弧形状。

常用的锉削外圆弧面方法有滚锉法和横锉法两种。滚锉法是使锉刀顺着圆弧面周向锉削，此法用于精锉外圆弧面，如图 3-5-8（a）所示；横锉法是使锉刀沿着圆弧面轴向锉削，用于粗锉外圆弧面或不能用滚锉法的情况，如图 3-5-8（b）所示。

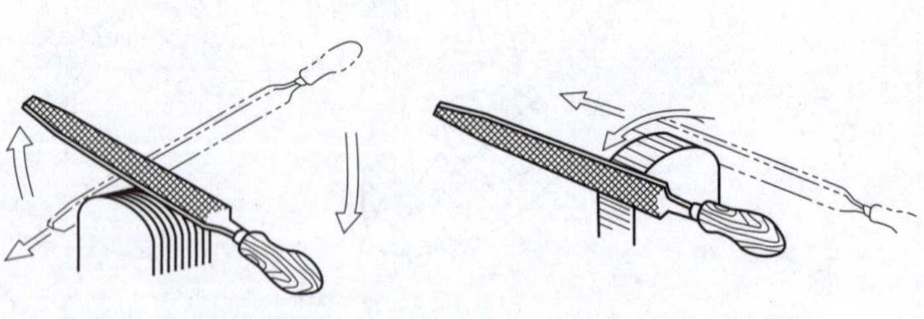

（a）   （b）

图 3-5-8 锉削外圆弧面

（a）滚锉法；（b）横锉法

（2）锉削内圆弧面。

在锉削内圆弧面时，锉刀要同时完成三个运动，即锉刀的前推运动、锉刀的左右移动和锉刀自身的转动，如图 3-5-9 所示。否则，锉不好内圆弧面。

四、相关知识点

任务编号	W09	任务名称	锉削

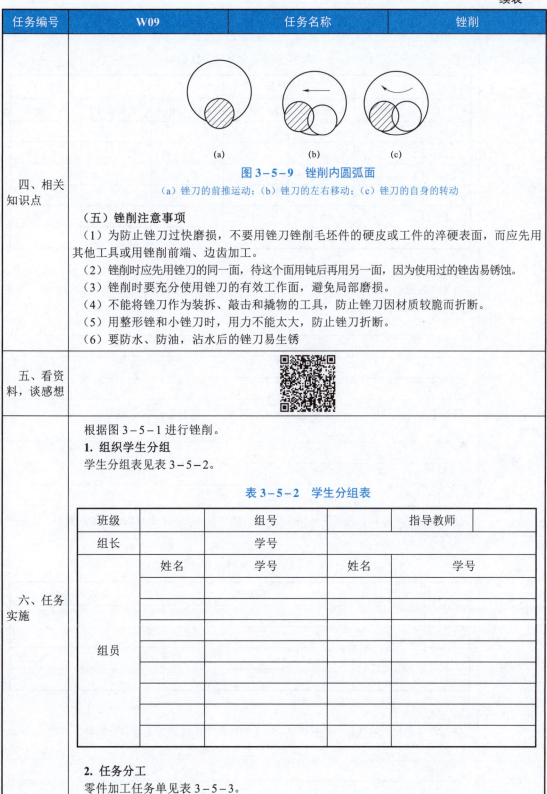

图3-5-9　锉削内圆弧面

（a）锉刀的前推运动；（b）锉刀的左右移动；（c）锉刀的自身的转动

（五）锉削注意事项

（1）为防止锉刀过快磨损，不要用锉刀锉削毛坯件的硬皮或工件的淬硬表面，而应先用其他工具或用锉削前端、边齿加工。

（2）锉削时应先用锉刀的同一面，待这个面用钝后再用另一面，因为使用过的锉齿易锈蚀。

（3）锉削时要充分使用锉刀的有效工作面，避免局部磨损。

（4）不能将锉刀作为装拆、敲击和撬物的工具，防止锉刀因材质较脆而折断。

（5）用整形锉和小锉刀时，用力不能太大，防止锉刀折断。

（6）要防水、防油，沾水后的锉刀易生锈

五、看资料，谈感想

六、任务实施

根据图3-5-1进行锉削。

1. 组织学生分组

学生分组表见表3-5-2。

表3-5-2　学生分组表

班级		组号		指导教师	
组长		学号			
组员	姓名	学号		姓名	学号

2. 任务分工

零件加工任务单见表3-5-3。

任务编号	W09		任务名称		锉削

表 3-5-3 零件加工任务单

班级			完成时间			
序号	产品名称	材料	加工数量	技术标准	质量要求	图样要求
1						
2						
3						
4						
5						
6						

3. 熟悉任务

（1）任务图的识读。认真阅读任务图 3-5-1，找出其中标注错误或者漏标的情况，若发现问题，应及时提出修改意见。

_____

_____

_____

（2）毛坯选择分析。分析本任务所加工的零件，并选择合理的毛坯。

_____

_____

_____

（3）技术要求分析。分析任务图 3-5-1，并在表 3-5-4 中写出所需要的材料，为任务实施做准备。

表 3-5-4 零件技术要求分析表

序号	项目	内容	偏差范围
1	锉削平面		
2			
3			
4			

4. 工作方案

（1）设备和材料的选择。根据图 3-5-1 的锉削平面选择加工设备及材料。

_____

_____

（六、任务实施）

任务编号	**W09**	任务名称	锉削

（2）拟订工艺路线。分组讨论，拟订合理的任务加工工艺路线。

_____

_____

（3）小组讨论，确定最佳方案。师生共同讨论并确定最合理的工艺路线及最佳方案，完善零件加工的工艺路线。

_____

_____

（4）工作实施。在教师的指导下，熟悉设备的操作，简述设备安全操作的注意事项。

_____

_____

（5）熟悉车间管理制度，简述 6S 管理的定义和目的。

_____

_____

_____

5. 检测评分

检测评分表见表 3－5－5。

六、任务实施

表 3－5－5　检测评分表

工件编号：					完成人：				
项目与配分		序号	技术要求	配分	评分标准	自测记录	得分	互测记录	得分
工件加工评分（80%）	锉削平面	1	锉削姿势	15分	操作错误全扣				
		2	$\perp$ // $\boxed{0.02}$ B（2 处）	20分	操作错误全扣				
		3	$\perp$ $\boxed{0.02}$ A	20分	操作错误全扣				
		4	（15±0.1）mm（2处）	20分	操作错误全扣				
工艺（10%）		5	工艺正确	10分	每错一处扣2分				
设备操作（10%）		6	设备操作规范	10分	每错一处扣2分				
安全文明生产（倒扣分）		7	安全操作	倒扣	因安全事故停止操作扣5~10分				
		8	6S 管理	倒扣					
得分									

任务编号	**W09**		任务名称		锉削

6. 锉削平面不正确的原因分析

小组根据检测结果讨论、分析锉削平面不正确的原因及预防方法，并填写表 3–5–6。

表 3–5–6　锉削平面不正确的原因及预防方法

序号	产生原因	预防方法
1		
2		
3		
4		

7. 教师评价

教师对学生的整个任务实施过程进行评价，并填写表 3–5–7。

表 3–5–7　教师评价表

班级		组名		姓名		
出勤情况						
评价内容	评价要点	考察要点		分数	分数评定	得分
任务描述、接受任务	口述内容细节	表述仪态自然、吐字清晰		2分	表述仪态不自然或吐字模糊扣1分	
		表达思路清晰、层次分明、准确			表达思路模糊或层次不清扣1分	
任务分析、分组情况	依据图样分析工艺、分组、分工	分析图样关键点准确		3分	表达思路模糊或层次不清扣1分	
		涉及的理论知识回顾完整，分组、分工明确			知识不完整扣1分，分组分工不明确扣1分	
制订计划	制订加工工艺路线	准确制订工艺路线		15分	工艺路线步骤每错误一步扣1分，扣完为止	
计划实施	加工前准备	设备准备		3分	每漏一项扣1.5分	
		材料准备			没有检查扣1.5分	
		以情景模拟的方式，体验到材料库领取材料的过程，并完成领料单		2分	领料单填写不完整扣1分	
	加工	正确选择材料		5分	选择错误一项扣1分，扣完为止	

六、任务实施

续表

任务编号	W09		任务名称		锉削	

续表

评价内容	评价要点	考察要点	分数	分数评定	得分
计划实施	加工	查阅资料，正确选择加工的技术参数	5分	选择错误一项扣1分，扣完为止	
		正确实施零件加工，无失误（依据工件评分表）	40分	依据评分标准超差扣分	
	现场恢复	在加工过程中保持6S管理、三环落地	3分	每漏一项扣1分，扣完为止	
		设备、材料、工具、工位恢复整理	2分	每违反一项扣1分，扣完为止	
总结	任务总结	依据自评分数	5分	依据总结内容是否到位酌情给分	
		依据互评分数	5分	依据总结内容是否到位酌情给分	
		依据个人总结评分报告	10分	依据总结内容是否到位酌情给分	
合计			100分		

七、反思

（1）用量具检测误差如图3-5-10所示，分别指出三种方法是用来检测什么误差？

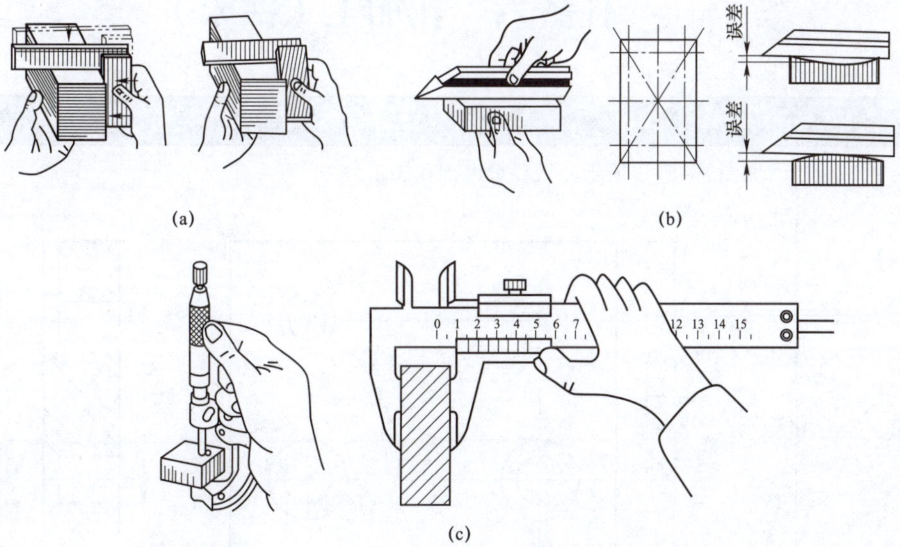

(a)　　　　　　　　　　　　　　(b)

(c)

图3-5-10　用量具检测误差

续表

任务编号	W09	任务名称	锉削
七、反思	（2）锉刀有哪几种类型？不同类型锉刀的规格分别是什么？ （3）锉刀的握法有几种？分别是什么？ （4）简述锉削姿势。 		

任务六　孔加工（钻床）

任务编号	W10	任务名称	孔加工（钻床）
一、任务描述	如图3-6-1所示，按要求进行孔加工。 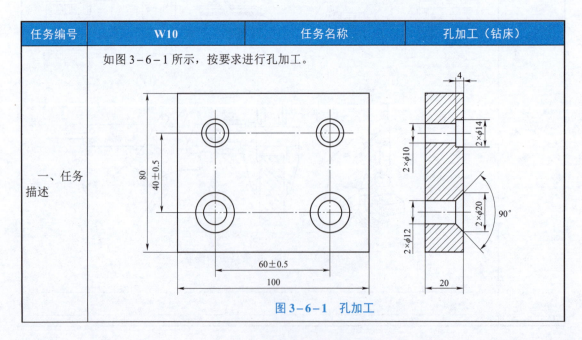 图3-6-1　孔加工		

任务编号	**W10**		任务名称	孔加工（钻床）

二、学习目标	（1）了解麻花钻的结构、几何角度和刃磨等基础知识。 （2）掌握钻孔、扩孔、锪孔、铰孔的方法。 （3）掌握台钻、立钻及摇臂钻的结构及性能。 （4）掌握钻削加工的安全注意事项。 （5）熟悉砂轮机使用安全常识，并能正确使用砂轮机。
三、任务分析	钻孔过程中麻花钻用钝，或者有切削刃损伤时，就需要进行磨削，使其恢复良好的切削性能，包括重磨和修磨。重磨使刀刃变得锋利，而修磨针对的是标准麻花钻自身存在的缺点，如横刃过长、前角变化大等，通过修磨可以使标准麻花钻的缺点得以改善且工件性能得以提高。
四、相关知识点	（一）钻孔的概念 用钻头在实体材料上加工孔的方法称为钻孔。它只能加工要求不高的孔或进行孔的粗加工。钳工多在钻床上进行钻孔，有时也用电钻钻孔。 （二）钻头的种类 钻头是钻孔的主要工具，种类较多，有麻花钻、中心钻、扁钻和深孔钻等。麻花钻是钳工最常用的钻头之一。 麻花钻按柄部结构分为直柄和锥柄（莫氏锥度）两种，一般直柄麻花钻的钻头直径在 13 mm 左右，钻头直径大于 13 mm 的要制成锥柄，柄部为莫氏锥度。 （三）麻花钻 **1. 麻花钻的结构** 麻花钻的结构如图 3-6-2 所示，由柄部、颈部和工作部分组成。 柄部是夹持部分，钻孔时传递扭矩和轴向力。 颈部是位于柄部与工作部分之间，供磨钻头时砂轮退刀用。 工作部分由切削和导向两部分组成。切削指两条螺旋槽形成的主切削刃和横刃，起主要切削作用。两条主切削刃之间的夹角，通常在 116°~118° 之间，如图 3-6-3 所示。两个顶面的交线称为横刃，钻削时的横刃向力很大；故大直径钻头常采用修磨缩短横刃的方法降低轴向力。 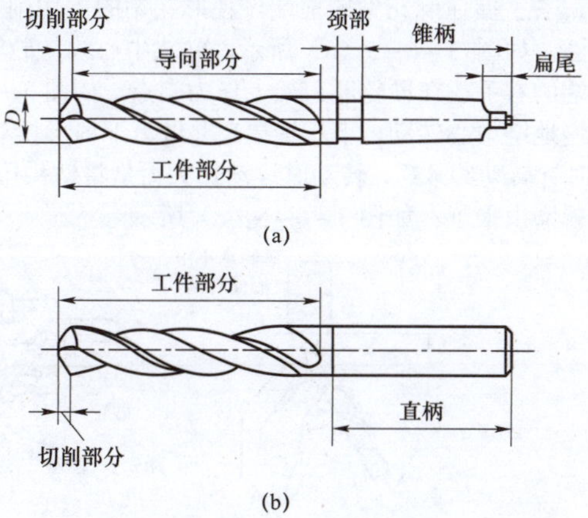 （a） （b） **图 3-6-2　麻花钻的结构** （a）锥柄麻花钻；（b）直柄麻花钻

任务编号	**W10**	任务名称	孔加工（钻床）
四、相关知识点	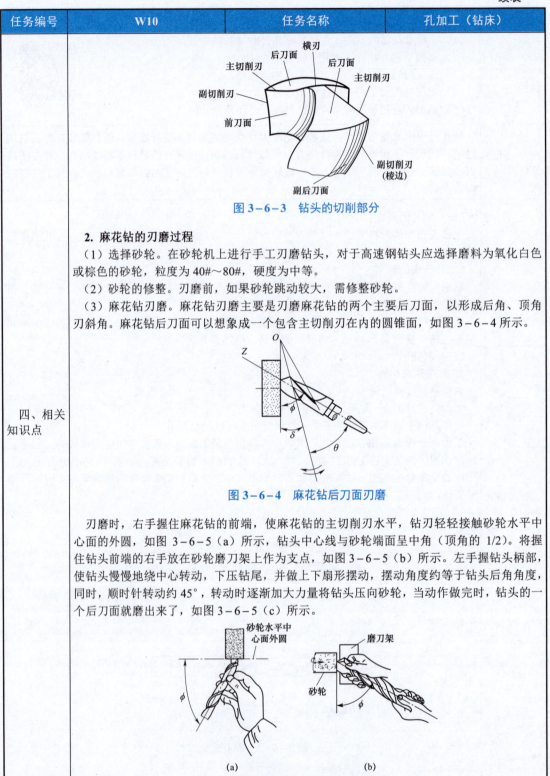		

图 3-6-3　钻头的切削部分

2. 麻花钻的刃磨过程

（1）选择砂轮。在砂轮机上进行手工刃磨钻头，对于高速钢钻头应选择磨料为氧化白色或棕色的砂轮，粒度为40#～80#，硬度为中等。

（2）砂轮的修整。刃磨前，如果砂轮跳动较大，需修整砂轮。

（3）麻花钻刃磨。麻花钻刃磨主要是刃磨麻花钻的两个主要后刀面，以形成后角、顶角刃斜角。麻花钻后刀面可以想象成一个包含主切削刃在内的圆锥面，如图3-6-4所示。

图 3-6-4　麻花钻后刀面刃磨

刃磨时，右手握住麻花钻的前端，使麻花钻的主切削刃水平，钻刃轻轻接触砂轮水平中心面的外圆，如图 3-6-5（a）所示，钻头中心线与砂轮端面呈中角（顶角的 1/2）。将握住钻头前端的右手放在砂轮磨刀架上作为支点，如图3-6-5（b）所示。左手握钻头柄部，使钻头慢慢地绕中心转动，下压钻尾，并做上下扇形摆动，摆动角度约等于钻头后角角度，同时，顺时针转动约45°，转动时逐渐加大力量将钻头压向砂轮，当动作做完时，钻头的一个后刀面就磨出来了，如图3-6-5（c）所示。

图 3-6-5　麻花钻刃磨

续表

任务编号	W10	任务名称	孔加工（钻床）

四、相关知识点

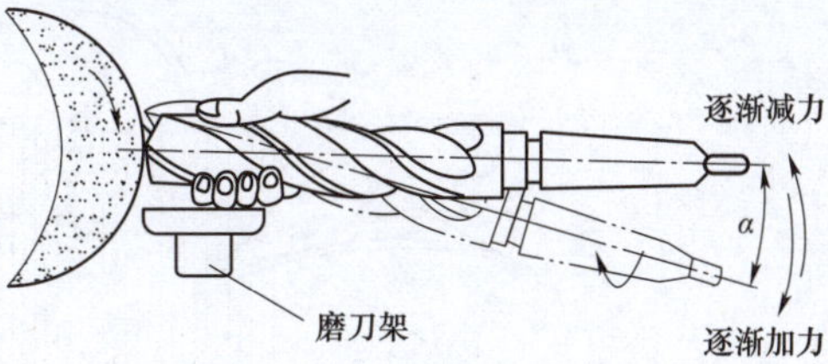

(c)

图 3-6-5 麻花钻刃磨（续）

（4）检查。麻花钻刃磨后，主要进行以下几方面检查。

① 检查顶角 2ϕ（118° ±2°）是否正确。图 3-6-6 所示为顶角对主切削刃形状的影响，当 2ϕ= 118° 时，两主切削刃呈直线形状，如图 3-6-6（a）所示；当 2ϕ ＞118° 时，两主切削刃呈内凹曲线，如图 3-6-6（b）所示；当 2ϕ ＜118° 时，两主切削刃呈外凸曲线，如图 3-6-6（c）所示。

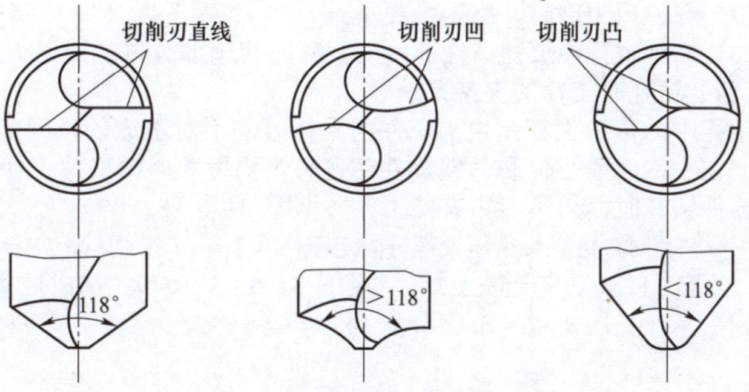

(a) (b) (c)

图 3-6-6 顶角对主切削刃形状的影响

（a）2ϕ= 118°；（b）2ϕ> 118°；（c）2ϕ< 118°

② 检查两切削刃是否对称、长度是否一致。检查时把钻头竖立在眼前，两眼平视，背景要清晰。由于钻刃一前一后，会产生视差，看两刃时，往往感到前面刃高后面刃低，因此，要绕钻头中心旋转 180° 再看，这样反复几次，如果看下来结果一样，就说明对称了。

③ 检查主切削刃外缘处后角是否达到要求的数值。标准麻花钻的后角大小见表 3-6-1。

表 3-6-1 标准麻花钻的后角大小

钻头直 D/mm	≤1	1～15	15～30	30～38
后角	20° ～30°	11° ～14°	9° ～12°	8° ～11°

④ 检查主切削刃靠近钻心处的后角是否符合要求。可通过检查横刃斜角（50° ～55°）是否正确来确定。

以上麻花钻的几何角度及两主切削刃的对称等要求，也可利用检验样板检查刃磨好的角度，如图 3-6-7 所示。

任务编号	**W10**	任务名称	孔加工（钻床）
四、相关 知识点	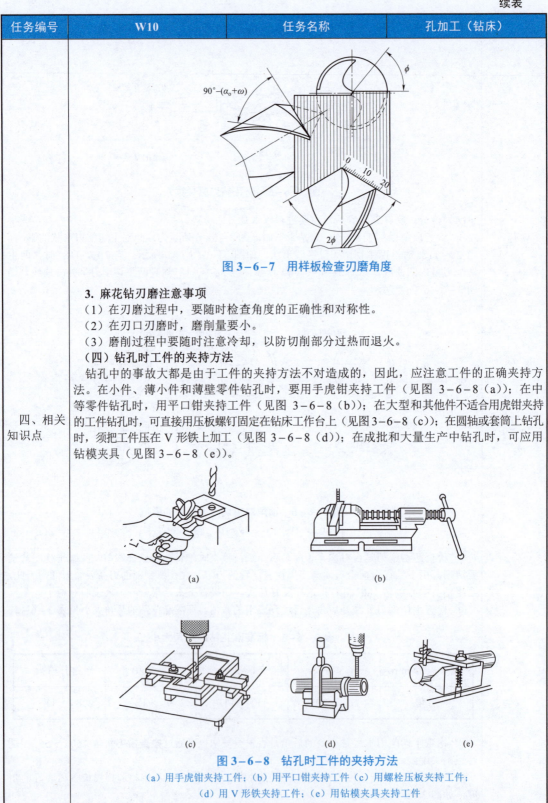		

图 3-6-7　用样板检查刃磨角度

3. 麻花钻刃磨注意事项

（1）在刃磨过程中，要随时检查角度的正确性和对称性。

（2）在刃口刃磨时，磨削量要小。

（3）磨削过程中要随时注意冷却，以防切削部分过热而退火。

（四）钻孔时工件的夹持方法

钻孔中的事故大都是由于工件的夹持方法不对造成的，因此，应注意工件的正确夹持方法。在小件、薄小件和薄壁零件钻孔时，要用手虎钳夹持工件（见图 3-6-8（a））；在中等零件钻孔时，用平口钳夹持工件（见图 3-6-8（b））；在大型和其他件不适合用虎钳夹持的工件钻孔时，可直接用压板螺钉固定在钻床工作台上（见图 3-6-8（c））；在圆轴或套筒上钻孔时，须把工件压在 V 形铁上加工（见图 3-6-8（d））；在成批和大量生产中钻孔时，可应用钻模夹具（见图 3-6-8（e））。

(a)

(b)

(c)

(d)

(e)

图 3-6-8　钻孔时工件的夹持方法

（a）用手虎钳夹持工件；（b）用平口钳夹持工件 （c）用螺栓压板夹持工件；
（d）用 V 形铁夹持工件；（e）用钻模夹具夹持工件

任务编号	**W10**	任务名称	孔加工（钻床）

<table>
<tr><td rowspan="2">四、相关
知识点</td><td>

（五）扩孔、锪孔、铰孔

1. 扩孔

用扩孔钻对已经钻出的孔扩大加工称为扩孔，扩孔用的刀具是扩孔钻，如图 3-6-9 所示。扩孔的尺寸公差等级可达 IT7～IT8，表面粗糙度值可达 3.2 μm。扩孔可进行终加工，也可进行铰孔前的预加工。

图 3-6-9　扩孔钻和扩孔

2. 锪孔

在孔口表面用锪钻加工出一定形状的孔或凸台的平面称为锪孔，例如，锪圆柱形埋头孔，锪圆锥形埋头孔，锪用于安放垫圈用的凸台平面等，如图 3-6-10 所示。

图 3-6-10　锪孔

（a）锪圆柱形埋头孔；（b）锪圆锥形埋头孔；（c）锪凸台平面

3. 铰孔

铰孔是孔的精加工，可分粗铰和精铰。精铰如图 3-6-11（a）所示，其加工余量较小，只有 0.05～0.15 mm，尺寸公差等级可达 IT7～IT8，表面粗糙度值可达 0.8 μm。铰孔前工件应经过钻孔、扩孔等加工。

图 3-6-11 所示为铰刀的种类。

图 3-6-11　铰刀的种类

（a）直齿手用铰刀；（b）锥柄机用铰刀；（c）手用锥柄铰刀；（d）螺旋齿铰刀；（e）可调试手用铰刀

</td></tr>
</table>

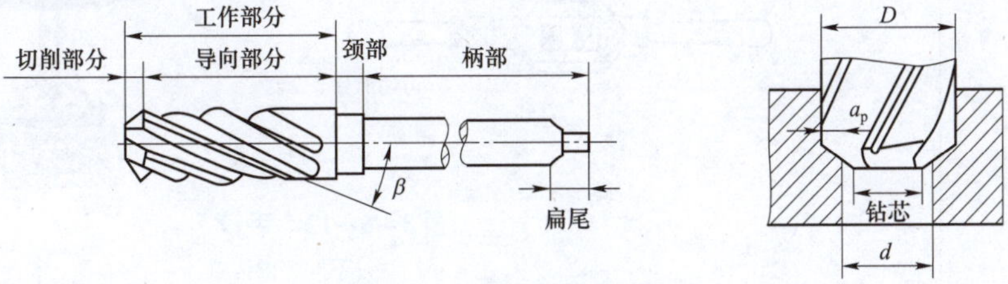

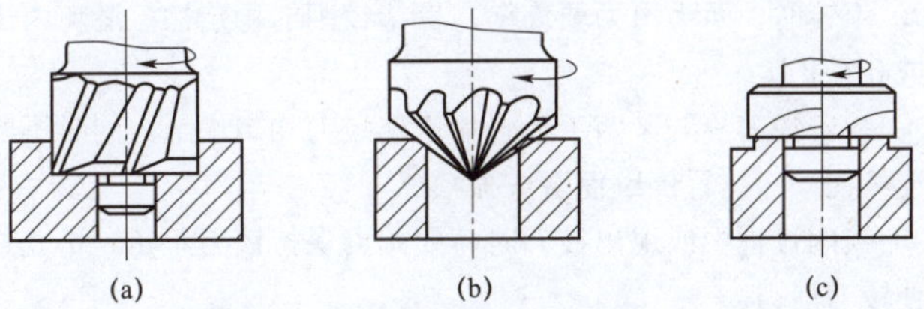

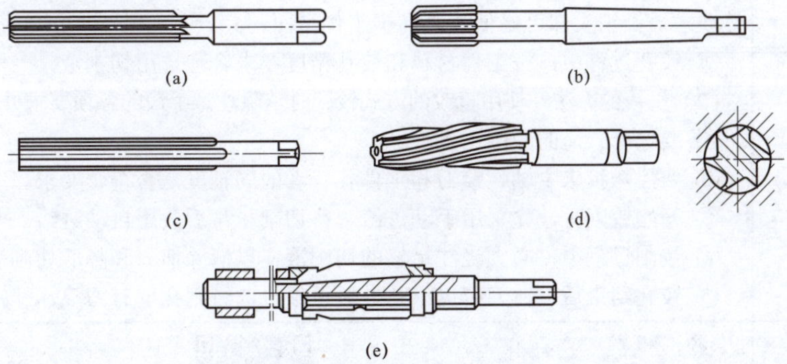

续表

任务编号	**W10**	任务名称	孔加工（钻床）

铰孔的方法分为手动铰孔（见图 3-6-12）和机动铰孔两种。

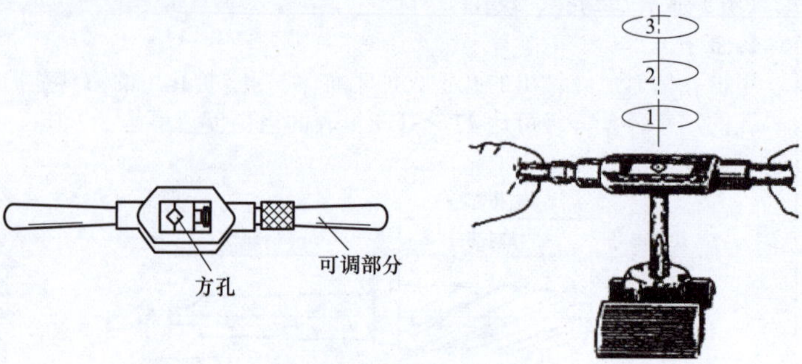

图 3-6-12　手铰

1，2，3—不同停歇位置

方孔

可调部分

（1）手铰的方法。

① 工件要夹正，尽可能使被铰孔的轴线处于水平或垂直位置。

② 手铰起铰时，应用右手沿铰孔轴线方向上施加压力，左手转动铰刀。两手用力要均匀、平稳，不应施加侧向力，保证铰刀能够顺利引进，避免孔口呈喇叭形或孔径扩大。

③ 手铰时，两手用力要均衡，保持铰削的稳定性，避免由于铰刀的摇摆而造成孔口喇叭状或孔径扩大。

④ 随着铰刀旋转，两手轻轻加压使铰刀均匀进给，同时不断变换铰刀每次停歇位置，防止连续在同一位置停歇而造成振痕。

⑤ 铰削过程中或退出铰刀时，要始终保持铰刀正转，不允许反转，否则将拉毛孔壁，甚至使铰刀崩刃。

⑥ 铰削盲孔时，应经常退出铰刀，清除切屑；铰通孔时，铰刀校准部分不能全部出头，以免将孔口处刮坏，造成退刀困难。

⑦ 铰削钢料时，切屑容易黏附在刀齿上，应注意经常退刀清除切屑，并添加切削液。

⑧ 铰削过程中，发现铰刀被卡住，不能猛力扳转铰杠，以免铰刀崩刃或折断，应及时取出铰刀，清除切屑和检查铰刀。

⑨ 铰定位锥销孔时，铰削过程中要经常用相配的锥销来检查铰孔尺寸，以防将孔铰深。一般用手按紧锥销时，其头部应高于工件表面在 2～3 mm 之间，然后用铜锤敲紧。根据具体要求，锥销头部可略低或略高于工件平面。

⑩ 铰孔过程中，按工件材料和铰孔精度要求合理选用切削液。

（2）机铰的方法。使用机铰的方式铰孔时，除注意手铰的各项要求外，还应注意以下几点。

① 要选择合适的铰削用量。

② 要注意机床主轴、铰刀和工件孔三者的同轴度是否符合要求。

③ 开始铰削时，先采用手动进给，待切削正常后改用自动进给。

④ 铰削过程中，必须浇注足够的切削液，以清除切屑和降低切削温度。

⑤ 铰孔结束后，铰刀应退出孔外后再停机，否则孔壁有刀痕。

四、相关知识点

五、看资料，谈感想

任务编号	W10		任务名称	孔加工（钻床）

六、任务
实施

根据图 3－6－1 进行孔加工。

1. 组织学生分组

学生分组表见表 3－6－2。

表 3－6－2　学生分组表

班级			组号		指导教师	
组长			学号			
组员	姓名	学号		姓名	学号	

2. 任务分工

零件加工任务单见表 3－6－3。

表 3－6－3　零件加工任务单

班级		完成时间				
序号	产品名称	材料	加工数量	技术标准	质量要求	图样要求
1						
2						
3						
4						
5						
6						

任务编号	W10	任务名称	孔加工（钻床）

<table>
<tr><td rowspan="100">六、任务实施</td><td colspan="3">

3. 熟悉任务

（1）任务图的识读。认真阅读任务图 3-6-1，找出其中标注错误或者漏标的情况，若发现问题，应及时提出修改意见。

_____

_____

（2）毛坯选择分析。分析本任务所加工的零件，并合理选择的毛坯。

_____

_____

（3）技术要求分析。分析任务图 3-6-1，并在表 3-6-4 中写出所需要的材料，为任务实施做准备。

</td></tr>
</table>

表 3-6-4　零件技术要求分析表

序号	项目	内容	偏差范围
1	孔加工		
2			
3			
4			

4. 工作方案

（1）设备和材料的选择。根据图 3-6-1 的孔加工选择加工设备及材料。

_____

_____

（2）拟订工艺路线。分组讨论，拟订合理的任务加工工艺路线。

_____

_____

（3）小组讨论，确定最佳方案。师生共同讨论并确定最合理的工艺路线及最佳方案，完善零件加工的工艺路线。

_____

_____

（4）工作实施。在教师的指导下，熟悉设备的操作，简述设备安全操作的注意事项。

_____

_____

_____

任务编号	W10	任务名称	孔加工（钻床）

（5）熟悉车间管理制度，简述 6S 管理的定义和目的。

_____

_____

_____

_____

_____

5. 检测评分

检测评分表见表 3-6-5。

表 3-6-5　检测评分表

工件编号：						完成人：				
项目与配分		序号	技术要求	配分	评分标准	自测记录	得分	互测记录	得分
工件加工评分（84%）	孔加工	1	正确安装钻头	5 分	操作错误全扣				
		2	工件夹持是否正确、合理	5 分	操作错误全扣				
		3	$\phi 10$ mm（2 处）	20 分	操作错误全扣				
		4	$\phi 12$ mm（2 处）	20 分	操作错误全扣				
		5	14 mm 沉头孔、深 4 mm（2 处）	10 分	操作错误全扣				
		6	90° 锥孔（2 处）	10 分	操作错误全扣				
		7	（60±0.5）mm、（40±0.5）mm	10 分	操作错误全扣				
		8	表面粗糙度（4 处）	4 分	操作错误全扣				
工艺（6%）		9	工艺正确	6 分	每错一处扣 2 分				
设备操作（10%）		10	设备操作规范	10 分	每错一处扣 2 分				
安全文明生产（倒扣分）		11	安全操作	倒扣	每错一处扣 2 分				
		12	6S 管理	倒扣	因安全事故停止操作扣 5~10 分				
得分									

六、任务实施

任务编号	**W10**	任务名称	孔加工（钻床）

6. 孔加工不正确的原因分析

小组根据检测结果讨论、分析孔加工不正确的原因及预防方法，并填写表3-6-6。

表3-6-6　孔加工不正确的原因及预防方法

序号	产生原因	预防方法
1		
2		
3		
4		

7. 教师评价

教师对学生的整个任务实施过程进行评价，并填写表3-6-7。

表3-6-7　教师评价表

班级		组名		姓名		
出勤情况						
评价内容	评价要点	考察要点		分数	分数评定	得分
任务描述、接受任务	口述内容细节	表述仪态自然、吐字清晰		2分	表述仪态不自然或吐字模糊扣1分	
		表达思路清晰、层次分明、准确			表达思路模糊或层次不清扣1分	
任务分析、分组情况	依据样分析工艺、分组、分工	分析图样关键点准确		3分	表达思路模糊或层次不清扣1分	
		涉及的理论知识回顾完整，分组、分工明确			知识不完整扣1分，分组分工不明确扣1分	
制订计划	制订加工工艺路线	准确制订工艺路线		15分	工艺路线步骤每错误一步扣1分，扣完为止	
计划实施	加工前准备	设备准备		3分	每漏一项扣1.5分	
		材料准备			没有检查扣1.5分	

六、任务实施

续表

任务编号	W10	任务名称	孔加工（钻床）

续表

<table>
<tr><td>评价内容</td><td>评价要点</td><td>考察要点</td><td>分数</td><td>分数评定</td><td>得分</td></tr>
<tr><td rowspan="9">六、任务实施</td><td rowspan="6">计划实施</td><td>加工前准备</td><td>以情景模拟的方式，体验到材料库领取材料的过程，并完成领料单</td><td>2 分</td><td>领料单填写不完整扣 1 分</td><td></td></tr>
<tr><td rowspan="3">加工</td><td>正确选择材料</td><td>5 分</td><td>选择错误一项扣 1 分，扣完为止</td><td></td></tr>
<tr><td>查阅资料，正确选择加工的技术参数</td><td>5 分</td><td>选择错误一项扣 1 分，扣完为止</td><td></td></tr>
<tr><td>正确实施零件加工，无失误（依据工件评分表）</td><td>40 分</td><td>依据评分标准超差扣分</td><td></td></tr>
<tr><td rowspan="2">现场恢复</td><td>在加工过程中保持 6S、三环落地</td><td>3 分</td><td>每漏一项扣 1 分，扣完为止</td><td></td></tr>
<tr><td>设备、材料、工具、工位恢复整理</td><td>2 分</td><td>每违反一项扣1分，扣完为止</td><td></td></tr>
<tr><td rowspan="3">总结</td><td rowspan="3">任务总结</td><td>依据自评分数</td><td>5 分</td><td>依据总结内容是否到位酌情给分</td><td></td></tr>
<tr><td>依据互评分数</td><td>5 分</td><td>依据总结内容是否到位酌情给分</td><td></td></tr>
<tr><td>依据个人总结评分报告</td><td>10 分</td><td>依据总结内容是否到位酌情给分</td><td></td></tr>
<tr><td colspan="3" align="center">合计</td><td>100 分</td><td></td><td></td></tr>
</table>

七、反思	（1）如图 3−6−13 所示，说出设备的名称，并指出两种设备的不同之处。 _____ _____ _____

金工实训

任务编号	W10	任务名称	孔加工（钻床）

(a)   (b)

图 3-6-13 题（1）图

（2）简述麻花钻各组成部分的名称和作用。

_____

_____

_____

（3）试述修磨麻花钻头横刃、主切削刃、前刀面的方法和目的。

_____

_____

_____

（4）扩孔加工有何特点？

_____

_____

_____

（5）钻孔时如何正确选择切削液？

_____

_____

_____

任务七　攻螺纹和套螺纹

任务编号	W11	任务名称	攻螺纹和套螺纹
一、任务描述	如图 3-7-1 所示，按要求加工攻螺纹。 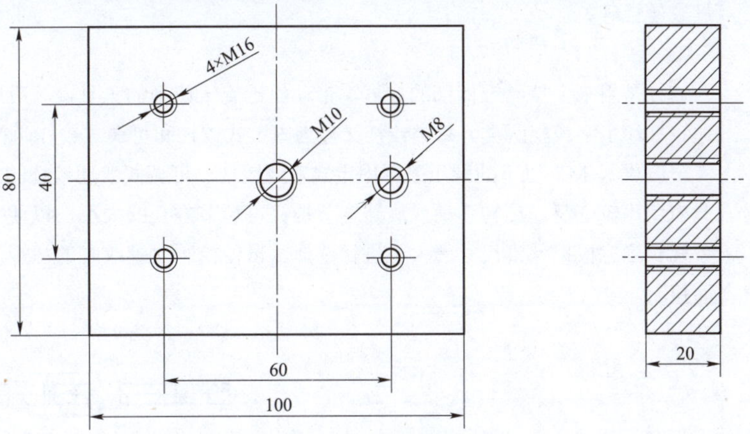 图 3-7-1　攻螺纹		
二、学习目标	（1）了解攻螺纹、套螺纹的基础知识。 （2）掌握攻螺纹、套螺纹的操作要领和方法。 （3）掌握攻螺纹、套螺纹加工的安全注意事项。		
三、任务分析	通过对攻螺纹的学习，了解丝锥的分类、用途，掌握攻螺纹底孔的确定方法，并能解决在加工过程中遇到的问题。		
四、相关知识点	**（一）攻螺纹** **1. 攻螺纹的概念** 　　攻螺纹是用丝锥在工件内圆柱面上加工出内螺纹的方法。攻螺纹通常用于小尺寸的螺纹加工，特别适合单件生产和机修的场合。 　　**2. 攻螺纹用的工具** 　　（1）丝锥。 　　① 丝锥的构造。每个丝锥都由工作部分和柄部组成。工作部分由切削部分和校准部分组成。切削部分（即不完整的牙齿部分）是切削螺纹的重要部分，常磨成圆锥形，以便使切削负荷分配在几个刀齿上。丝锥的构造如图 3-7-2 所示。 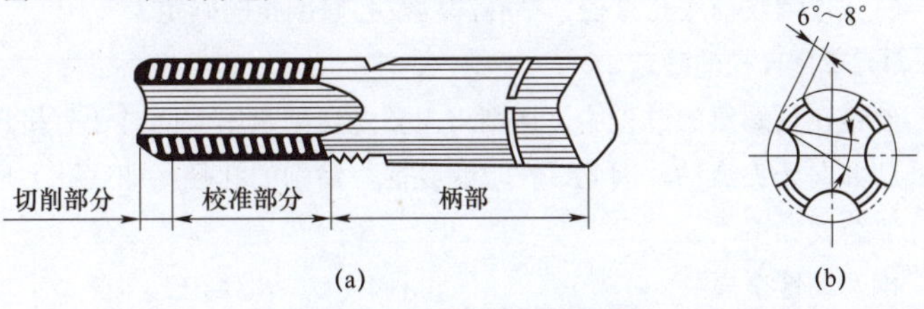 （a）　　　　　　　　　　（b） 图 3-7-2　丝锥的构造 （a）丝锥组成；（b）丝锥后角		

任务编号	W11	任务名称	攻螺纹和套螺纹

四、相关知识点

　　② 成组丝锥。为了减少切削力和延长丝锥的使用寿命，一般将整个切削工作量分配给几支丝锥来承担。

　　③ 丝锥的种类。丝锥的种类很多，钳工常用的有普通螺纹丝锥、圆柱管螺纹丝锥和圆锥管螺纹丝锥等。

　　（2）铰杠。

　　铰杠是用来夹持丝锥柄部的方框，带动丝锥旋转切削的工具，一般用钢材制成。铰杠有普通铰杠和丁字铰杠两类，每类铰杠又分为固定式铰杠和可调式铰杠两种，如图3-7-3所示。

　　一般攻制 M5 以下的螺纹采用固定式普通铰杠。可调式普通铰杠的方孔尺寸可以调节，因此应用比较广泛。旋转手柄或旋转调节螺钉可调节方孔的大小，以便夹持不同尺寸的丝锥。铰杠长度应根据丝锥尺寸的大小进行选择，以便控制攻螺纹时的扭矩，防止丝锥因施力不当而扭断。

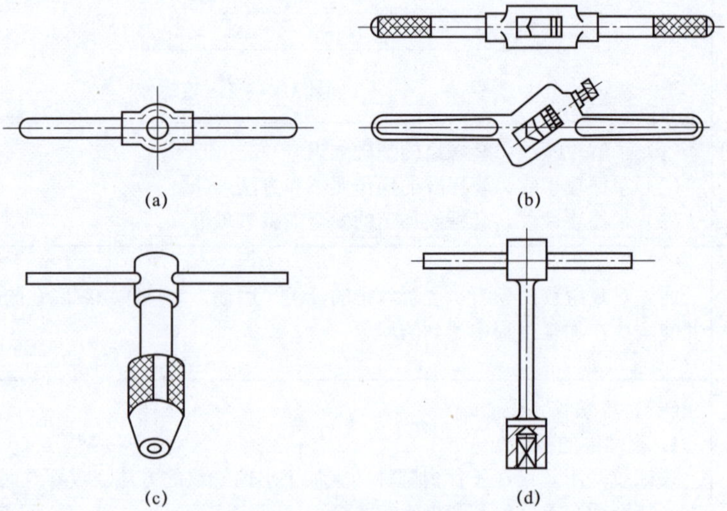

（a）

（b）

（c）

（d）

图3-7-3　铰杠种类

（a）固定式铰杠；（b）可调式铰杠；（c）可调式丁字铰杠；（d）固定丁字铰杠

3. 攻 M8 螺纹实训操作

　　（1）攻螺纹前底孔直径、钻孔深度及孔口倒角的确定。

　　① 底孔直径的确定。

　　丝锥在攻螺纹的过程中，切削刃主要是切削金属，同时还有挤压金属的作用，会造成金属凸起并向牙尖流动，因此，在攻螺纹前，钻削的孔径（即底孔）应大于螺纹小径。底孔直径计算公式如下。

钢及韧性金属　　　　　　　　　　　　　$d_0 \approx d - P$

铸钢及脆性金属　　　　　　　　　　　　$d_0 \approx d - (1\sim1.05)P$

任务编号	**W11**		任务名称	攻螺纹和套螺纹

四、相关知识点

② 钻孔深度的确定。

攻不通孔的螺纹时，因为丝锥不能攻到底，所以孔的深度要大于螺纹的长度，不通孔的深度＝所需螺纹的深度＋0.7d（螺纹大径）。

③ 孔口倒角的确定。

攻螺纹前要对钻孔的孔口进行倒角，以利于丝锥的定位和切入。倒角的深度大于螺纹的螺距。

（2）攻螺纹操作方法。

① 攻螺纹时，丝锥必须放正，两手握住铰杠中部，均匀用力，使铰杠保持水平转动，并在转动过程中对丝锥施加垂直压力，使丝锥切入1～2圈。

② 用钢直尺或90°角尺在两个互相垂直的方向检查，发现不垂直时，要加以校正。

③ 校正丝锥位置并切入3～4圈时，只需均匀转动铰杠。每正转1～2圈要倒转1/4圈。在攻螺纹过程中，要经常用毛刷对丝锥加注机油润滑。攻制不通螺纹孔时，在丝锥上要做好深度标记。在攻螺纹过程中，还要经常退出丝锥，清除切屑。

④ 攻材料较硬或直径较大零件的螺纹时，要头锥、二锥交替使用。在调换丝锥时，应先用手将丝锥旋至不能再旋进时再用铰杠转动，以防螺纹乱牙。

（3）攻螺纹操作注意事项。

① 螺纹底孔直径不能太小。

② 选择合适的铰杠手柄长度，以免旋转力过大而折断丝锥。

③ 当旋转铰杠感觉较吃力时，不能强行转动，应退出头锥换用二锥，用手将二锥旋入螺纹孔中，如此交替进行攻螺纹。

（二）套螺纹

套螺纹（又称套丝、套扣）是用板牙在圆柱杆上加工外螺纹的方法，如图3-7-4所示。

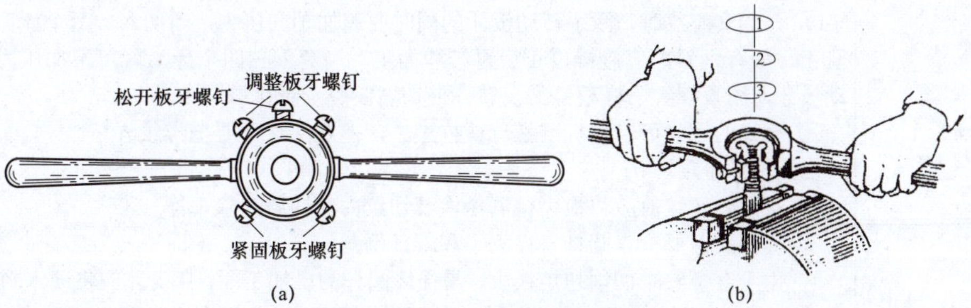

图3-7-4 套螺纹用的工具

（a）板牙架；（b）套螺纹

1，2，3—不同停歇位置

1. 套螺纹用的工具

（1）板牙。板牙是加工外螺纹的刀具，用合金工具钢 9SiCr 制成，并经热处理淬硬，其外形像一个圆螺母，只是上面钻有三四个排屑孔，并形成切削刃。

任务编号	**W11**	任务名称	攻螺纹和套螺纹

<table>
<tr><td rowspan="1">四、相关
知识点</td><td colspan="3">

板牙由切屑部分、定位部分和排屑孔组成，如图3-7-5所示。

管螺纹板牙可分为圆柱管螺纹板牙和圆锥管螺纹板牙，其结构与圆板牙基本相似。但圆锥管螺纹板牙只是在单面制成切削锥，因此，圆锥管螺纹板牙只能单面使用。 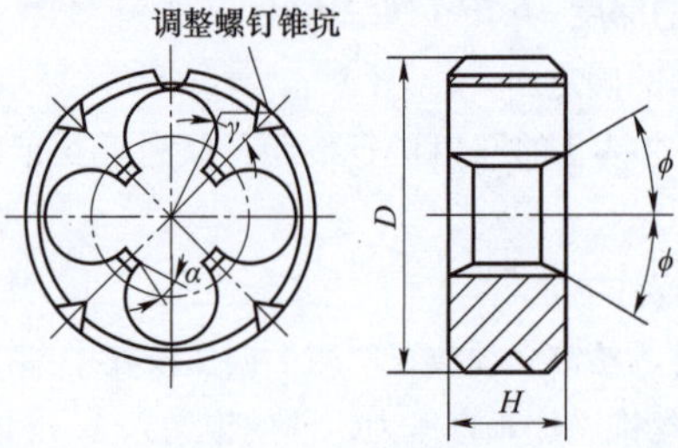

图3-7-5　板牙

（2）板牙架。板牙架是用来夹持板牙、传递转矩的工具。不同外径的板牙应选用不同的板牙架。板牙架是专门固定板牙的，即用于夹持板牙和传递转矩，如图3-7-4（a）所示。

2. 套螺纹实训操作

（1）套螺纹前圆杆直径的确定。套螺纹前应先检查圆杆直径和端部。圆杆直径为

$$d'=d-0.13P$$

式中　d'——圆杆直径，mm；

　　　d——外螺纹大径（即螺纹公称直径），mm；

　　　P——螺距，mm。

圆杆端部应做成锥角≤60°的锥台，便于板牙定心切入。

（2）套螺纹操作步骤。

① 按照规定确定圆杆直径，同时将圆杆端部倒成圆锥半角为15°～20°的锥体，锥体的最小直径要比螺纹的最小直径小。

② 套螺纹开始前，要检查校正，应保持板牙端面与圆杆轴线垂直，避免切出的螺纹单面或螺纹牙一面深一面浅。

③ 开始套螺纹时，两手转动板牙的同时要施加轴向压力，当切入一两个牙后检查板牙是否套正，如有歪斜，应慢慢校正后再继续加工。当套入三四个牙后就不可加压力，只需均匀转动板牙，同攻螺纹一样要经常反转，使切屑断碎及时排屑。

④ 套好的螺纹可以用标准螺母试拧进去，但要注意不要把螺纹弄坏。

（3）注意事项。

① 每次套螺纹前应将板牙排屑槽内及螺纹内的切屑清除干净。

② 套螺纹前要检查圆杆直径大小和端部倒角。

③ 由于套螺纹时切削扭矩很大，易损坏圆杆的已加工面，因此，应将硬木制成的V形槽衬垫或厚铜板作为保护片来夹持工件。在不影响螺纹要求长度的前提下，工件伸出钳口的长度应尽量短。

④ 在钢制圆杆上套螺纹时要加切削液，以减小螺纹表面粗糙度值和延长板牙寿命。一般使用加浓的乳化液或机油，要求较高时可使用二硫化钼。

</td></tr>
<tr><td>五、看资
料，谈感想</td><td colspan="3"></td></tr>
</table>

| 任务编号 | | W11 | | 任务名称 | | 攻螺纹和套螺纹 |

根据图 3-7-1 加工攻螺纹。

1. 组织学生分组

学生分组表见表 3-7-1。

表 3-7-1 学生分组表

班级		组号		指导教师	
组长		学号			
组员	姓名	学号		姓名	学号

2. 任务分工

零件加工任务单见表 3-7-2。

表 3-7-2 零件加工任务单

班级		完成时间			
序号	产品名称	材料	加工数量	技术标准	质量要求	图样要求
1						
2						
3						
4						
5						
6						

3. 熟悉任务

（1）任务图的识读。认真阅读任务图 3-7-1，找出其中标注错误或者漏标的情况，若发现问题，应及时提出修改意见。

_____

_____

_____

_____

六、任务实施

任务编号	W11	任务名称	攻螺纹和套螺纹

（2）毛坯选择分析。分析本任务所加工的零件，并选择合理的毛坯。

_____

_____

_____

（3）技术要求分析。分析任务图 3-7-1，并在表 3-7-3 中写出所需要的材料，为任务实施做准备。

表 3-7-3　零件技术要求分析表

序号	项目	内容	偏差范围
1			
2	攻螺纹和套螺纹		
3			
4			

4. 工作方案

（1）设备和材料的选择。根据图 3-7-1 的攻螺纹选择加工设备及材料。

_____

_____

_____

（2）拟订工艺路线。分组讨论，拟订合理的任务加工工艺路线。

_____

_____

_____

（3）小组讨论，确定最佳方案。师生共同讨论并确定最合理的工艺路线及最佳方案，完善零件加工的工艺路线。

_____

_____

（4）工作实施。在教师的指导下，熟悉设备的操作，简述设备安全操作的注意事项。

_____

_____

（5）熟悉车间管理制度，简述 6S 管理的定义和目的。

_____

_____

_____

5. 检测评分

检测评分表见表 3-7-4。

六、任务实施

任务编号	W11		任务名称		攻螺纹和套螺纹				

六、任务实施

表 3－7－4　检测评分表

工件编号：					完成人：				
项目与配分		序号	技术要求	配分	评分标准	自测记录	得分	互测记录	得分
工件加工评分（80%）	锉削平面	1	80 mm	5 分	酌情加分				
		2	40 mm	10 分	每错一处扣 2 分				
		3	60 mm	10 分	划线位置偏差一处扣 2 分				
		4	100 mm	5 分	钻孔位置偏差一处扣 2 分				
		5	4×M16	20 分	未倒角每处扣 0.5 分				
		6	M10	10 分	螺纹歪斜每处扣 5 分				
		7	M8	10 分	螺纹乱牙每处扣 2.5 分				
		8	表面粗糙度是否达标	10 分	酌情扣分				
工艺（10%）		9	工艺正确	10 分	每错一处扣 2 分				
设备操作（10%）		10	设备操作规范	10 分	每错一处扣 2 分				
安全文明生产（倒扣分）		11	安全操作	倒扣	每错一处扣 2 分				
		12	6S 管理	倒扣	因安全事故停止操作扣 5～10 分				
得分									

6. 攻螺纹和套螺纹不正确的原因分析

小组根据检测结果讨论、分析攻螺纹和套螺纹不正确的原因及预防方法，并填写表 3－7－5。

表 3－7－5　攻螺纹和套螺纹不正确的原因及预防方法

序号	产生原因	预防方法
1		
2		
3		
4		

7. 教师评价

教师对学生的整个任务实施过程进行评价，并填写表 3－7－6。

任务编号		W11		任务名称		攻螺纹和套螺纹

表 3-7-6 教师评价表

班级			组名		姓名	
出勤情况						
评价内容	评价要点	考察要点		分数	分数评定	得分
任务描述、接受任务	口述内容细节	表述仪态自然、吐字清晰		2分	表述仪态不自然或吐字模糊扣1分	
		表达思路清晰、层次分明、准确			表达思路模糊或层次不清扣1分	
任务分析、分组情况	依据图样分析工艺、分组、分工	分析图样关键点准确		3分	表达思路模糊或层次不清扣1分	
		涉及的理论知识回顾完整，分组、分工明确			知识不完整扣1分，分组、分工不明确扣1分	
制订计划	制订加工工艺路线	准确制订工艺路线		15分	工艺路线步骤每错误一步扣1分，扣完为止	
六、任务实施	计划实施	加工前准备	设备准备	3分	每漏一项扣1.5分	
			材料准备		没有检查扣1.5分	
			以情景模拟的方式，体验到材料库领取材料的过程，并完成领料单	2分	领料单填写不完整扣1分	
		加工	正确选择材料	5分	选择错误一项扣1分，扣完为止	
			查阅资料，正确选择加工的技术参数	5分	选择错误一项扣1分，扣完为止	
			正确实施零件加工，无失误（依据工件评分表）	40分	依据工件评分标准超差扣分	
		现场恢复	在加工过程中保持6S管理、三环落地	3分	每漏一项扣1分，扣完为止	
			设备、材料、工具、工位恢复整理	2分	每违反一项扣1分，扣完为止	
	总结	任务总结	依据自评分数	5分	依据总结内容是否到位酌情给分	
			依据互评分数	5分	依据总结内容是否到位酌情给分	
			依据个人总结评分报告	10分	依据总结内容是否到位酌情给分	
合计				100分		

续表

任务编号	**W11**	任务名称	攻螺纹和套螺纹
七、反思	（1）钳工攻螺纹的常见的工具有哪几种，它们各有什么特点？ （2）成组丝锥在结构上是如何保证切削用量分配的？ （3）攻螺纹的底孔直径是否等于螺纹小径？为什么？ 		

任务八　综　合　练　习

任务编号	**W12**	任务名称	综合练习
一、任务描述	如图 3-8-1 所示，按要求进行综合练习。 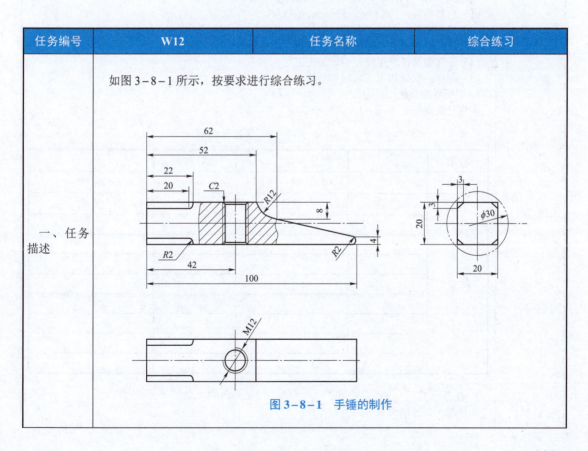 图 3-8-1　手锤的制作		

续表

任务编号	W12	任务名称	综合练习
二、学习目标	(1) 了解钳工基础知识。 (2) 掌握錾削、锯削、锉削的操作要领和方法。 (3) 掌握钻孔、扩孔、锪孔、铰孔等的操作要领和方法。 (4) 掌握攻螺纹、套螺纹的加工方法。		
三、任务分析	通过对钳工知识的系统学习后，必须能独立按技术要求完成学习内容，包含錾削、锯削、锉削、钻孔、扩孔、锪孔、铰孔、攻螺纹、套螺纹等加工方法，并掌握其操作要领。 根据图3-8-1编写加工工艺卡，选择所需要的材料、工具量具等。		
四、相关知识点	钳工主要以手动为主，包括诸多操作技能，即通常所说的手上功夫。钳工操作技能的训练包括对理论知识的掌握、对工具的熟练使用及对姿势手法的正确掌握等。本模块分单元讲解了锯削、锉削、划线、孔加工、攻螺纹、套螺纹、錾削等技能所必须具备的相关知识，用到的工具、量具，以及操作过程。 熟悉钳工各种机床、工具、量具，掌握操作要领，并能独立完成学习内容。 "安全第一，预防为主"是组织实训和生产的方针，要把安全工作放在首位，并贯彻到实际行动中去。		
五、看资料，谈感想			

根据图3-8-1制作手锤，制作手锤的步骤如下。
(1) 材料准备：105 mm×φ30 mm的钢材。
(2) 工具准备：划规、样冲、划针、钻头、丝锥、锉刀、锯弓等。
(3) 量具准备：高度游标卡尺、直角尺、样板等。
(4) 工艺编写：学生编写手锤加工工艺。
(5) 制作：根据加工工艺制作手锤。
1. 组织学生分组
学生分组表见表3-8-1。

表3-8-1 学生分组表

班级		组号		指导教师	
组长		学号			
组员	姓名	学号		姓名	学号

2. 任务分工
零件加工任务单见表3-8-2。

任务编号	**W12**		任务名称		综合练习

六、任务实施

表 3-8-2 零件加工任务单

班级			完成时间			
序号	产品名称	材料	加工数量	技术标准	质量要求	图样要求
1						
2						
3						
4						
5						
6						

3. 熟悉任务

（1）任务图的识读。认真阅读任务图 3-8-1，找出图中标注错误或者漏标的情况，若发现问题，应及时提出修改意见。

_____

_____

_____

_____

（2）毛坯选择分析。分析本任务所加工的零件，并选择合理的毛坯。

_____

_____

_____

_____

（3）技术要求分析。分析任务图 3-8-1，并在表 3-8-3 中写出所需要的材料，为任务实施做准备。

表 3-8-3 零件技术要求分析表

序号	项目	内容	偏差范围
1			
2	手锤的制作		
3			
4			

任务编号	W12	任务名称	综合练习

<table>
<tr><td rowspan="1">六、任务实施</td><td colspan="3">

4. 工作方案

（1）设备和材料的选择。根据图3-8-1的手锤的制作选择加工设备及材料。

_____

_____

（2）拟订工艺路线。分组讨论，拟订合理的任务加工工艺路线。

_____

_____

（3）小组讨论，确定最佳方案。师生共同讨论并确定最合理的工艺路线及最佳方案，完善零件加工的工艺路线。

_____

_____

（4）工作实施。在教师的指导下，熟悉设备的操作，简述设备安全操作的注意事项。

_____

_____

（5）熟悉车间管理制度，简述6S管理的定义和目的。

_____

_____

_____

</td></tr>
</table>

5. 检测评分

检测评分表见表3-8-4。

表3-8-4　检测评分表

工件编号：					完成人：		
项目与配分		序号	技术要求	配分	评分标准	自测结果	得分
工件加工评分（80%）	制作手锤	1	62 mm	3	超差全扣		
		2	52 mm	3	超差全扣		
		3	22 mm	3	超差全扣		
		4	20 mm	3	超差全扣		
		5	42 mm	3	超差全扣		

任务编号	**W12**		任务名称		综合练习

项目与配分		序号	技术要求	配分	评分标准	自测结果	得分
工件加工评分（90%）		6	100 mm	3	超差全扣		
		7	4 mm	2	超差全扣		
		8	20 mm（2处）	10	每超差一处5分		
		9	3 mm（2处）	10	每超差一处5分		
		10	R12	5	超差全扣		
		11	R2mm（3处）	6	每超差一处2分		
		12	M12	5	超差全扣		
		13	20 mm（2处）	4	每超差一处2分		
		14	2×45°（2处）	6	每超差一处3分		
		15	R2mm 圆弧面圆滑	5	超差全扣		
		16	R2mm 内圆弧连接（4处）	4	每超差一处扣1分		
		17	舌部斜平面平直度：0.03 mm	5	超差不得分		
		18	各倒角均匀，棱线清晰	5	每一处倒角不合理扣1分		
		19	表面粗糙度 Ra 6.3 μm	5	每超差一级扣1分		
工艺（10%）		20	工艺正确	10	每错一处扣0.5分		
安全文明生产（倒扣分）		21	安全操作	倒扣	安全事故停止操作或扣5~10分		
		22	6 S 管理	倒扣			
得分							

6. 手锤的制作不正确的原因分析

小组根据检测结果讨论、分析手锤制作不正确的原因及预防方法，并填写表3-8-5。

表3-8-5　手锤制作不正确的原因及预防方法

序号	产生原因	预防方法
1		
2		
3		
4		

| 任务编号 | W12 | | 任务名称 | | 综合练习 | |

7. 教师评价

教师对学生的整个任务实施过程进行评价，并填写表 3-8-6。

表 3-8-6 教师评价表

班级		组名		姓名		
出勤情况						
评价内容	评价要点	考察要点		分数	分数评定	得分
任务描述、接受任务	口述内容细节	表述仪态自然、吐字清晰		2分	表述仪态不自然或吐字模糊扣1分	
		表达思路清晰、层次分明、准确			表达思路模糊或层次不清扣1分	
任务分析、分组情况	依据图样分析工艺、分组、分工	分析图样关键点准确		3分	表达思路模糊或层次不清扣1分	
		涉及理论知识回顾完整，分组、分工明确			知识不完整扣1分,分组、分工不明确扣1分	
制订计划	制订加工工艺路线	准确制订工艺路线		15分	工艺路线步骤每错误一步扣1分，扣完为止	
计划实施	加工前准备	设备准备		3分	每漏一项扣1.5分	
		材料准备			没有检查扣1.5分	
		以情境模拟的方式，体验到材料库领取材料，并完成领料单		2分	领料单填写不完整扣1分	
	加工	正确选择材料		5分	选择错误一项扣1分，扣完为止	
		查阅资料，正确选择加工的技术参数		5分	选择错误一项扣1分，扣完为止	
		正确实施零件加工，无失误（依据工件评分表）		40分	依据工件评分标准超差扣分	
	现场恢复	在加工过程中保持6S管理、三环落地		3分	每漏一项扣1分,扣完为止	
		设备、材料、工具、工位恢复整理		2分	每违反一项扣1分，扣完为止	
总结	任务总结	依据自评分数		5分	依据总结内容是否到位酌情给分	
		依据互评分数		5分	依据总结内容是否到位酌情给分	
		依据个人总结评分报告		10分	依据总结内容是否到位酌情给分	
合计				100分		

六、任务实施

续表

任务编号	W12	任务名称	综合练习
七、反思	（1）钳工实习小结（500 字以上）。 （2）如图 3－8－2 所示，按要求编写加工工艺。 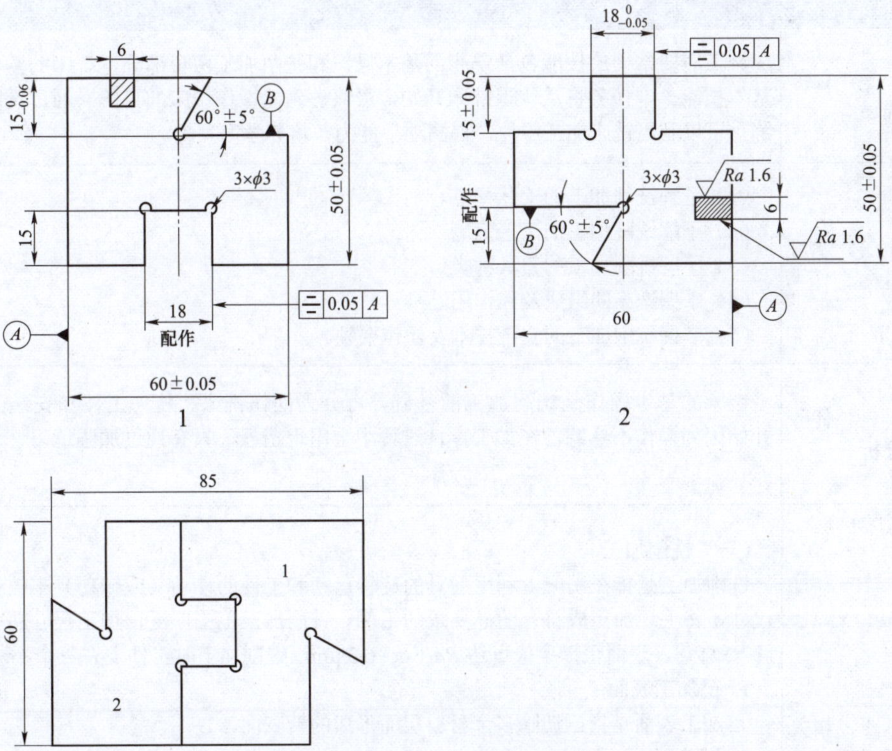 图 3－8－2　凸凹样板			

模块四

铣　工

任务一　铣削基础知识

任务编号	W13	任务名称	铣削基础知识
一、任务描述	铣工需要掌握的技能包括铣床的基本操作和铣削加工两个部分，铣床的基本操作是铣工的基本技能，本任务将从认识铣床开始，最终达到能操作铣床的目的。通过铣削加工的操作训练，可以利用铣床加工零件，提高动手能力，培养学习兴趣。		
二、学习目标	（1）了解铣削加工的工艺特点。 （2）了解铣削加工的工艺范围。 （3）了解铣削加工的刀具种类。 （4）掌握铣床的组成及其作用。 （5）掌握铣削加工的安全技术及操作要领。		
三、任务分析	铣床的基本操作是铣削加工的基础，可分为操作铣床、装夹工件和安装刀具等。学生刚开始因为操作不熟练，在加工零件过程中会出现错误，只有通过加强练习，才能提高操作技能。		
四、相关知识点	**（一）铣削加工** 　铣削加工是指在铣床上利用刀具的旋转运动和工件的移动（或转动）来改变毛坯的形状和尺寸，将毛坯加工成符合图样要求的工件。铣削加工范围广泛，加工尺寸精度公差等级可达 IT7～IT13，表面粗糙度值可达 Ra 1.6～6.3 μm。铣削加工时工件上有三个不断变化的表面。 **1. 已加工表面** 　已加工表面是指已切除多余材料层而形成的新表面。 **2. 过渡表面** 　过渡表面是指铣刀切削刃在工件上形成的新表面。 **3. 待加工表面** 　待加工表面是指工件上有待切除多余材料的表面。 　铣削加工主要用于加工平面、台阶面、斜面、垂直面、各种沟槽、成形面、齿轮和螺旋槽等，如图 4-1-1 所示。		

任务编号	W13	任务名称	铣削基础知识

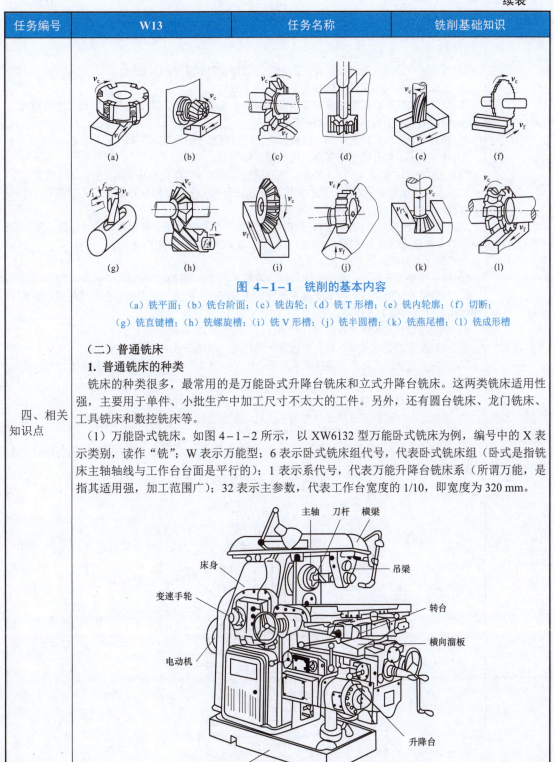

图 4-1-1　铣削的基本内容

（a）铣平面；（b）铣台阶面；（c）铣齿轮；（d）铣 T 形槽；（e）铣内轮廓；（f）切断；
（g）铣直键槽；（h）铣螺旋槽；（i）铣 V 形槽；（j）铣半圆槽；（k）铣燕尾槽；（l）铣成形槽

（二）普通铣床

1. 普通铣床的种类

铣床的种类很多，最常用的是万能卧式升降台铣床和立式升降台铣床。这两类铣床适用性强，主要用于单件、小批生产中加工尺寸不太大的工件。另外，还有圆台铣床、龙门铣床、工具铣床和数控铣床等。

（1）万能卧式铣床。如图 4-1-2 所示，以 XW6132 型万能卧式铣床为例，编号中的 X 表示类别，读作"铣"；W 表示万能型；6 表示卧式铣床组代号，代表卧式铣床组（卧式是指铣床主轴轴线与工作台台面是平行的）；1 表示系代号，代表万能升降台铣床系（所谓万能，是指其适用强，加工范围广）；32 表示主参数，代表工作台宽度的 1/10，即宽度为 320 mm。

四、相关知识点

图 4-1-2　XW6132 型万能卧式铣床

119

任务编号	**W13**	任务名称	铣削基础知识
四、相关 知识点	万能卧式铣床主要组成部分如下。 ① 主轴是空心的，前部是锥孔，孔内安装刀轴或刀具并带动其旋转。 ② 工作台由纵向、横向和转台等组成，用于安装工件。 ③ 升降台沿床身前面的垂直面导轨上下移动，支承工作台，调节工件与刀具之间的距离。 ④ 横梁支承铣刀刀杆，强化刀杆的刚度。 ⑤ 转台位于横向工作台中间，能使纵向工作台沿水平方向转动±45°。 ⑥ 底座是床身与升降台的基座，内部储存切削液。 （2）立式铣床。如图4-1-3所示，其刀具旋转轴线与工作台相互垂直。根据加工需要，还可以将立式铣床的主轴偏转一定的角度。立式铣床的工作台结构与万能卧式铣床的工作台基本相同，但没有转台，故工作台不能旋转。 　　立式铣床的刚度好，抗振性好，铣削用量较大，加工时方便观察和调整铣刀位置，便于用硬质合金端铣刀进行高速铣削，可加工平面、各类沟槽等，应用广泛。 　　立式铣床主要组成部分如下。 ① 底座用来支承床身，承受铣床的全部重量。底座内部储存切削液。 ② 床身是铣床的主体，用来安装和连接铣床各部件。床身的正面前部有燕尾的垂直导轨，用以引导升降台做上下移动。 ③ 主轴带动铣刀或铣刀杆做旋转运动。 ④ 立铣头用来支承主轴，可左右倾斜一定角度，以适应铣削各种角度面。 ⑤ 纵向工作台，其台面上有三条T形槽，用于安装T形螺栓，用以紧固台虎钳、夹具或工件等。 ⑥ 横向工作台位于纵向工作台的下面，可沿导轨面做横向移动。 ⑦ 升降台内部装有供进给运动用的电动机、变速机构和部分传动件。升降台下面有一根丝杠，用来调整工作台与铣刀的距离或做垂直进给。 ⑧ 主轴变速机构安装在床身的侧面，主轴的转动是由电动机经主轴变速箱传动引起的。通过转动变速盘的位置可使主轴获得不同的转速。 ⑨ 进给变速机构。进给电动机通过进给变速机构的传动系统带动工作台移动。 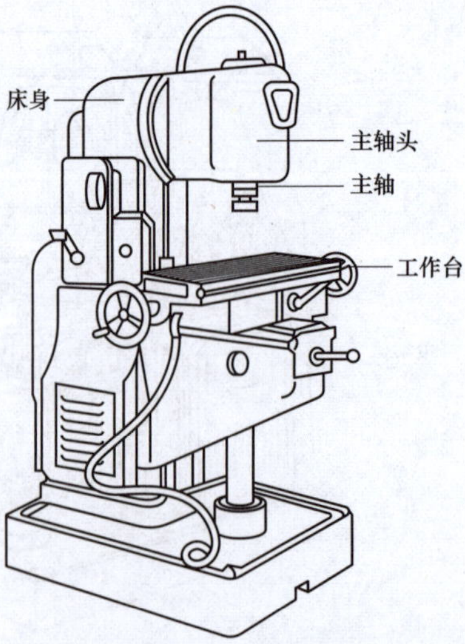 图4-1-3　立式铣床

任务编号	**W13**	任务名称	铣削基础知识
四、相关 知识点			

2. 铣床的实训操作

可对工作台纵向、横向、垂直方向进行手动进给操作。如图 4-1-3 所示，将工作台纵向手动进给手柄、工作台横向手动进给手柄、工作台垂直方向手动进给手柄分别接通其手动进给离合器，摇动各手柄，带动工作台做各进给方向的手动进给运动。顺时针方向摇动各手柄，工作台前进（或上升）；逆时针方向摇动各手柄，工作台后退或下降。摇动各手柄使工作台做手动进给运动时，进给速度应均匀适当。

（1）主轴变速操作。如图 4-1-4 所示，当变换主轴转速时，握住变速操纵手柄 1 的球部，将手柄下压，使手柄的楔块从固定环 2 的槽 a 内脱出，再将手柄外拉，使手柄的楔块落入固定环 2 的槽 b 内，手柄处于脱开位置 I。然后转动转速盘 3，使所需要的转速数对准指针 4，再接合手柄。接合变速操纵手柄时，将手柄下压并较快地推到位置 II，使开关 5 瞬时接通，电动机瞬时转动，以利于变速齿轮啮合，再继续由位置 II 慢速将手柄推到位置 III，使手柄的楔块落入固定环 2 的槽 a 内，变速终止，用手按"启动"按钮，主轴就获得要求的转速。转速盘上有 30～1 500 r/min 共 18 种转速。

在变速操作时，连续变换的次数不宜超过 3 次。必要时应间隔 5 min 后再进行变速，以免启动电流过大导致电动机超负荷，使电动机线路烧坏。

（2）进给变速操作。在变速操作时，先将变速操纵手柄外拉，再转动手柄，带动转速盘旋转，当指针对准所需要的转速数后，再将变速操纵手柄推回到原位，如图 4-1-5 所示，按"启动"按钮，使主轴旋转，再扳动自动进给操纵手柄，工作台就按要求的进给速度做自动进给运动。

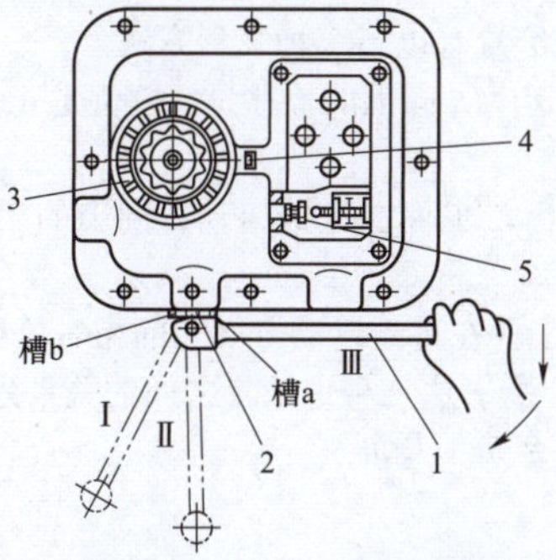

图 4-1-4 主轴变速操作
1—操纵手柄；2—固定环；3—转速盘；4—指针；5—开关

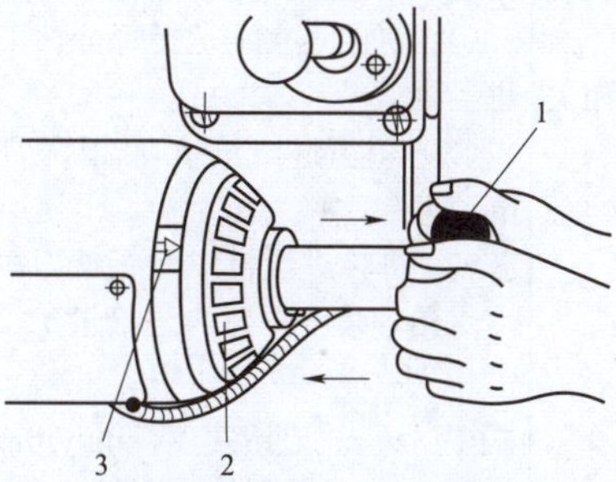

图 4-1-5 进给变速操作
1—变速操纵手柄；2—转速盘；3—指针

（3）启动与停止机床。将电源转换开关扳至"通"，并将主轴换向开关扳至要求的转向。按"启动"按钮，使主轴旋转，按主轴"停止"按钮，主轴停止转动。

（4）工作台的操作。工作台的操纵手柄均为复式手柄。纵向机动进给操纵手柄有 3 个位置，即"向右进给""向左进给""停止"，扳动手柄，手柄的指向就是工作台的机动进给方向，如图 4-1-6 所示。横向、垂直方向的机动进给由同一对手柄操纵，该手柄有 5 个位置，即"向里进给""向外进给""向上进给""向下进给""停止"。扳动手柄，手柄的指向就是工作台的机动进给方向，如图 4-1-7 所示。

以上各手柄接通其中一个时，就相应地接通了电动机的电气开关，使电动机"正转"或"反转"，工作台就处于某一方向的机动进给运动状态，因此，操作时只能接通一个手柄，不能同时接通两个。

① 工作台纵向、横向、垂直方向的快速进给操作。工作台做快速进给运动时，先扳动工作台自动进给操纵手柄，再按下"快速"按钮，工作台就做这个进给方向的快速进给运动。手指松开，快速进给结束。进给结束后，将自动进给操纵手柄恢复原位。

任务编号	**W13**	任务名称	铣削基础知识

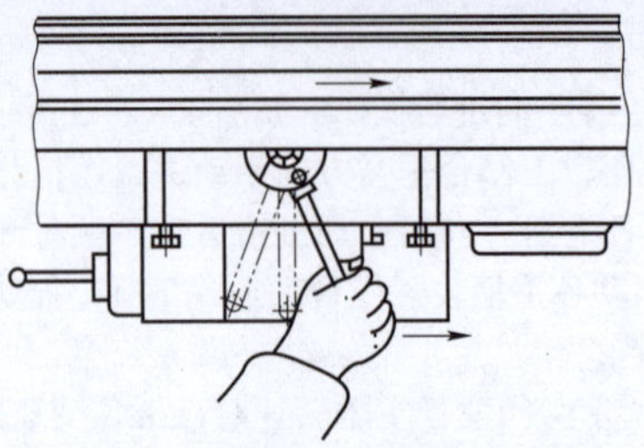

图 4-1-6　工作台纵向自动进给操作 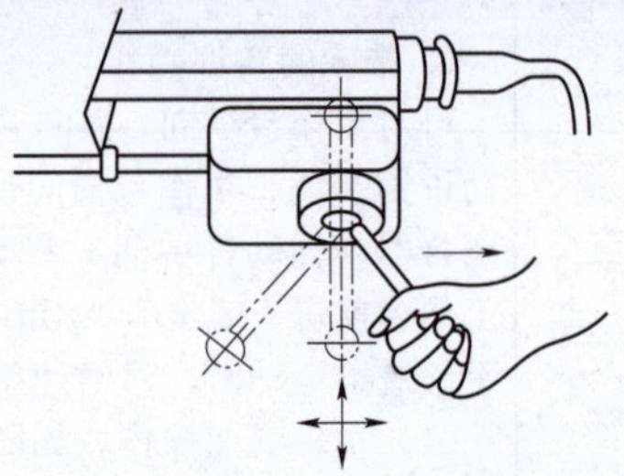　　图 4-1-7　工作台横向、垂直自动进给操作

② 纵向、横向、垂直方向的紧固。在铣削加工时，为了减少振动，保证加工精度，避免因铣削力使工作台在某一个进给方向产生位置移动，对不使用的进给机构应紧固。这时可分别旋紧工作台纵向紧固螺钉、工作台横向紧固手柄、垂直方向紧固手柄。应注意的是在工作完毕后，必须将其松开。

3. 合理选择铣削用量

铣刀的旋转运动速度为主运动切削速度 v_c，一般指外圆上切削刃的线速度，即

$$v_c = \frac{\pi d n}{1\,000}$$

式中　d ——铣刀直径，mm；

　　　n——铣刀转速，r/min。

铣削的进给运动量为工件的移动量。进给量有以下三种表示方法。

（1）进给速度 v 是指每分钟工件在进给运动方向上的位移量，单位是 mm/min，又称每分钟进给量。

（2）每齿进给量 f_z 是指铣刀每转一个齿，工件在进给运动方向上的相对位移量，单位是mm/齿。

（3）每转进给量 f 是指铣刀每转一周，工件在进给运动方向上的相对位移量，单位是 mm/r。

进给速度 v、每齿进给量 f_z、每转进给量 f 这三种进给量之间的关系为

$$v = fn = f_z z n$$

式中　v——进给速度，mm/min；

　　　n——铣刀的转速，r/min；

　　　z——铣刀齿数。

4. 注意事项

（1）开车前要检查各手柄是否处于正确位置，若没有到位，主轴或机动进给不但不会接通，甚至还会发生危险。

（2）开车后严禁变换主轴转速，否则会发生机床事故。

（3）各个工作台的运动方向不能摇错，如把退刀摇成进刀，会使工件报废。

（4）严禁两人同时操作机床。

（5）操作者严禁在机床运转过程中离开。

（三）铣床常用附件

铣床的常用附件有分度头、机用平口钳、回转工作台、万能铣头等。

1. 分度头

在铣削加工中，常会遇到铣六方、齿轮、花键和刻线等工作，这时，工件每铣过一面或一个槽，需要转过一个角度再铣下一面或下一个槽，这种工作称为分度。分度头就是根据加工需要，对工件在水平、垂直和倾斜位置进行分度的机构。万能分度头是铣床的主要附件之一，其构造如图 4-1-8 所示。

四、相关知识点

续表

任务编号	**W13**	任务名称	铣削基础知识

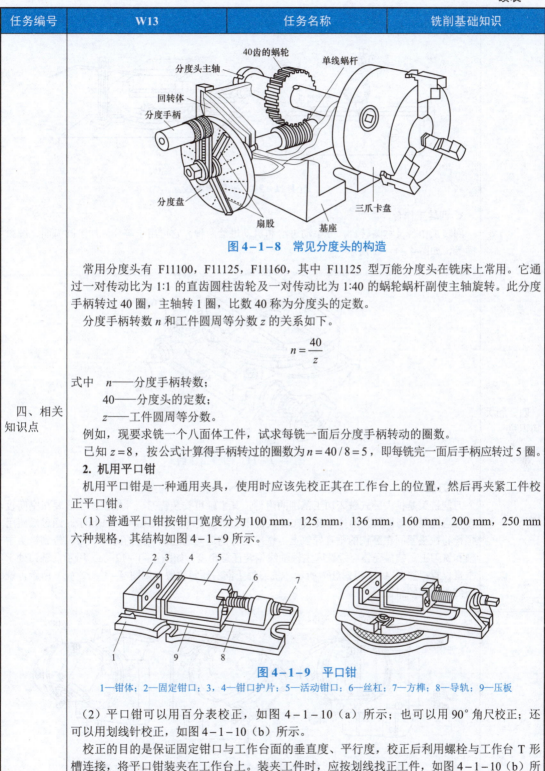

图 4-1-8　常见分度头的构造

常用分度头有 F11100，F11125，F11160，其中 F11125 型万能分度头在铣床上常用。它通过一对传动比为 1∶1 的直齿圆柱齿轮及一对传动比为 1∶40 的蜗轮蜗杆副使主轴旋转。此分度手柄转过 40 圈，主轴转 1 圈，比数 40 称为分度头的定数。

分度手柄转数 n 和工件圆周等分数 z 的关系如下。

$$n = \frac{40}{z}$$

式中　n——分度手柄转数；

40——分度头的定数；

z——工件圆周等分数。

例如，现要求铣一个八面体工件，试求每铣一面后分度手柄转动的圈数。

已知 $z = 8$，按公式计算得手柄转过的圈数为 $n = 40/8 = 5$，即每铣完一面后手柄应转过 5 圈。

2. 机用平口钳

机用平口钳是一种通用夹具，使用时应该先校正其在工作台上的位置，然后再夹紧工件校正平口钳。

（1）普通平口钳按钳口宽度分为 100 mm，125 mm，136 mm，160 mm，200 mm，250 mm 六种规格，其结构如图 4-1-9 所示。

图 4-1-9　平口钳

1—钳体；2—固定钳口；3，4—钳口护片；5—活动钳口；6—丝杠；7—方榫；8—导轨；9—压板

（2）平口钳可以用百分表校正，如图 4-1-10（a）所示；也可以用 90°角尺校正；还可以用划线针校正，如图 4-1-10（b）所示。

校正的目的是保证固定钳口与工作台面的垂直度、平行度，校正后利用螺栓与工作台 T 形槽连接，将平口钳装夹在工作台上。装夹工件时，应按划线找正工件，如图 4-1-10（b）所示。然后转动台钳丝杆，使活动钳口移动并夹紧工件。

续表

任务编号	**W13**	任务名称	铣削基础知识

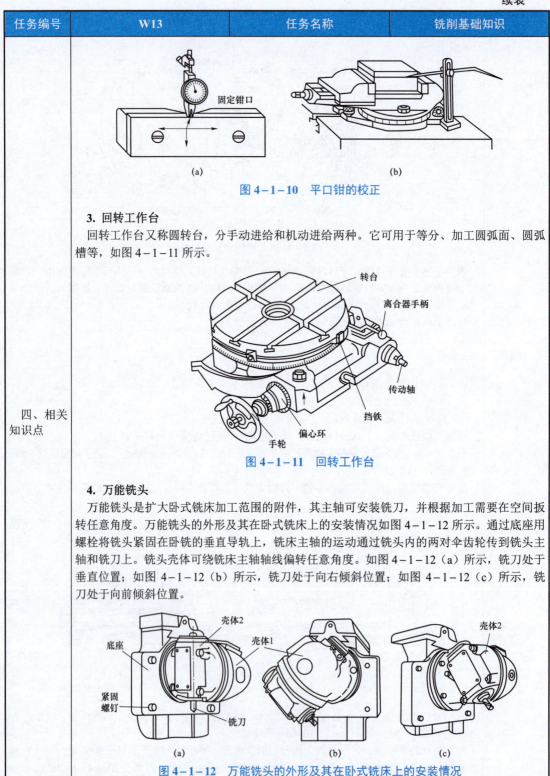

图 4−1−10　平口钳的校正

3. 回转工作台

回转工作台又称圆转台，分手动进给和机动进给两种。它可用于等分、加工圆弧面、圆弧槽等，如图 4−1−11 所示。

图 4−1−11　回转工作台

4. 万能铣头

万能铣头是扩大卧式铣床加工范围的附件，其主轴可安装铣刀，并根据加工需要在空间扳转任意角度。万能铣头的外形及其在卧式铣床上的安装情况如图 4−1−12 所示。通过底座用螺栓将铣头紧固在卧铣的垂直导轨上，铣床主轴的运动通过铣头内的两对伞齿轮传到铣头主轴和铣刀上。铣头壳体可绕铣床主轴轴线偏转任意角度。如图 4−1−12（a）所示，铣刀处于垂直位置；如图 4−1−12（b）所示，铣刀处于向右倾斜位置；如图 4−1−12（c）所示，铣刀处于向前倾斜位置。

四、相关
知识点

图 4−1−12　万能铣头的外形及其在卧式铣床上的安装情况
（a）垂直位置；（b）向右倾斜位置；（c）向前倾斜位置

任务编号	**W13**	任务名称	铣削基础知识

（四）铣刀及其安装

1. 常用铣刀的种类

铣刀的种类很多，用处也各不相同。按材料不同可分为高速钢和硬质合金两大类；按齿与刀体是否为一体可分为整体式和镶齿式；按铣刀的安装方法不同可分为带孔铣刀和带柄铣刀。此外，按铣刀的用途和形状还可分为以下几类。

（1）加工平面的铣刀。加工平面用的铣刀主要有端铣刀和圆柱铣刀，如图 4-1-13 所示。如果加工平面比较小，也可以使用立铣刀和三面二刃铣刀。

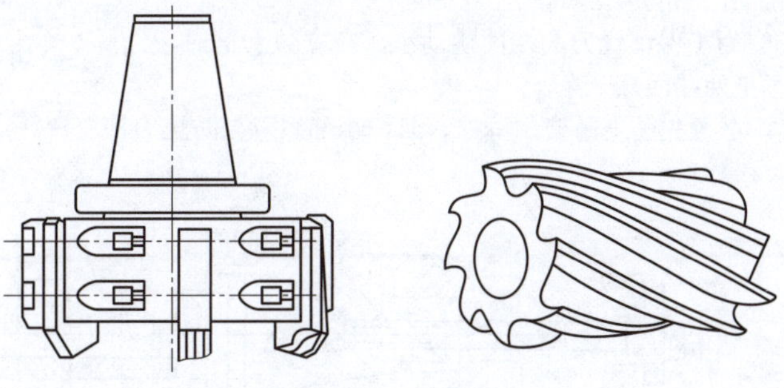

(a) (b)

图 4-1-13　加工平面的铣刀

(a) 端铣刀；(b) 圆柱铣刀

（2）加工沟槽用的铣刀。加工直角沟槽用的铣刀主要有立铣刀、三面二刃铣刀、键槽铣刀、盘形槽铣刀和锯片铣刀等。加工特形槽的铣刀主要有 T 形槽铣刀、燕尾槽铣刀和角度铣刀等，如图 4-1-14 所示。

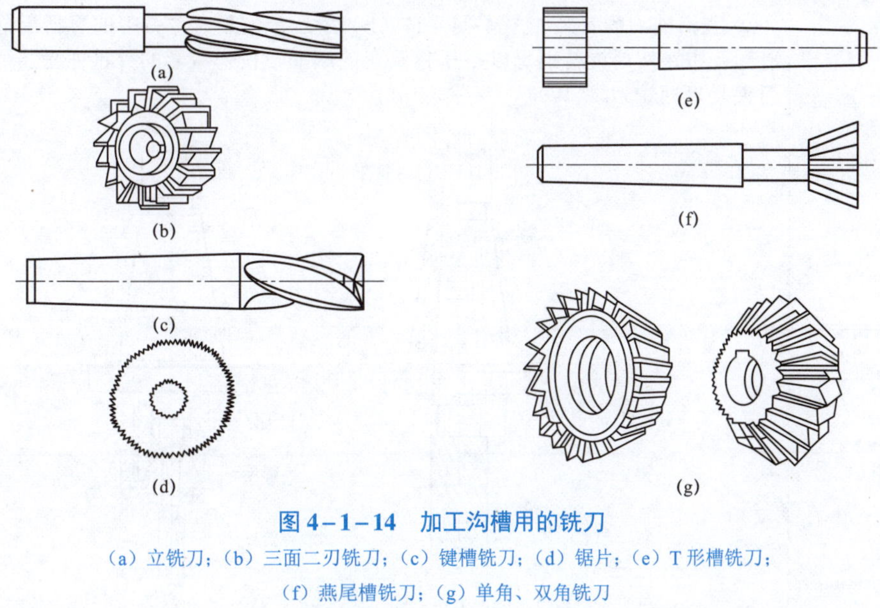

(a)
(b)
(c)
(d)
(e)
(f)
(g)

图 4-1-14　加工沟槽用的铣刀

(a) 立铣刀；(b) 三面二刃铣刀；(c) 键槽铣刀；(d) 锯片；(e) T 形槽铣刀；

(f) 燕尾槽铣刀；(g) 单角、双角铣刀

（3）加工特形面所用的铣刀。根据特形面的形状而专门设计的成形铣刀称为特形铣刀，如半圆形铣刀和专门加工叶片内弧所用的特形成形铣刀，如图 4-1-15 所示。

四、相关知识

任务编号	**W13**	任务名称	铣削基础知识

2. 铣刀的安装

（1）带孔铣刀的安装。常用长刀杆安装带孔铣刀中的圆柱形铣刀或面刃等盘形铣刀，如图4-1-16所示。

带孔铣刀安装时应注意以下事项。

① 铣刀尽可能靠近主轴或吊架，以避免由于刀杆过长，在切削时铣刀产生弯曲变形从而出现较大的径向跳动，影响加工质量。

② 为了保证铣刀的端面跳动小，在安装套筒时，必须把两端面擦干净。

③ 必须先装上吊架，再拧紧刀杆端部螺母以防止刀杆变弯。

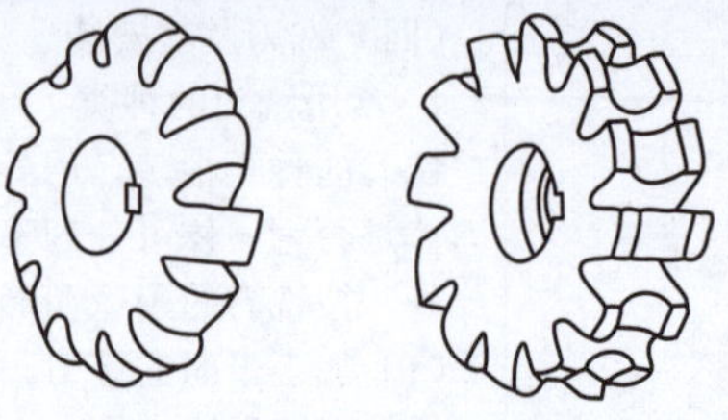

图4-1-15 加工特形面所用的铣刀
（a）叶片内弧铣刀；（b）半圆形铣刀

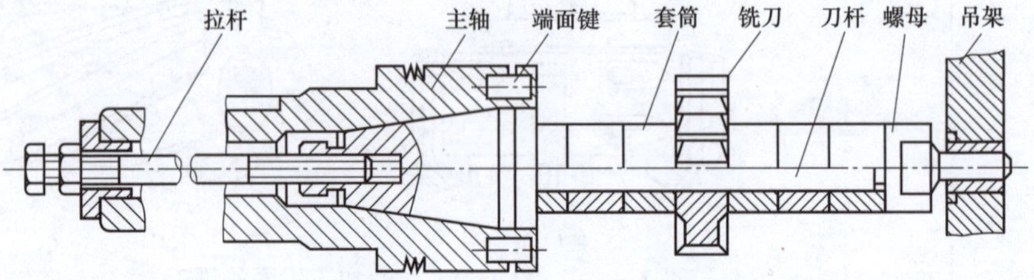

图4-1-16 带孔铣刀的安装

（2）带柄铣刀的安装如下。

① 锥柄铣刀的安装如图4-1-17（a）所示。安装时，如锥柄立铣刀的锥度与主轴孔锥度相同，需要将铣刀拉紧再放入铣床。如锥柄立铣刀的锥度与主轴孔锥度不相同，可直接装入铣床。

② 直柄铣刀的安装如图4-1-17（b）所示。安装时，铣刀的直柄要插入弹簧套的光滑圆孔中，然后旋转螺母以挤压弹簧套的端面，使弹簧套的外锥面受压而孔径缩小，从而夹紧直柄铣刀。

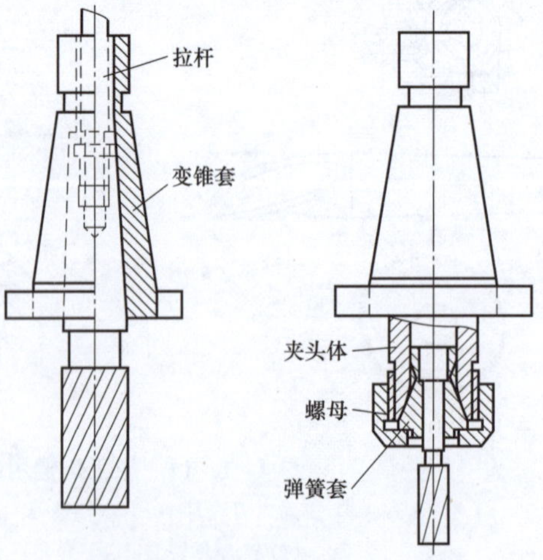

图4-1-17 带柄的铣刀安装
（a）锥柄铣刀的安装；（b）直柄铣刀的安装

四、相关知识

任务编号	W13	任务名称	铣削基础知识

带柄铣刀安装时应注意以下事项。

铣刀安装好以后，必须检查其跳动是否在允许范围内。各螺母和螺钉是否紧固。一般的情况下，只要在铣床开动后，看不出铣刀有明显的跳动就可以了。造成铣刀跳动量过大的原因有可能是配合部位有杂物、刀轴受力过大有弯曲、刀轴垫圈的两平面不平行、铣刀的刃磨质量差或主轴孔有拉毛等。

（五）评分标准

评分标准表见表 4-1-1。

四、相关知识

表 4-1-1　评分标准表

班级		姓名		学号	
序号	检测内容	配分	酌情扣分	学生自评	教师评分
1	工作台纵向、横向、垂直方向的手动和机动进给操作	10 分	酌情扣分		
2	主轴、进给变速操作	10 分	酌情扣分		
3	移动时旋紧纵向、横向、垂直方向紧固手柄	10 分	酌情扣分		
4	移动时旋紧固定螺母和横梁移动六方头	20 分	酌情扣分		
5	XW6132 型铣床的操作顺序	10 分	酌情扣分		
6	常用铣刀的安装	10 分	酌情扣分		
7	带孔铣刀的安装	10 分	酌情扣分		
8	带柄铣刀的安装	10 分	酌情扣分		
9	遵守安全操作和 6S 管理	10 分	酌情扣分		
	综合得分	100			

五、看资料，谈感想	

六、任务实施	组织学生熟悉各种铣床的结构、组成部分和工作原理，组织学生操作铣床各种手柄，并能独立安装各种刀具，遵守安全操作和 6S 管理。

七、反思	（1）简述铣床的加工范围。 _____ _____ _____

续表

任务编号	**W13**	任务名称	铣削基础知识

七、反思

（2）说明 XW6132 型铣床型号的意义。

_____

_____

_____

（3）立式铣床、卧式万能铣床各由哪几部分组成，各部分有何作用？

_____

_____

_____

_____

（4）说明各种刀具安装的注意事项。

_____

_____

_____

_____

_____

（5）如图 4-1-18 所示，指出炮塔式铣床各部分的作用及机床的工作原理，炮塔式铣床头部示意如图 4-1-19 所示。

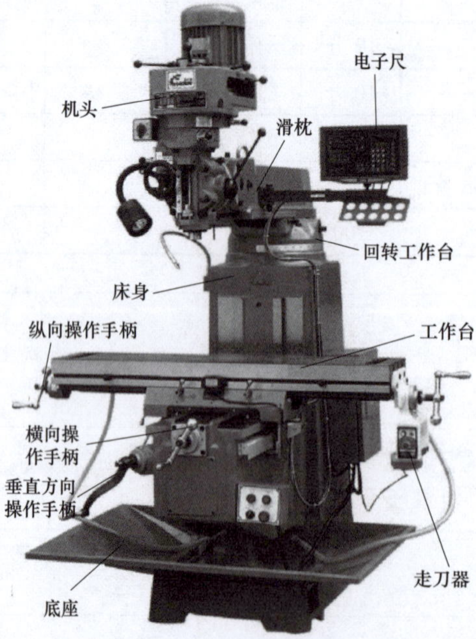

机头　滑枕　电子尺　回转工作台　床身　纵向操作手柄　工作台　横向操作手柄　垂直方向操作手柄　走刀器　底座

图 4-1-18　炮塔式铣床　　　**图 4-1-19　炮塔式铣床铣头部示意**

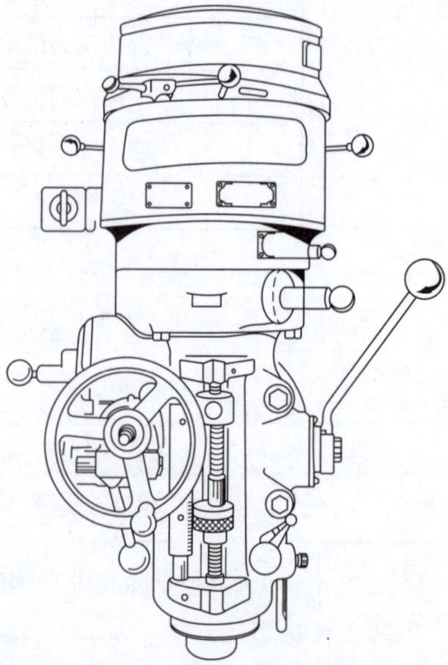

任务二 铣 削 平 面

任务编号	**W14**	任务名称	铣削平面

一、任务描述	如图 4-2-1 所示，按要求铣削六方体。 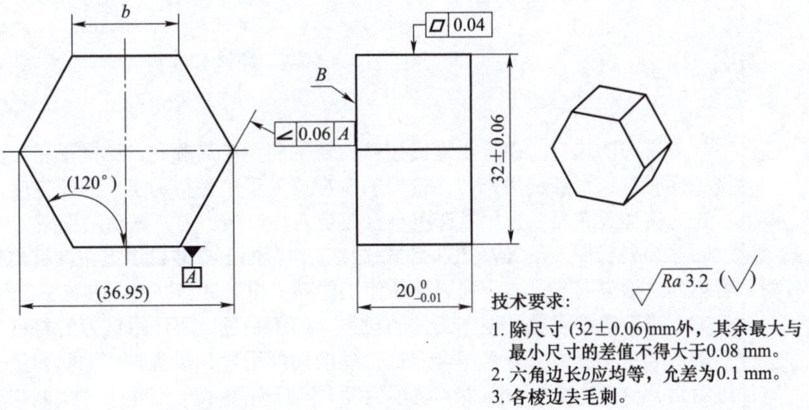 技术要求: 1. 除尺寸 (32±0.06)mm外，其余最大与最小尺寸的差值不得大于0.08 mm。 2. 六角边长b应均等，允差为0.1 mm。 3. 各棱边去毛刺。 图 4-2-1 铣削六方体
二、学习目标	（1）掌握铣刀和切削用量的选择方法。 （2）了解顺铣和逆铣的特点。 （3）了解铣削平面时产生废品的原因和预防方法。 （4）掌握铣削平面的方法、步骤和检测方法。
三、任务分析	按图 4-2-1 的技术要求铣削平面，并根据技术要求合理选择铣床、材料、刀具、装夹方法、加工工艺等。为避免加工时出错，在加工前要规划好加工步骤。
四、相关知识点	**（一）铣削平面** 　用铣削方法加工工件的平面称为铣削平面，又称铣平面。铣平面是铣床加工的基本工作内容，也是进一步铣削其他各种复杂表面的基础。 　铣床铣削平面的方法有两种：周铣和端铣。 **1. 周铣** 　利用分布在铣刀圆柱面上的刀刃进行铣削而形成平面的铣削称为周铣，如图 4-2-2 所示。周铣分为顺铣和逆铣。 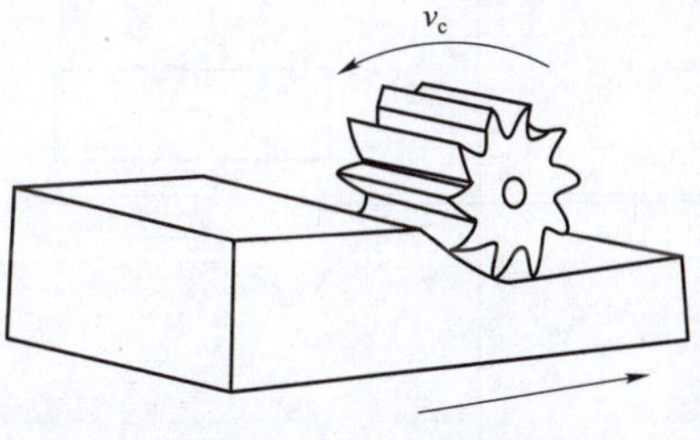 图 4-2-2 周铣 　在铣刀与工件已加工表面的切点处，铣刀切削刃的旋转运动方向与工件进给方向相同的铣削称为顺铣，如图 4-2-3（a）所示。 　在铣刀与工件已加工表面的切点处，铣刀切削刃的旋转运动方向与工件进给方向相反的铣削称为逆铣，如图 4-2-3（b）所示。 　用圆柱铣刀铣平面的步骤如下。

任务编号	W14	任务名称	铣削平面

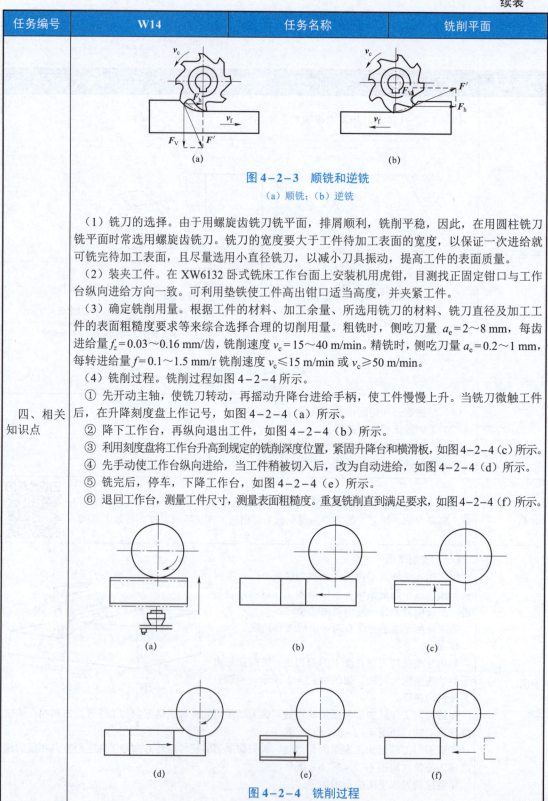

图 4-2-3　顺铣和逆铣

（a）顺铣；（b）逆铣

（1）铣刀的选择。由于用螺旋齿铣刀铣平面，排屑顺利，铣削平稳，因此，在用圆柱铣刀铣平面时常选用螺旋齿铣刀。铣刀的宽度要大于工件待加工表面的宽度，以保证一次进给就可铣完待加工表面，且尽量选用小直径铣刀，以减小刀具振动，提高工件的表面质量。

（2）装夹工件。在 XW6132 卧式铣床工作台面上安装机用虎钳，目测找正固定钳口与工作台纵向进给方向一致。可利用垫铁使工件高出钳口适当高度，并夹紧工件。

（3）确定铣削用量。根据工件的材料、加工余量、所选用铣刀的材料、铣刀直径及加工工件的表面粗糙度要求等来综合选择合理的切削用量。粗铣时，侧吃刀量 $a_e = 2 \sim 8$ mm，每齿进给量 $f_z = 0.03 \sim 0.16$ mm/齿，铣削速度 $v_c = 15 \sim 40$ m/min。精铣时，侧吃刀量 $a_e = 0.2 \sim 1$ mm，每转进给量 $f = 0.1 \sim 1.5$ mm/r 铣削速度 $v_c \leqslant 15$ m/min 或 $v_c \geqslant 50$ m/min。

（4）铣削过程。铣削过程如图 4-2-4 所示。

① 先开动主轴，使铣刀转动，再摇动升降进给手柄，使工件慢慢上升。当铣刀微触工件后，在升降刻度盘上作记号，如图 4-2-4（a）所示。

② 降下工作台，再纵向退出工件，如图 4-2-4（b）所示。

③ 利用刻度盘将工作台升高到规定的铣削深度位置，紧固升降台和横滑板，如图 4-2-4（c）所示。

④ 先手动使工作台纵向进给，当工件稍被切入后，改为自动进给，如图 4-2-4（d）所示。

⑤ 铣完后，停车，下降工作台，如图 4-2-4（e）所示。

⑥ 退回工作台，测量工件尺寸，测量表面粗糙度。重复铣削直到满足要求，如图 4-2-4（f）所示。

图 4-2-4　铣削过程

任务编号	**W14**	任务名称	铣削平面
四、相关知识点	**2. 端铣** 　　利用铣刀端面齿刃进行铣削来形成平面的铣削，称为端铣，如图4-2-5所示。在铣削时，切削厚度变化小，同时进行切削的刀齿较多，因此切削平稳。端铣适合加工大尺寸工件。 　　图4-2-6所示为铣削平面，铣削工艺及加工步骤如下。 图4-2-5　端铣 图4-2-6　铣削平面 　　（1）对刀。选择合理的主轴转速，开动机床，操控各工作台手柄，使工件上表面与端铣刀硬质合金刀头相接触，记下此时升降台的刻度，然后降下工作台。操作相应手柄，使工作台纵向移出工件。停止主轴转动。 　　（2）粗铣、精铣面（见图4-2-7）的步骤如下。 　　① 启动机床，转动主轴。 　　② 手动上升工作台，上升高度以对刀时所记刻度位置为基准，再向上摇动2 mm，手动纵向移动工作台，当工件距回转刀具一定距离时停止。 　　③ 调整横向运动手轮，使横向工作台运动至工件位置，处于不对称的逆铣状态。 　　④ 选择合理的进给速度。 　　⑤ 操纵纵向自动进给手柄，完成工件表面的粗铣加工。 　　⑥ 操纵相应手柄，使升降方向、纵向均远离工件一定距离，到达安全位置。 图4-2-7　粗铣、精铣面 　　⑦ 停止转动主轴。 　　⑧ 卸下工件，去除工件上的毛刺。 　　⑨ 以同样的方法再进行一遍精加工即可。 　　**（二）平面的检验** 　　**1. 表面粗糙度检验** 　　用标准的表面粗糙度样块对比检验，或者凭经验用肉眼观察得出结论。 　　**2. 平面度检验** 　　一般用刀口形直尺检验平面的平面度。检验时，手握刀口形直尺的尺体，向着光线强的地方，使尺子的刃口贴在工件被测表面上，用肉眼观察刀口与工件平面间的缝隙大小，确定平面是否平整。检测时，移动刀口形直尺，分别在工件的纵向、横向、对角线方向进行检测，最后检测出整个平面的平面度，如图4-2-8所示。

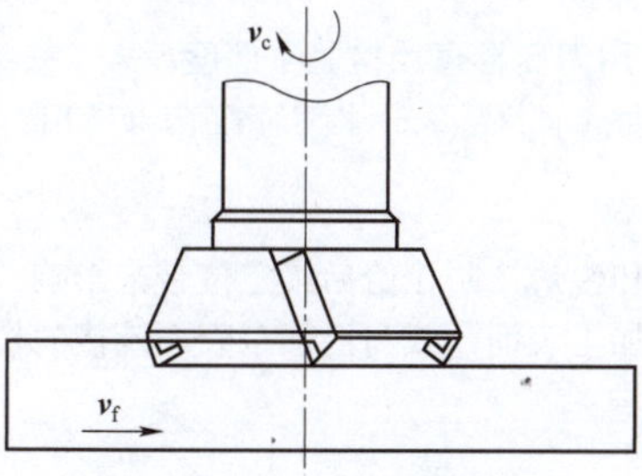

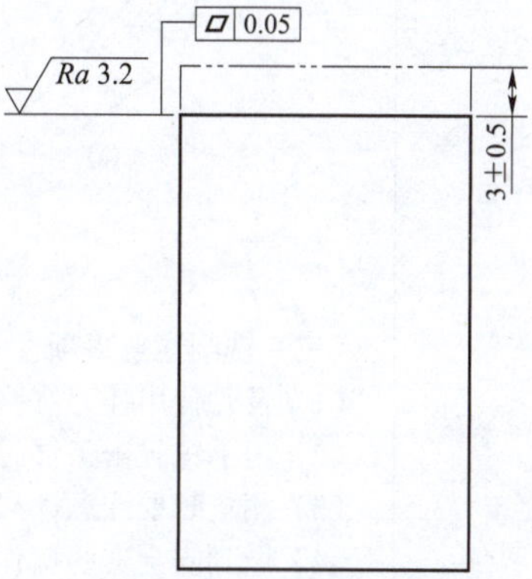

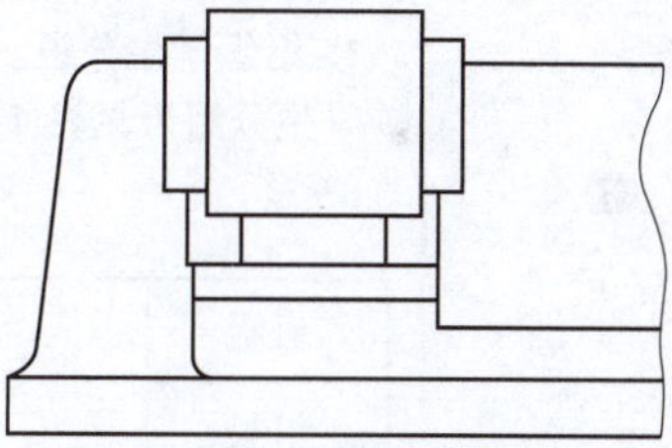

任务编号	W14	任务名称	铣削平面

| 四、相关知识点 | 图 4-2-8　用刀口形直尺检验平面度
（a）检测示意；（b）检测的不同位置；（c）检测的平面凸起或下凹

（三）铣削注意事项
（1）及时使用锉刀修整工件上的毛刺和锐边，防止给后续定位带来影响。
（2）用手锤轻击工件时，不要砸到已加工表面，或与已加工表面连接的棱角。
（3）测量时要注意读尺的准确。
（4）做到安全文明操作。 |

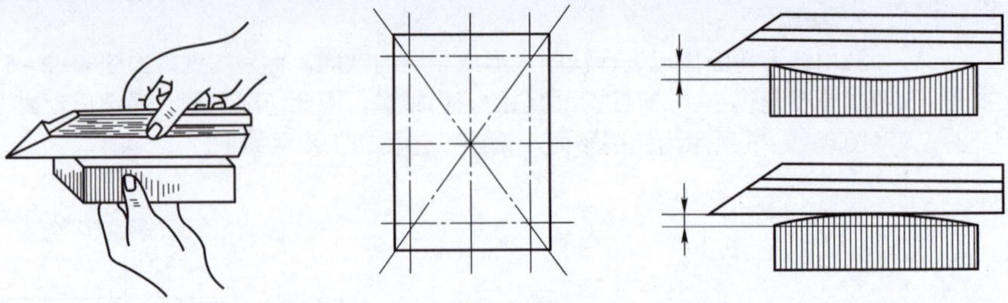

图 4-2-8　用刀口形直尺检验平面度
（a）检测示意；（b）检测的不同位置；（c）检测的平面凸起或下凹

（三）铣削注意事项
（1）及时使用锉刀修整工件上的毛刺和锐边，防止给后续定位带来影响。
（2）用手锤轻击工件时，不要砸到已加工表面，或与已加工表面连接的棱角。
（3）测量时要注意读尺的准确。
（4）做到安全文明操作。

五、看资料，谈感想

六、任务实施

根据图 4-2-1 铣削六方体。

1. 组织学生分组
学生分组表见表 4-2-1。

表 4-2-1　学生分组表

班级		组号		指导教师	
组长		学号			
组员	姓名	学号		姓名	学号

2. 任务分工
零件加工任务单见表 4-2-2。

任务编号	W14		任务名称		铣削平面

表 4-2-2　零件加工任务单

班级			完成时间			
序号	产品名称	材料	加工数量	技术标准	质量要求	图样要求
1						
2						
3						
4						
5						
6						

3. 熟悉任务

（1）任务图的识读。认真阅读任务图 4-2-1，找出其中标注错误或者漏标的情况，若发现问题，应及时提出修改意见。

_____

_____

_____

（2）毛坯选择分析。分析本任务所加工的零件，并选择合理的毛坯。

_____

_____

_____

（3）技术要求分析。分析任务图 4-2-1，并在表 4-2-3 中写出所需要的材料，为任务实施做准备。

表 4-2-3　零件技术要求分析表

序号	项目	内容	偏差范围
1	铣削平面		
2			
3			
4			

4. 工作方案

（1）设备和材料的选择。根据图 4-2-1 的铣削平面选择加工设备及材料。

_____

_____

（2）拟订工艺路线。分组讨论，拟订合理的任务加工工艺路线。

_____

_____

_____

六、任务实施

任务编号	W14	任务名称	铣削平面

（3）小组讨论，确定最佳方案。师生共同讨论并确定最合理的工艺路线及最佳方案，完善零件加工的工艺路线。

_____

_____

_____

（4）工作实施。在教师的指导下，熟悉设备的操作，简述设备安全操作的注意事项。

_____

_____

_____

（5）熟悉车间管理制度，简述 6S 管理的定义和目的。

_____

_____

_____

5. 检测评分

检测评分表见表 4−2−4。

表 4−2−4　检测评分表

六、任务实施

工件编号：					完成人：				
项目与配分	序号	技术要求	配分		评分标准	自测记录	得分	互测记录	得分
工件加工评分（80%）	1	设备选择是否正确	5 分		操作错误全扣				
	2	工件夹持是否正确、合理	15 分		操作错误全扣				
	3	量具选用是否合理	5 分		操作错误全扣				
	4	尺寸公差是否超差（4 处尺寸）	20 分		操作错误全扣				
	5	六方体是否正确	25 分		操作错误全扣				
	6	表面粗糙度是否达标	10 分		操作错误全扣				
工艺（10%）	7	工艺正确	10 分		每错一处扣 2 分				
设备操作（10%）	8	设备操作规范	10 分		每错一处扣 2 分				
安全文明生产（倒扣分）	9	安全操作	倒扣		安全事故停止操作扣 5~10 分				
	10	6S 管理	倒扣						
得分									

续表

任务编号	**W14**	任务名称	铣削平面

6. 铣削平面不正确的原因分析

小组根据检测结果讨论、分析铣削平面不正确的原因及预防方法，并填写表4-2-5。

表4-2-5 铣削平面不正确的原因及预防方法

序号	产生原因	预防方法
1		
2		
3		
4		

7. 教师评价

教师对学生的整个任务实施过程进行评价，并填写表4-2-6。

表4-2-6 教师评价表

班级		组名		姓名		
出勤情况						
评价内容	评价要点	考察要点		分数	分数评定	得分
任务描述、接受任务	口述内容细节	表述仪态自然、吐字清晰		2分	表述仪态不自然或吐字模糊扣1分	
		表达思路清晰、层次分明、准确			表达思路模糊或层次不清扣1分	
任务分析、分组情况	依据图样分析工艺、分组、分工	分析图样关键点准确		3分	表达思路模糊或层次不清扣1分	
		涉及的理论知识回顾完整，分组、分工明确			知识不完整扣1分，分组、分工不明确扣1分	
制订计划	制订加工工艺路线	准确制订工艺路线		15分	工艺路线步骤错误一步扣1分，扣完为止	
计划实施	加工前准备	设备准备		3分	每漏一项扣1.5分	
		材料准备			没有检查扣1.5分	
		以情境模拟的方式，体验到材料库领取材料的过程，并完成领料单		2分	领料单填写不完整扣1分	

六、任务实施

任务编号	**W14**		任务名称	铣削平面

续表

<table>
<tr><td colspan="2" rowspan="9">六、任务实施</td></tr>
</table>

评价内容	评价要点	考察要点	分数	分数评定	得分
计划实施	加工	正确选择材料	5分	选择错误一项扣 1分，扣完为止	
		查阅资料，正确选择加工的技术参数	5分	选择错误一项扣 1分，扣完为止	
		正确实施零件加工，无失误（依据工件评分表）	40分	评分标准扣分	
	现场恢复	在加工过程中保持6S管理、三环落地	3分	每漏一项扣1分，扣完为止	
		设备、材料、工具、工位恢复整理	2分	每违反一项扣1分，扣完为止	
总结	任务总结	依据自评分数	5分	依据总结内容是否到位酌情给分	
		依据互评分数	5分	依据总结内容是否到位酌情给分	
		依据个人总结评分报告	10分	依据总结内容是否到位酌情给分	
合计			100分		

六、任务实施

七、反思

（1）简单介绍铣削平面的加工步骤。

_____

_____

（2）如何用刀口形直尺检测工件的平面度？

_____

_____

（3）如何用分度头加工六方体？

_____

_____

_____

任务三　铣 削 斜 面

任务编号	**W15**		任务名称	铣削斜面

一、任务描述

如图4-3-1所示，按要求铣削斜面。

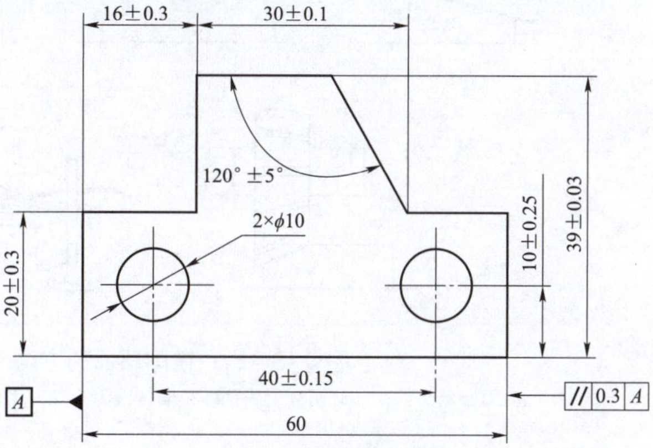

图4-3-1　铣削斜面

二、学习目标

（1）掌握铣削斜面的基本操作技能。

（2）掌握铣削斜面的方法。

（3）掌握铣削斜面所用的设备、量具及基本操作技能，学会合理选择刀具。

三、任务分析

按图4-3-1的技术要求铣削斜面，并根据技术要求合理选择铣床、材料、刀具、装夹方法、加工工艺等。

四、相关知识点

（一）铣前斜面

在铣床上铣削斜面，通常有多种方法，下面介绍5种加工方法。

1. 用倾斜垫铁铣削斜面

如图 4-3-2（a）所示，在工件的基准面下垫一块斜角为所需角度的倾斜垫铁，夹紧工件后即可进行铣削加工。

2. 用分度头铣削斜面

如图 4-3-2（b）所示，先把工件装在分度头的卡盘上夹紧，然后根据所需要的角度转动手柄后锁紧进行加工。

3. 用偏转铣刀铣削斜面

如图 4-3-2（c）所示，先松开锁紧铣头的螺母、转动调节螺母，使铣头偏移所需斜面角度后锁紧螺母进行加工。

4. 用角度铣刀铣削斜面

如图 4-3-2（d）所示，直接选择所需要的斜面相应角度的铣刀进行斜面加工，它一般适用于比较小的零件。

5. 划线铣削斜面

如图 4-3-2（e）所示，按图样要求划出斜面轮廓线；装夹工件，使斜面轮廓线与钳口上平面平行，并略高于钳口，用划线盘针尖按线找正后再夹紧工件，然后按线铣削加工。

任务编号	**W15**	任务名称	铣削斜面

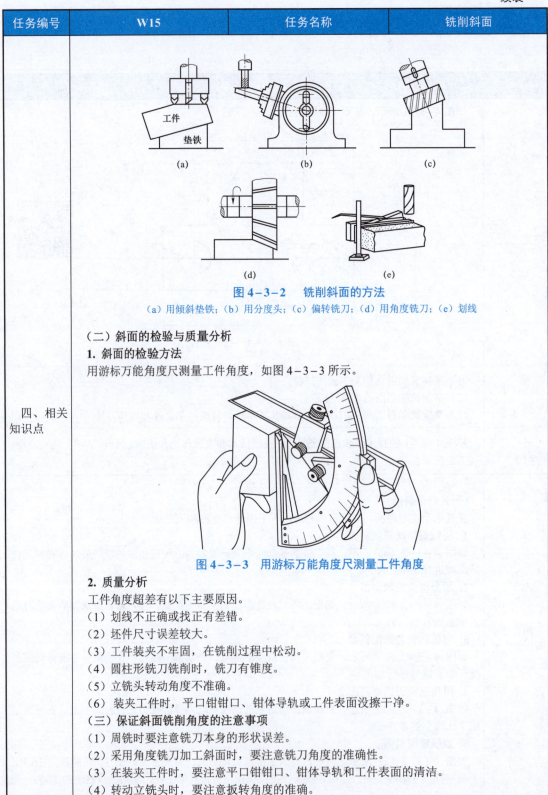

图 4-3-2　铣削斜面的方法

(a) 用倾斜垫铁；(b) 用分度头；(c) 偏转铣刀；(d) 用角度铣刀；(e) 划线

四、相关知识点

（二）斜面的检验与质量分析

1. 斜面的检验方法

用游标万能角度尺测量工件角度，如图 4-3-3 所示。

图 4-3-3　用游标万能角度尺测量工件角度

2. 质量分析

工件角度超差有以下主要原因。

（1）划线不正确或找正有差错。

（2）坯件尺寸误差较大。

（3）工件装夹不牢固，在铣削过程中松动。

（4）圆柱形铣刀铣削时，铣刀有锥度。

（5）立铣头转动角度不准确。

（6）装夹工件时，平口钳钳口、钳体导轨或工件表面没擦干净。

（三）保证斜面铣削角度的注意事项

（1）周铣时要注意铣刀本身的形状误差。

（2）采用角度铣刀加工斜面时，要注意铣刀角度的准确性。

（3）在装夹工件时，要注意平口钳钳口、钳体导轨和工件表面的清洁。

（4）转动立铣头时，要注意扳转角度的准确。

任务编号	**W15**	任务名称	铣削斜面

四、相关知识点	（5）采用划线装夹工件铣斜面时，要注意划线的准确性或在加工过程中工件是否发生位移。 **（四）铣削斜面注意事项** （1）及时使用锉刀修整工件上的毛刺和锐边，防止给后续定位带来影响。 （2）用手锤轻击工件时，不要砸到已加工表面或与已加工表面连接的棱角。 （3）测量时要注意读尺的准确。 （4）做到安全文明操作。
五、看资料，谈感想	
六、任务实施	根据图4-3-1铣削斜面。 **1. 组织学生分组** 学生分组表见表4-3-1。

表4-3-1 学生分组表

班级		组号		指导教师	
组长		学号			
	姓名	学号		姓名	学号
组员					

2. 任务分工

零件加工任务单见表4-3-2。

表4-3-2 零件加工任务单

班级		完成时间			
序号	产品名称	材料	加工数量	技术标准	质量要求	图样要求
1						
2						
3						
4						
5						
6						

任务编号	W15		任务名称	铣削斜面

六、任务实施

3. 熟悉任务

（1）任务图的识读。认真阅读任务图4-3-1，找出其中标注错误或者漏标的情况，若发现问题，应及时提出修改意见。

_____

_____

_____

（2）毛坯选择分析。分析本任务所加工的零件，并选择合理的毛坯。

_____

_____

_____

（3）技术要求分析。分析任务图4-3-1，并在表4-3-3中写出所需要的材料，为任务实施做准备。

表4-3-3 零件技术要求分析表

序号	项目	内容	偏差范围
1	铣削斜面		
2			
3			
4			

4. 工作方案

（1）设备和材料的选择。根据图4-3-1的铣削斜面选择加工设备及材料。

_____

_____

（2）拟订工艺路线。分组讨论，拟订合理的任务加工工艺路线。

_____

_____

（3）小组讨论，确定最佳方案。师生共同讨论并确定最合理的工艺路线及最佳方案，完善零件加工的工艺路线。

_____

_____

_____

（4）工作实施。在教师的指导下，熟悉设备的操作，简述设备安全操作的注意事项。

_____

_____

任务编号	W15	任务名称	铣削斜面

（5）熟悉车间管理制度，简述6S管理的定义和目的。

_____

_____

_____

5. 检测评分

检测评分表见表4-3-4。

表4-3-4　检测评分表

工件编号：						完成人：				
项目与配分	序号	技术要求		配分		评分标准	自测记录	得分	互测记录	得分
工件加工评分（80%）	1	设备选择是否正确		5分		操作错误全扣				
	2	工件夹持是否正确、合理		10分		操作错误全扣				
	3	量具选用是否合理		5分		操作错误全扣				
	4	尺寸公差是否超差（10处尺寸）		40分		操作错误全扣				
	5	斜面角度是否正确		10分		操作错误全扣				
	6	表面粗糙度是否达标		10分		操作错误全扣				
工艺（10%）	7	工艺正确		10分		每错一处扣2分				
设备操作（10%）	8	设备操作规范		10分		每错一处扣2分				
安全文明生产（倒扣分）	9	安全操作		倒扣		安全事故停止操作扣5～10分				
	10	6S管理		倒扣						
得分										

6. 铣削斜面不正确的原因分析

小组根据检测结果讨论、分析铣削斜面不正确的原因及预防方法，并填写表4-3-5。

表4-3-5　铣削斜面不正确的原因及预防方法

序号	产生原因	预防方法
1		
2		
3		
4		

续表

任务编号	W15		任务名称		铣削斜面	

7. 教师评价

教师对学生的整个任务实施过程进行评价，并填写表4-3-6。

表4-3-6 教师评价表

	班级		组名		姓名		
	出勤情况						

评价内容	评价要点	考察要点	分数	分数评定	得分
任务描述、接受任务	口述内容细节	表述仪态自然、吐字清晰	2分	表述仪态不自然或吐字模糊扣1分	
		表达思路清晰、层次分明、准确		表达思路模糊或层次不清扣1分	
任务分析、分组情况	依据图样分析工艺、分组、分工	分析图样关键点准确	3分	表达思路模糊或层次不清扣1分	
		涉及的理论知识回顾完整，分组、分工明确		知识不完整扣1分，分组、分工不明确扣1分	
制订计划	制订加工工艺路线	准确制订工艺路线	15分	工艺路线步骤错误一步扣1分，扣完为止	
计划实施	加工前准备	设备准备	3分	每漏一项扣1.5分	
		材料准备		没有检查扣1.5分	
		以情境模拟的方式，体验到材料库领取材料的过程，并完成领料单	2分	领料单填写不完整扣1分	
	加工	正确选择材料	5分	选择错误一项扣1分，扣完为止	
		查阅资料，正确选择加工的技术参数	5分	选择错误一项扣1分，扣完为止	
		正确实施零件加工，无失误（依据工件评分表）	40分	评分标准扣分	
	现场恢复	在加工过程中保持6S管理、三环落地	3分	每漏一项扣1分，扣完为止	
		设备、材料、工具、工位恢复整理	2分	每违反一项扣1分，扣完为止	
总结	任务总结	依据自评分数	5分	依据总结内容是否到位酌情给分	
		依据互评分数	5分	依据总结内容是否到位酌情给分	
		依据个人总结评分报告	10分	依据总结内容是否到位酌情给分	
合计			100分		

任务编号	**W15**	任务名称	铣削斜面

七、反思	（1）何谓斜面？常见的铣削斜面有几种加工方法？ ＿＿ ＿＿ （2）转动工件铣削斜面的方法有哪几种？ ＿＿ ＿＿ ＿＿

任务四　铣 削 台 阶

任务编号	**W16**	任务名称	铣削台阶
一、任务描述	如图4-4-1所示，按要求铣削台阶。 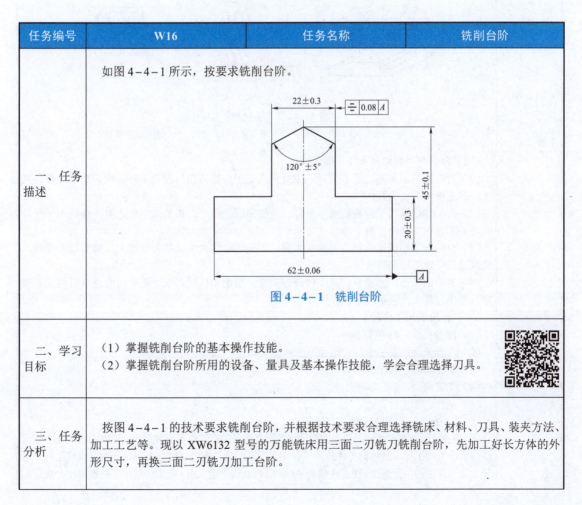 图4-4-1　铣削台阶		
二、学习目标	（1）掌握铣削台阶的基本操作技能。 （2）掌握铣削台阶所用的设备、量具及基本操作技能，学会合理选择刀具。		
三、任务分析	按图4-4-1的技术要求铣削台阶，并根据技术要求合理选择铣床、材料、刀具、装夹方法、加工工艺等。现以XW6132型号的万能铣床用三面二刃铣刀铣削台阶，先加工好长方体的外形尺寸，再换三面二刃铣刀加工台阶。		

任务编号	W16	任务名称	铣削台阶

（一）铣削台阶

台阶是由两个相互垂直的平面组成的，在工艺上有其特点：一是两个平面是用同一把铣刀的不同部位同时加工出来的，加工一个平面必须涉及另一平面；二是两者用同一个定位基准。具体加工方法有以下几种。

1. 用三面二刃铣刀铣削台阶

如图 4-4-2（a）所示，对于两侧对称的台阶，用两把铣刀联合加工，易于保证尺寸精度和提高效率，但工艺系统负荷倍增，有形变，影响工件加工。

2. 用立铣刀铣削台阶

适用于加工垂直平面大于水平平面的台阶。当台阶位于壳体内侧，其他铣刀无法伸入时，此法有独到之处，如图 4-4-2（b）所示，但立铣刀径向尺寸小，刚度小，铣削中受径向力作用易"让刀"，因此，铣削用量不宜过大，否则影响加工质量。

3. 用端铣刀铣削台阶

适用于加工有较宽水平面的台阶，如图 4-4-2（c）所示。由于铣刀直径大，长度短，又是端铣，因此，可用较大铣削量，效率高。

（a）	（b）	（c）

图 4-4-2　铣削台阶的方法

（a）用三面二刃铣刀铣销台阶；（b）用立铣刀铣销台阶；（c）用端铣刀铣销台阶

（二）容易产生的问题和注意事项

（1）台阶的侧面和基准面不平行，主要原因是平口钳的钳口没校正好，或者是用压板装夹工件时工件没有找正好。

（2）台阶的底面与工件的底面不平行，主要原因是用平口钳装夹工件选取的垫铁不平行，或者是工件和垫铁没有擦干净。

（3）台阶表面粗糙度不符合要求，主要原因是进给量太大、吃刀量过大，或者是刀变钝，铣削过程中没有用切削液等。

（4）台阶面啃伤，主要原因是工件没有夹紧，铣削中松动，或者不使用的进给机构没有锁紧，铣削过程中产生窜动现象。

（三）台阶的加工步骤

（1）准备材料：45 钢钢板。

（2）选择量具：游标卡尺、游标万能角度尺。

（3）选择设备：铣床、刀具。

（4）工艺编写：确定加工工艺。

（5）制作：加工台阶。

① 选用 ϕ12 mm 圆柱直柄立铣刀。

② 根据工件外形和大小，选用虎钳装夹。把虎钳安装在工作台上并找正，使固定钳口与工作台纵向进给方向平行，然后把工件装夹在台虎钳内。因为铣削层深度为 12 mm，所以应在工件下面垫上适当厚度的平行垫铁，使工件高出钳口约 14 mm（不能太高，防止切削时工件被拉出台虎钳）。

四、相关知识点

任务编号	W16	任务名称	铣削台阶

四、相关知识点

③ 选择铣削用量，如图 4-4-3 所示，工件的加工宽度为 7 mm，深度为 12 mm，材料为 45 钢。因为要求加工表面粗糙度值为 3.2 μm，所以加工分粗铣、精铣两步进行。粗铣时，切去大部分余量，侧面和底面各留 0.5 mm 余量作精铣。机床主轴转速和进给量的计算方法与铣削平面的基本相同。

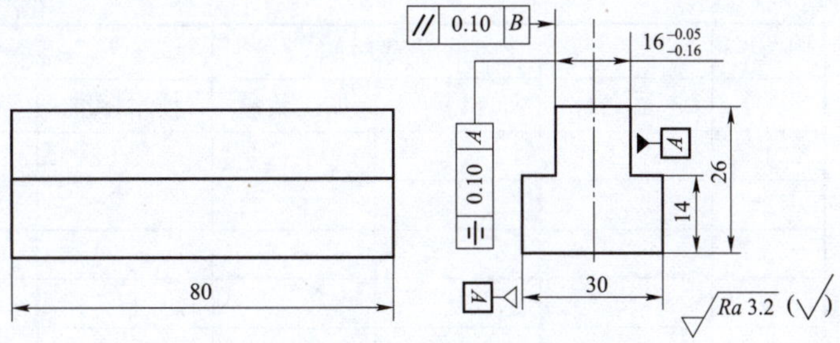

图 4-4-3 选择铣削用量

④ 调整机床，包括以下两点。

其一，调整工件铣削层深度。开动机床，调整各方向手柄，使铣刀外圆切削刃刚好接触到工件表面，退出工件后上升工作台，粗铣时，把铣削层深度调整到 11.5 mm，精铣时，工作台再上升 0.5 mm。

其二，调整工件铣削层宽度。横向移动工作台，使铣刀处在工件的外侧（靠近固定钳口的一侧）。

注意，当台阶凸起部分的尺寸精度要求较高时，因受铣刀的侧面摆差和铣床横向丝杠磨损量的影响，不宜使工作台一次移动到位，故工作台的实际移动距离应比计算出的距离大 0.3~0.5 mm，试切后按实际测量所得的尺寸将工作台横向调整准确，再进行铣削。另外，当精度要求不高时，也可用换面法加工，即一侧台阶加工完毕后，松开台虎钳，将工件转动 180°，并使工件底面紧贴平行垫铁，夹紧后再加工另一侧的台阶。这种方法加工台阶，对称度比较好。

五、看视频谈感想

六、任务实施

根据图 4-4-1 铣削台阶。

1. 组织学生分组

学生分组表见表 4-4-1。

表 4-4-1 学生分组表

班级		组号		指导教师	
组长		学号			
组员	姓名	学号		姓名	学号

任务编号	W16		任务名称	铣削台阶

2. 任务分工

零件加工任务单见表4−4−2。

表4−4−2　零件加工任务单

班级		完成时间			
序号	产品名称	材料	加工数量	技术标准	质量要求	图样要求
1						
2						
3						
4						
5						
6						

3. 熟悉任务

（1）任务图的识读。认真阅读任务图4−4−1，找出其中标注错误或者漏标的情况，若发现问题，应及时提出修改意见。

_____

_____

（2）毛坯选择分析。分析本任务所加工的零件，并选择合理的毛坯。

_____

_____

六、任务实施

（3）技术要求分析。分析任务图4−4−1，并在表4−4−3中写出所需要的材料，为任务实施做准备。

表4−4−3　零件技术要求分析表

序号	项目	内容	偏差范围
1			
2	铣削台阶		
3			
4			

4. 工作方案

（1）设备和材料的选择。根据图4−4−1的铣削台阶选择加工设备及材料。

_____

_____

（2）拟订工艺路线。分组讨论，拟订合理的任务加工工艺路线。

_____

_____

任务编号	**W16**	任务名称	铣削台阶

（3）小组讨论，确定最佳方案。师生共同讨论并确定最合理的工艺路线及最佳方案，完善零件加工的工艺路线。

_____

_____

（4）工作实施。在教师的指导下，熟悉设备的操作，简述设备安全操作的注意事项。

_____

_____

（5）熟悉车间管理制度，简述 6S 管理的定义和目的。

_____

_____

5. 检测评分

检测评分表见表 4-4-4。

表 4-4-4　检测评分表

工件编号：				完成人：					
项目与配分	序号	技术要求	配分	评分标准	自测记录	得分	互测记录	得分	
工件加工评分（80%）	1	（62±0.06）mm	12 分	每超差 0.02 mm 扣 2 分					
	2	（20±0.3）mm	10 分	每超差 0.02 mm 扣 2 分					
	3	（4.5±0.1）mm	10 分	每超差 0.02 mm 扣 2 分					
	4	（20±0.3）mm	20 分	每超差 0.02 mm 扣 2 分					
	5	⟂ | 0.08 | A	10 分	每超差 0.02 mm 扣 2 分					
	6	120°±5°	8 分	每超差 1°扣 2 分					
	7	表面粗糙度是否达标	10 分	酌情扣分					
工艺（10%）	8	工艺正确	10 分	每错一处扣 2 分					
设备操作（10%）	9	设备操作规范	10 分	每错一处扣 2 分					
安全文明生产（倒扣分）	10	安全操作	倒扣	安全事故停止操作扣 5～10 分					
	11	6S 管理	倒扣						
得分									

六、任务实施

任务编号	W16	任务名称	铣削台阶

<table>
<tr><td rowspan="20">六、任务实施</td><td colspan="7">

6. 铣削台阶不正确的原因分析

小组根据检测结果讨论、分析铣削台阶不正确的原因及预防方法，并填写表4-4-5。

表4-4-5 铣削台阶不正确的原因及预防方法

</td></tr>
</table>

序号	产生原因	预防方法
1		
2		
3		
4		

7. 教师评价

教师对学生的整个任务实施过程进行评价，并填写表4-4-6。

表4-4-6 教师评价表

班级		组名		姓名		
出勤情况						
评价内容	评价要点	考察要点		分数	分数评定	得分
任务描述、接受任务	口述内容细节	表述仪态自然、吐字清晰		2分	表述仪态不自然或吐字模糊扣1分	
		表达思路清晰、层次分明、准确			表达思路模糊或层次不清扣1分	
任务分析、分组情况	依据图样分析工艺、分组、分工	分析图样关键点准确		3分	表达思路模糊或层次不清扣1分	
		涉及的理论知识回顾完整，分组、分工明确			知识不完整扣1分，分组、分工不明确扣1分	
制订计划	制订加工工艺路线	准确制订工艺路线		15分	工艺路线步骤错误一步扣1分，扣完为止	
计划实施	加工前准备	设备准备		3分	每漏一项扣1.5分	
		材料准备			没有检查扣1.5分	
		以情境模拟的方式，体验到材料库领取材料的过程，并完成领料单		2分	领料单填写不完整扣1分	

续表

任务编号	W16		任务名称		铣削台阶	

续表

评价内容	评价要点	考察要点	分数	分数评定	得分
六、任务实施	计划实施	加工	正确选择材料	5分	选择错误一项扣 1 分，扣完为止	
			查阅资料，正确选择加工的技术参数	5分	选择错误一项扣 1 分，扣完为止	
			正确实施零件加工，无失误（依据工件评分表）	40分	依据工件评分标准超差扣分	
		现场恢复	在加工过程中保持6S管理、三环落地	3分	每漏一项扣1分，扣完为止	
			设备、材料、工具、工位恢复整理	2分	每违反一项扣1分，扣完为止	
	总结	任务总结	依据自评分数	5分	依据总结内容是否到位酌情给分	
			依据互评分数	5分	依据总结内容是否到位酌情给分	
			依据个人总结评分报告	10分	依据总结内容是否到位酌情给分	
		合计		100分		

七、反思

（1）在铣床上加工不同形状的表面时，铣刀的种类有哪几种？在铣削台阶加工实训时见到哪几种铣刀？

_____

_____

_____

_____

（2）为什么要开机对刀？为什么必须停机变速？

_____

_____

_____

_____

任务五 铣 削 槽

任务编号	W17	任务名称	铣削槽
一、任务描述	如图4-5-1所示，按要求铣削槽。 图4-5-1 铣削槽		
二、学习目标	（1）掌握铣削槽的基本操作技能。 （2）掌握铣削槽的方法。 （3）掌握铣削槽所用的设备、量具及基本操作技能，学会合理选择刀具。		
三、任务分析	按图4-5-1的技术要求铣削槽，根据技术要求合理选择铣床、材料、刀具、装夹方法、加工工艺等。		
四、相关知识点	**（一）沟槽的概述** 沟槽主要由平面组成，这些平面除了具有较好的平面度和较小的表面粗糙度值以外，还具有较高的尺寸精度和位置精度要求。在卧式铣床上通常用三面二刃铣刀或成形刀进行沟槽的铣削，在立式铣床上可用立铣刀等进行铣削。 **（二）沟槽的种类** 沟槽包括直角沟槽和特形沟槽等。直角沟槽有通槽、半通槽、封闭槽等，如图4-5-2所示。通槽用三面二刃铣刀或盘形槽铣刀加工，半通槽或封闭槽用立铣刀或键槽铣刀加工。常见的特形沟槽有V形槽、燕尾槽和T形槽等，它们应用广泛，如检测用的V形架、铣床升降台与铣床床身燕尾导轨连接的燕尾槽、机床工作台台面上的T形槽等。		

任务编号	**W17**	任务名称	铣削槽
四、相关 知识点	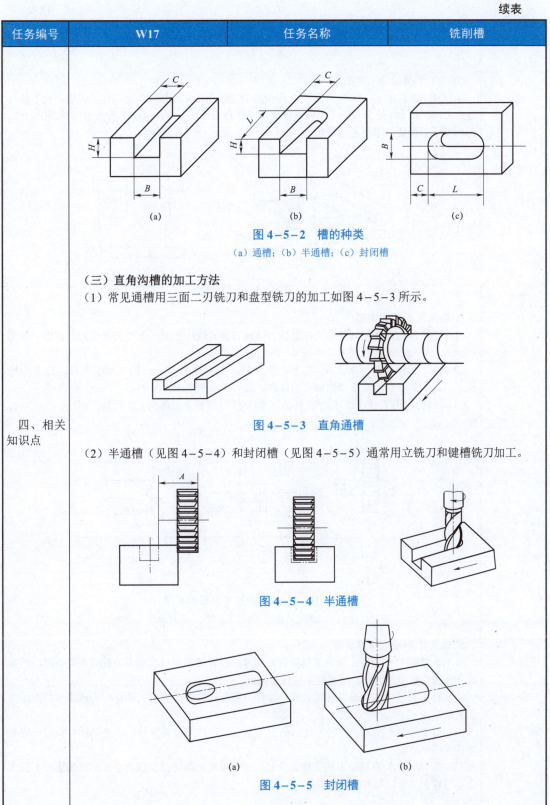		

图 4-5-2 槽的种类

（a）通槽；（b）半通槽；（c）封闭槽

（三）直角沟槽的加工方法

（1）常见通槽用三面二刃铣刀和盘型铣刀的加工如图 4-5-3 所示。

图 4-5-3 直角通槽

（2）半通槽（见图 4-5-4）和封闭槽（见图 4-5-5）通常用立铣刀和键槽铣刀加工。

图 4-5-4 半通槽

图 4-5-5 封闭槽

任务编号	**W17**	任务名称	铣削槽

（四）T 形槽的加工方法

如图 4-5-6 所示，在加工带有 T 形槽的工件时，首先按划线校正工件的位置，使工件与进给方向一致，并使工件的上平面与铣床的工作台台面平行，以保证 T 形槽的切削深度一致，然后夹紧工件后，即可进行铣削。

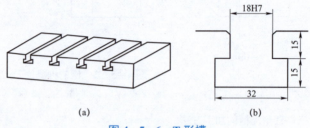

图 4-5-6　T 形槽

1. 铣削 T 形槽的步骤

（1）铣直角槽。在立式铣床上用立铣刀（或在卧式铣床上用三面二刃盘铣刀）铣出一条宽 18 mm、深 30 mm 的直角槽，如图 4-5-7（a）所示。

（2）铣 T 形槽。拆下立铣刀，装上直径 ϕ32 mm、厚度为 15 mm 的 T 形槽铣刀。把 T 形槽铣刀的端面调整到与直角槽的槽底相接触，然后开始铣削，如图 4-5-7（b）所示。

（3）如果 T 形槽在槽口处有倒角，可拆下 T 形槽铣刀，装上倒角铣刀铣倒角，如图 4-5-7（c）所示。

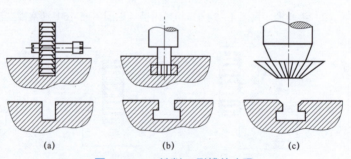

图 4-5-7　铣削 T 形槽的步骤

(a) 铣直角槽；(b) 铣 T 形槽；(c) 铣倒角

2. 铣削 T 形槽的注意事项

（1）在切削 T 形槽时，金属屑排除比较困难，经常把容屑槽填满而使铣刀不能切削，严重时会使铣刀折断，因此，必须经常清除金属屑。

（2）T 形槽铣刀的颈部直径比较小，要注意避免因铣刀受到过大的切削力或突然的冲击力而折断。

（3）由于排屑不畅，切削时产生的热量不易散失，铣刀容易发热，在铣钢质材料时，应充分浇注切削液。

（4）在切削时 T 形槽铣刀的工作条件差，进给量和切削速度要相对小，但铣削速度不能太低，否则会降低铣刀的切削性能。

任务编号	W17		任务名称		铣削槽

五、看资料，谈感想	

根据图 4-5-1 铣削槽。

1. 组织学生分组

学生分组表见表 4-5-1。

表 4-5-1　学生分组表

班级		组号		指导教师	
组长		学号			
组员	姓名	学号		姓名	学号

六、任务实施

2. 任务分工

零件加工任务单见表 4-5-2。

表 4-5-2　零件加工任务单

班级		完成时间			
序号	产品名称	材料	加工数量	技术标准	质量要求	图样要求
1						
2						
3						
4						
5						
6						

任务编号	W17	任务名称	铣削槽

六、任务实施

3. 熟悉任务

（1）任务图的识读。认真阅读任务图4-5-1，找出其中标注错误或者漏标的情况，若发现问题，应及时提出修改意见。

_____

_____

_____

（2）毛坯选择分析。分析本任务所加工的零件，并选择合理的毛坯。

_____

_____

_____

（3）技术要求分析。分析任务图4-5-1，并在表4-5-3中写出所需要的材料，为任务实施做准备。

表4-5-3　零件技术要求分析表

序号	项目	内容	偏差范围
1	铣削槽		
2			
3			
4			

4. 工作方案

（1）设备和材料的选择。根据图4-5-1的铣削槽选择加工设备及材料。

_____

_____

（2）拟订工艺路线。分组讨论，拟订合理的任务加工工艺路线。

_____

_____

（3）小组讨论，确定最佳方案。师生共同讨论并确定最合理的工艺路线及最佳方案，完善零件加工的工艺路线。

_____

_____

_____

任务编号	**W17**	任务名称	铣削槽

<table>
<tr><td rowspan="20">六、任务实施</td><td colspan="4">

（4）工作实施。在教师的指导下，熟悉设备的操作，简述设备安全操作的注意事项。

_____

_____

（5）熟悉车间管理制度，简述 6S 管理的定义和目的。

_____

_____

5. 检测评分

检测评分表见表 4-5-4。

</td></tr></table>

表 4-5-4　检测评分表

工件编号：					完成人：				
项目与配分	序号	技术要求	配分	评分标准	自测记录	得分	互测记录	得分	
工件加工评分（80%）	1	设备选择是否正确	5 分	操作错误全扣					
	2	工件夹持是否正确、合理	15 分	操作错误全扣					
	3	量具选用是否合理	5 分	操作错误全扣					
	4	尺寸公差是否超差（5 处尺寸）	30 分	操作错误全扣					
	5	槽是否正确	15 分	操作错误全扣					
	6	表面粗糙度是否达标	10 分	操作错误全扣					
工艺（10%）	7	工艺正确	10 分	每错一处扣 2 分					
设备操作（10%）	8	设备操作规范	10 分	每错一处扣 2 分					
安全文明生产（倒扣分）	9	安全操作	倒扣	安全事故停止操作扣 5～10 分					
	10	6S 管理	倒扣						
得分									

任务编号	W17	任务名称	铣削槽

6. 铣削槽不正确的原因分析

小组根据检测结果讨论、分析铣削槽不正确的原因及预防方法，填写表4-5-5。

表4-5-5 铣削槽不正确的原因及预防方法

序号	产生原因	预防方法
1		
2		
3		
4		

7. 教师评价

教师对学生的整个任务实施过程进行评价，并填写表4-5-6。

表4-5-6 教师评价表

六、任务实施

班级		组名		姓名		
出勤情况						
评价内容	评价要点	考察要点	分数	分数评定		得分
任务描述、接受任务	口述内容细节	表述仪态自然、吐字清晰	2分	表述仪态不自然或吐字模糊扣1分		
		表达思路清晰、层次分明、准确		表达思路模糊或层次不清扣1分		
任务分析、分组情况	依据图样分析工艺分组分工	分析图样关键点准确	3分	表达思路模糊或层次不清扣1分		
		涉及的理论知识回顾完整，分组、分工明确		知识不完整扣1分，分组、分工不明确扣1分		
制订计划	制订加工工艺路线	准确制订工艺路线	15分	工艺路线步骤错误一步扣1分，扣完为止		
计划实施	加工前准备	设备准备	3分	每漏一项扣1.5分		
		材料准备		没有检查扣1.5分		
		以情景模拟的方式，体验到材料库领取材料的过程，并完成领料单	2分	领料单填写不完整扣1分		

任务编号	W17		任务名称	铣削槽

续表

	评价内容	评价要点	考察要点	分数	分数评定	得分
六、任务实施	计划实施	加工	正确选择材料	5分	选择错误一项扣1分，扣完为止	
			查阅资料，正确选择加工的技术参数	5分	选择错误一项扣1分，扣完为止	
			正确实施零件加工，无失误（依据工件评分表）	40分	评分标准扣分	
		现场恢复	在加工过程中保持6S管理、三环落地	3分	每漏一项扣1分，扣完为止	
			设备、材料、工具、工位恢复整理	2分	每违反一项扣1分，扣完为止	
	总结	任务总结	依据自评分数	5分	依据总结内容是否到位酌情给分	
			依据互评分数	5分	依据总结内容是否到位酌情给分	
			依据个人总结评分报告	10分	依据总结内容是否到位酌情给分	
	合计			100分		

七、反思	（1）简述铣削槽容易产生的问题和注意事项。 _____ _____ _____ _____ （2）加工槽的方法有哪些，它们之间有什么不同？ _____ _____ _____ _____

任务六 综合练习

任务编号	W18	任务名称	综合练习

一、任务描述

如图 4-6-1 所示，按要求铣削十字凸台。

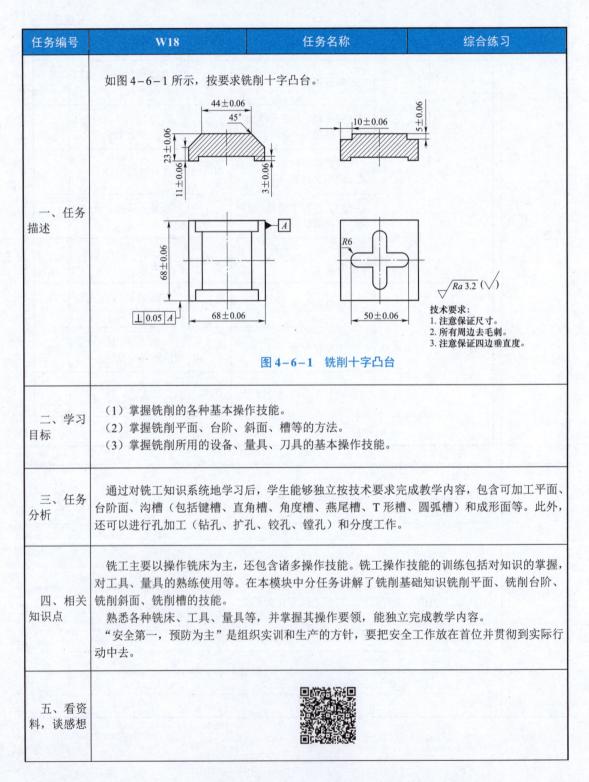

图 4-6-1 铣削十字凸台

二、学习目标

（1）掌握铣削的各种基本操作技能。

（2）掌握铣削平面、台阶、斜面、槽等的方法。

（3）掌握铣削所用的设备、量具、刀具的基本操作技能。

三、任务分析

通过对铣工知识系统地学习后，学生能够独立按技术要求完成教学内容，包含可加工平面、台阶面、沟槽（包括键槽、直角槽、角度槽、燕尾槽、T 形槽、圆弧槽）和成形面等。此外，还可以进行孔加工（钻孔、扩孔、铰孔、镗孔）和分度工作。

四、相关知识点

铣工主要以操作铣床为主，还包含诸多操作技能。铣工操作技能的训练包括对知识的掌握，对工具、量具的熟练使用等。在本模块中分任务讲解了铣削基础知识铣削平面、铣削台阶、铣削斜面、铣削槽的技能。

熟悉各种铣床、工具、量具等，并掌握其操作要领，能独立完成教学内容。

"安全第一，预防为主"是组织实训和生产的方针，要把安全工作放在首位并贯彻到实际行动中去。

五、看资料，谈感想

任务编号	W18	任务名称	综合练习

根据图4-6-1铣削十字凸台。

1. 组织学生分组

学生分组表见表4-6-1。

表4-6-1 学生分组表

班级		组号		指导教师	
组长		学号			
组员	姓名	学号		姓名	学号

六、任务实施

2. 任务分工

零件加工任务单见表4-6-2。

表4-6-2 零件加工任务单

班级		完成时间			
序号	产品名称	材料	加工数量	技术标准	质量要求	图样要求
1						
2						
3						
4						
5						
6						

任务编号	W18	任务名称	综合练习

3. 熟悉任务

（1）任务图的识读。认真阅读任务图4-6-1，找出其中标注错误或者漏标的情况，若发现问题，应及时提出修改意见。

_____

_____

_____

（2）毛坯选择分析。分析本任务所加工的零件，并选择合理的毛坯。

_____

_____

_____

（3）技术要求分析。分析任务图4-6-1，并在表4-6-3中写出所需要的材料，为任务实施做准备。

表4-6-3 零件技术要求分析表

序号	项目	内容	偏差范围
1	铣削十字凸台		
2			
3			
4			

4. 工作方案

（1）设备和材料的选择。根据图4-6-1的铣削十字凸台选择加工设备及材料。

_____

_____

（2）拟订工艺路线。分组讨论，拟订合理的任务加工工艺路线。

_____

_____

（3）小组讨论，确定最佳方案。师生共同讨论并确定最合理的工艺路线及最佳方案，完善零件加工的工艺路线。

_____

_____

_____

六、任务实施

任务编号	**W18**		任务名称		综合练习

（4）工作实施。在教师的指导下，熟悉设备的操作，简述设备安全操作的注意事项。

_____

_____

（5）熟悉车间管理制度，简述 6S 管理的定义和目的。

_____

_____

5. 检测评分

检测评分表见表 4−6−4。

表 4−6−4　检测评分表

工件编号：				完成人：					
项目与配分	序号	技术要求	配分	评分标准	自测记录	得分	互测记录	得分	
工件加工评分（80%）	1	设备选择是否正确	5 分	操作错误全扣					
	2	工件夹持是否正确、合理	15 分	操作错误全扣					
	3	量具选用是否合理	5 分	操作错误全扣					
	4	尺寸公差是否超差（7 处尺寸）	35 分	操作错误全扣					
	5	铣削十字凸台是否正确	10 分	操作错误全扣					
	6	表面粗糙度是否达标	10 分	操作错误全扣					
工艺（10%）	7	工艺正确	10 分	每错一处扣 2 分					
设备操作（10%）	8	设备操作规范	10 分	每错一处扣 2 分					
安全文明生产（倒扣分）	9	安全操作	倒扣	安全事故停止操作扣 5～10 分					
	10	6S 管理	倒扣						
得分									

六、任务实施

161

任务编号	**W18**	任务名称	综合练习

6. 铣削十字凸台不正确的原因分析

小组根据检测结果讨论、分析铣削十字凸台不正确的原因及预防方法，填写表4-6-5。

表4-6-5 铣削十字凸台不正确的原因及预防方法

序号	产生原因	预防方法
1		
2		
3		
4		

7. 教师评价

教师对学生的整个任务实施过程进行评价，并填写表4-6-6。

表4-6-6 教师评价表

六、任务实施	班级		组名		姓名		
	出勤情况						
	评价内容	评价要点	考察要点	分数	分数评定		得分
	任务描述、接受任务	口述内容细节	表述仪态自然、吐字清晰	2分	表述仪态不自然或吐字模糊扣1分		
			表达思路清晰、层次分明、准确		表达思路模糊或层次不清扣1分		
	任务分析、分组情况	依据图样分析工艺、分组、分工	分析图样关键点准确	3分	表达思路模糊或层次不清扣1分		
			涉及的理论知识回顾完整，分组、分工明确		知识不完整扣1分，分组、分工不明确扣1分		
	制订计划	制订加工工艺路线	准确制订工艺路线	15分	工艺路线步骤错误一步扣1分，扣完为止		
	计划实施	加工前准备	设备准备	3分	每漏一项扣1.5分		
			材料准备		没有检查扣1.5分		
			以情景模拟的方式，体验到材料库领取材料的过程，并完成领料单	2分	领料单填写不完整扣1分		
		加工	正确选择材料	5分	选择错误一项扣1分，扣完为止		

任务编号	**W18**	任务名称	综合练习

续表

评价内容	评价要点	考察要点	分数	分数评定	得分
六、任务实施	计划实施	加工	查阅资料，正确选择加工的技术参数	5分	选择错误一项扣1分，扣完为止	
			正确实施零件加工，无失误（依据工件评分表）	40分	评分标准扣分	
		现场恢复	在加工过程中保持6S管理、三环落地	3分	每漏一项扣1分，扣完为止	
			设备、材料、工具、工位恢复整理	2分	每违反一项扣1分，扣完为止	
	总结	任务总结	依据自评分数	5分	依据总结内容是否到位酌情给分	
			依据互评分数	5分	依据总结内容是否到位酌情给分	
			依据个人总结评分报告	10分	依据总结内容是否到位酌情给分	
		合计		100分		

七、反思

（1）铣床常用的附件有哪些，本书涉及哪些？试述其应用。

_____

_____

_____

_____

（2）试分析铣削中造成"振动"的原因。

_____

_____

_____

_____

_____

续表

任务编号	**W18**	任务名称	综合练习

（3）图 4-6-2（a）与图 4-6-2（b）哪个是顺铣，哪个是逆铣？请说明理由。

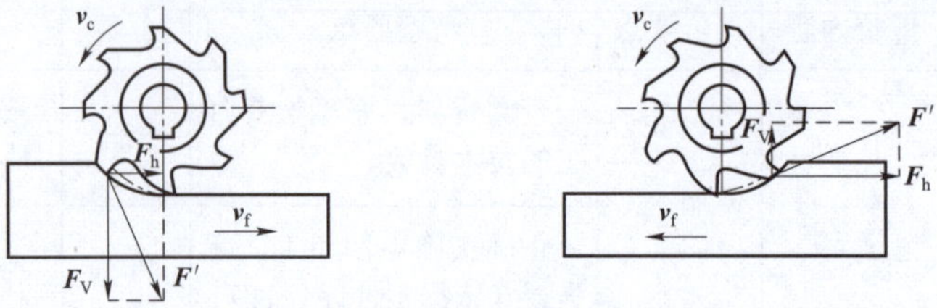

（a）　　　　　　　　　　　（b）

图 4-6-2　顺铣和逆铣

_____

_____

_____

（4）如图 4-6-3 所示，请指出有哪些地方是不合理的，并说明理由。

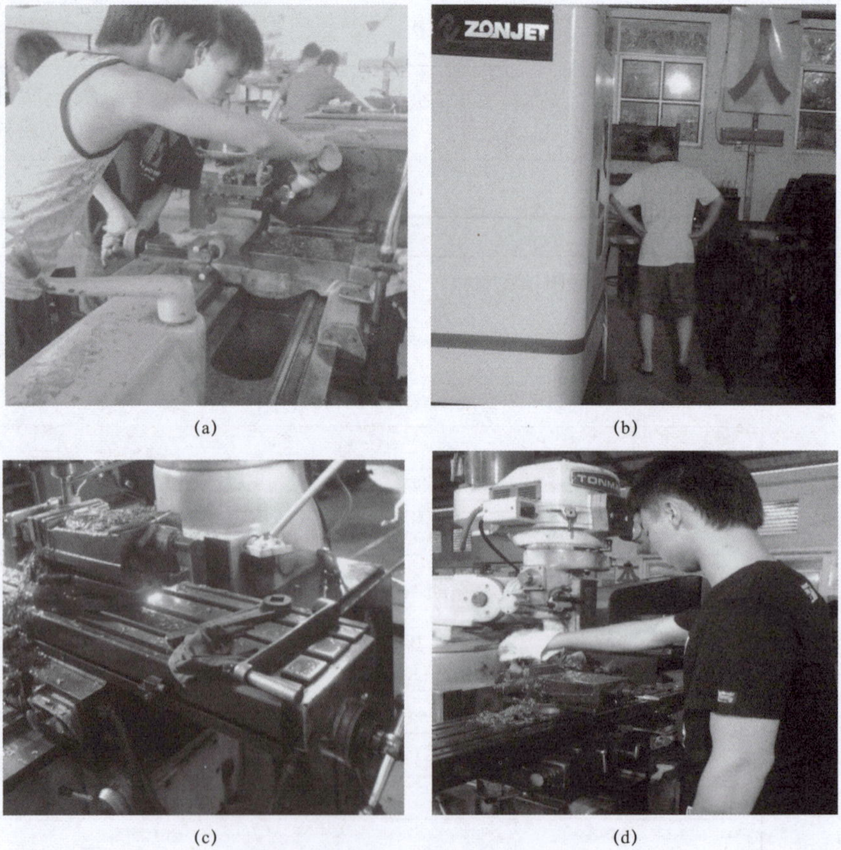

七、反思

（a）　　　　　　　　　　　（b）

（c）　　　　　　　　　　　（d）

图 4-6-3　题（4）图

任务编号	W18	任务名称	综合练习
七、反思	（5）铣削实训小结（300 字以上）。 _____ _____ _____ _____ _____ _____ _____ _____ _____ _____ _____ _____		

模块五

车　工

任务一　车床及车削加工基础知识

任务编号	W19	任务名称	车床及车削加工基础知识
一、任务描述	车工需要掌握的技能包括车床的基本操作和车削加工两个部分，车床的基本操作是车工的基本技能，学生将从认识车床开始，最终达到能操作车床的目的。通过车削加工的操作训练，利用车床加工零件，提高动手能力，培养学习兴趣。		
二、学习目标	（1）了解车削加工的工艺特点。 （2）了解车削加工的工艺范围。 （3）掌握车床的种类、组成及其作用。 （4）掌握车床加工的刀具种类。 （5）掌握车削加工的安全技术及操作规程。		
三、任务分析	通过对车工知识系统的学习，学生能够独立按技术要求完成教学内容，包含加工内外圆柱面、内外圆锥面、内外螺纹、成形面、端面、切断、沟槽及滚花等。		
四、相关知识点	（一）车削加工 车床是用于车削加工的一种机床，车床加工的范围如图 5－1－1 所示。车工是对车床操作，根据图样要求对工件进行车削加工工种的统称。车工是机械加工中最常见工种，各类车床约占金属切削机床总数的一半。 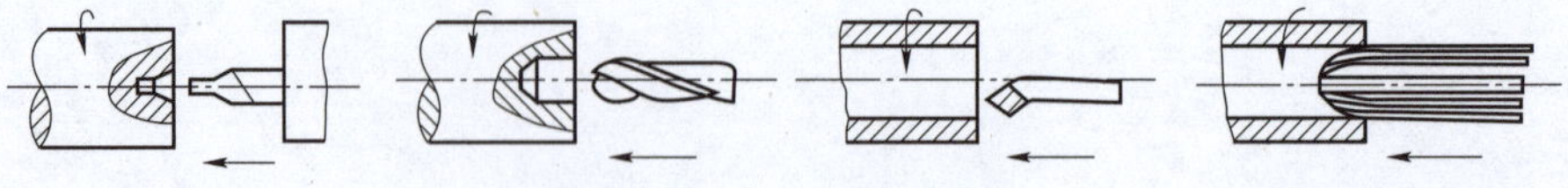 图 5－1－1　车床加工的范围 （a）钻中心孔；（b）钻孔；（c）镗孔；（d）铰孔		

任务编号	**W19**	任务名称	车床及车削加工基础知识

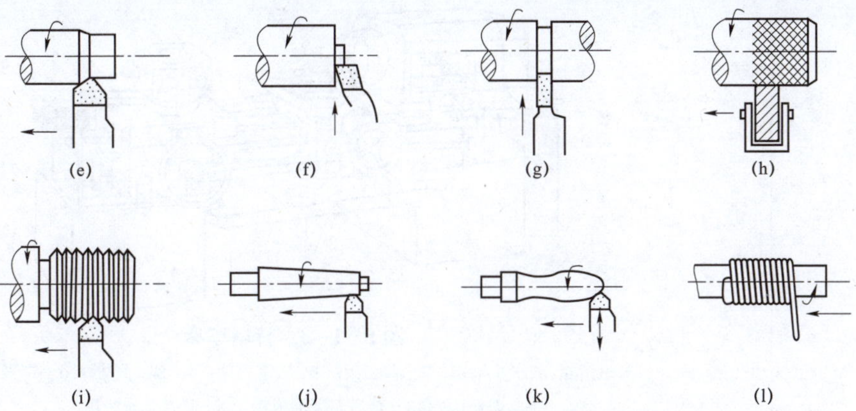

四、相关知识点

图 5-1-1　车床加工的范围（续）

（e）车外圆；（f）车端面；（g）切断；（h）滚花；（i）车螺纹；

（j）车锥体；（k）车成形面；（l）绕弹簧

　　车削加工是指在车床上利用工件的旋转运动和刀具的移动来改变毛坯的形状和尺寸，将毛坯加工成符合图样要求的零件的各种切削加工方法。其中工件的旋转为主运动，刀具的移动为进给运动。车削加工主要用于加工各种回转体表面，加工尺寸精度公差等级可达 IT7～IT13，表面粗糙度值可达 1.6～12.5 μm。

　　（二）车床

　　车床的种类很多，主要有 CA6140 型卧式车床（见图 5-1-2）、转塔车床（见图 5-1-3）、立式车床（见图 5-1-4 和图 5-1-5）、自动及半自动车床、仪表车床和数控车床等。

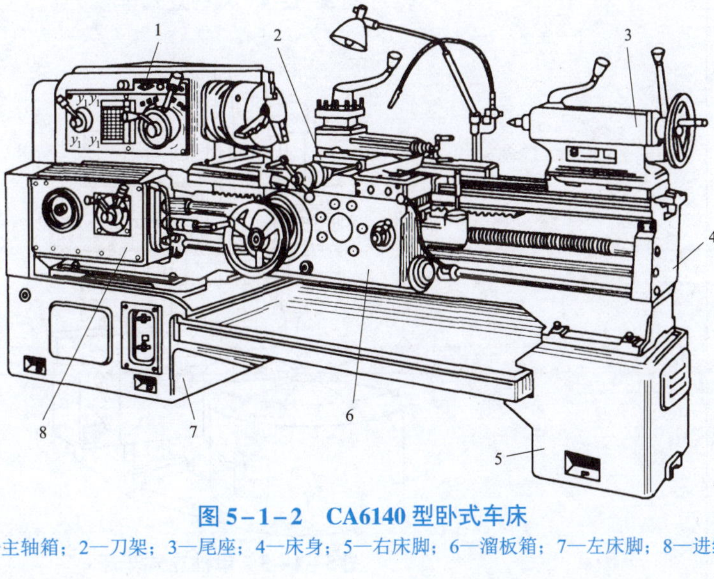

图 5-1-2　CA6140 型卧式车床

1—主轴箱；2—刀架；3—尾座；4—床身；5—右床脚；6—溜板箱；7—左床脚；8—进给箱

任务编号	**W19**	任务名称	车床及车削加工基础知识
四、相关 知识点	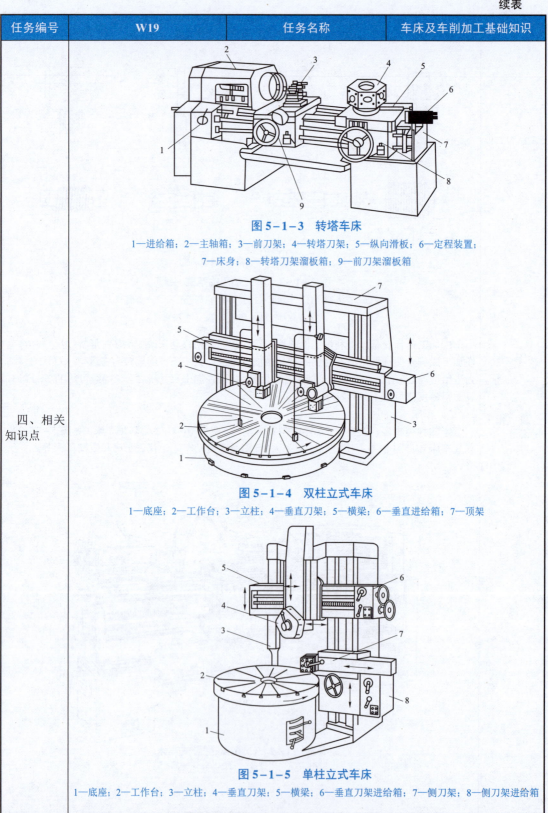		

图 5-1-3　转塔车床

1—进给箱；2—主轴箱；3—前刀架；4—转塔刀架；5—纵向滑板；6—定程装置；
7—床身；8—转塔刀架溜板箱；9—前刀架溜板箱

图 5-1-4　双柱立式车床

1—底座；2—工作台；3—立柱；4—垂直刀架；5—横梁；6—垂直进给箱；7—顶架

图 5-1-5　单柱立式车床

1—底座；2—工作台；3—立柱；4—垂直刀架；5—横梁；6—垂直刀架进给箱；7—侧刀架；8—侧刀架进给箱

任务编号	**W19**	任务名称	车床及车削加工基础知识

四、相关
知识点

下面将主要介绍普通卧式车床。

1. 机床型号的编制方法

机床型号是用来表示机床的类别、特性、组别和主要参数的代号。按照《金属切削机床 型号编制方法》（GB/T 15375—2008）的规定，机床型号由汉语拼音字母及阿拉伯数字组成。

现以 CM6132A 为例，解释说明如下。

其中，C——机床类别代号（车床类）；

M——机床通用特性代号（精密机床）；

6——机床组别代号（落地及卧式车床组）；

1——机床系别代号（卧式车床系）；

32——主参数代号（床身上最大回转直径的 1/10，即最大回转直径为 320 mm）；

A——重大改进次序代号（第一次重大改进）。

2. 普通车床的组成及其功能

（1）卧式车床是车床中应用最广泛的一种类型，C6132 型卧式车床由床身、主轴箱、进给箱、光杠、丝杠、溜板箱、刀架、床腿和尾座等部分组成，如图 5-1-6 所示。

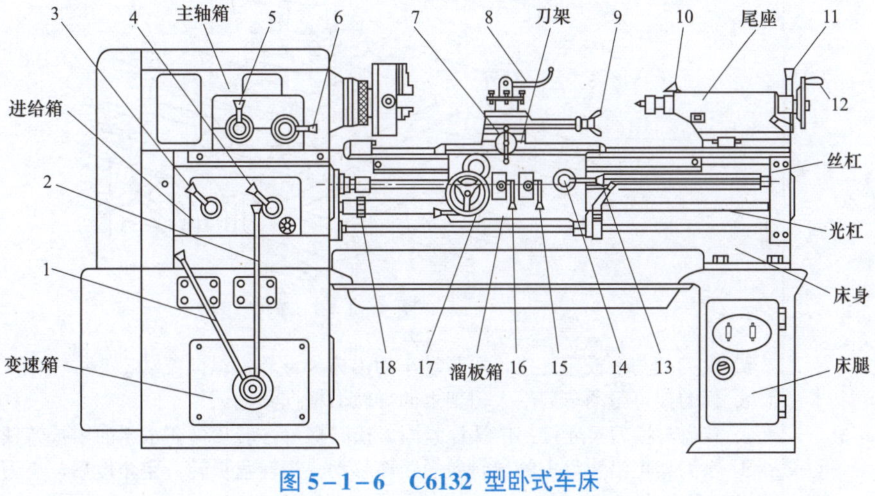

图 5-1-6 C6132 型卧式车床

① 变速手柄。主运动变速手柄为 1，2，6，进给运动变速手柄为 3，4，操作时按标牌扳至所需位置即可。

② 锁紧手柄。方刀架锁紧手柄为 8，尾座锁紧手柄为 11，尾座套筒锁紧手柄为 10。

③ 移动手柄。刀架纵向手动轮为 17，刀架横向手动手柄为 7，小刀架移动手柄为 9，尾座套筒移动手柄为 12。

④ 启停手柄。主轴正反转及停止手柄为 13，向上扳则主轴正转，向下扳则主轴反转，放于中间位置则停转。刀架纵向自动手柄为 16，刀架本身自动手柄为 15，向上扳为启动，向下扳即停止。"对开螺母"开合手柄为 14，向上扳即打开，向下扳即闭合。

⑤ 换向手柄。刀架左右移动的换向手柄为 5，操作时根据标牌指示方向，扳至所需位置即可。

⑥ 离合器。光杠、丝杠更换使用的离合器为 18。

任务编号	**W19**	任务名称	车床及车削加工基础知识

四、相关知识点

（2）主要组成部分的功能。

① 主轴箱。主轴箱安装在床身的左上端，又称床头箱，主轴箱内装有一根空心主轴及部分变速机构，变速箱传来的 6 种转速通过变速机构变为主轴的 12 种不同的转速。主轴通过另一些齿轮，又将运动传入进给箱。

② 进给箱。进给箱内装有进给运动的变速齿轮。主轴的运动通过齿轮传入进给箱，经过变速机构带动光杠或丝杠以不同的转速转动，最终通过溜板箱带动刀具实现直线的进给运动。

③ 光杠和丝杠。光杠和丝杠将进给箱的运动传给溜板箱。车外圆、车端面等自动进给时，用光杠传动。车螺纹时，用丝杠传动。

④ 溜板箱。溜板箱与大刀架连在一起，它将光杠传来的旋转运动变为车刀的纵向或横向的直线移动，可将丝杠传来的旋转运动通过"开合螺母"直接变为车刀的纵向移动，用以车削螺纹。

⑤ 刀架。刀架是用来装夹刀具的，它可带动刀具做纵向、横向或斜向进给运动。刀架由大刀架、横刀架、转盘、小刀架和方刀架组成，如图 5-1-7 所示。

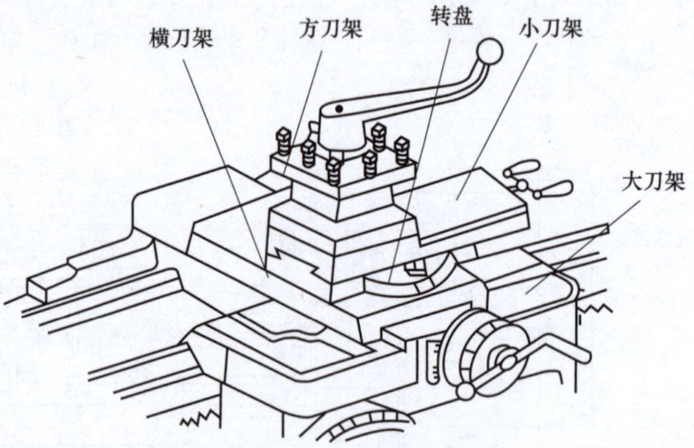

图 5-1-7　刀架组成

a. 大刀架与溜板箱连接，可带动车刀沿床身导轨做纵向移动。

b. 横刀架可带动车刀沿大刀架上的导轨做横向移动。

c. 转盘与横刀架连接，用螺栓紧固。松开螺母，转盘可在水平面内扳转任意角度。

d. 小刀架可沿转盘上的导轨做短距离移动。当转盘扳转一定角度后，小刀架即可带动车刀做相应的斜向运动。

e. 方刀架用来安装车刀，最多可同时装 4 把。松开锁紧手柄即可转位，选用所需的车刀。

⑥ 尾座。尾座安装在床身的内侧导轨上，可沿导轨移至所需的位置。用于安装顶尖支承轴类工件或安装钻头、铰刀、钻夹头。

⑦ 床身。床身是车床的基础部件，用以连接各主要部件并保证各个部件之间有正确的相对位置。床身上的导轨，用以引导刀架和尾架相对于床头箱进行正确的移动。

⑧ 床脚。床脚支承床身，并与地基连接。

（3）普通车床的传动系统。C6132 型卧式车床的传动系统如图 5-1-8 所示，其传动路线示意图如图 5-1-9 所示。

（三）车刀

1. 常用车刀

常用的车刀有外圆车刀、端面车刀、切断刀、螺纹车刀、成形车刀、内孔车刀等，其形状如图 5-1-10 所示。

续表

任务编号	**W19**		任务名称	车床及车削加工基础知识

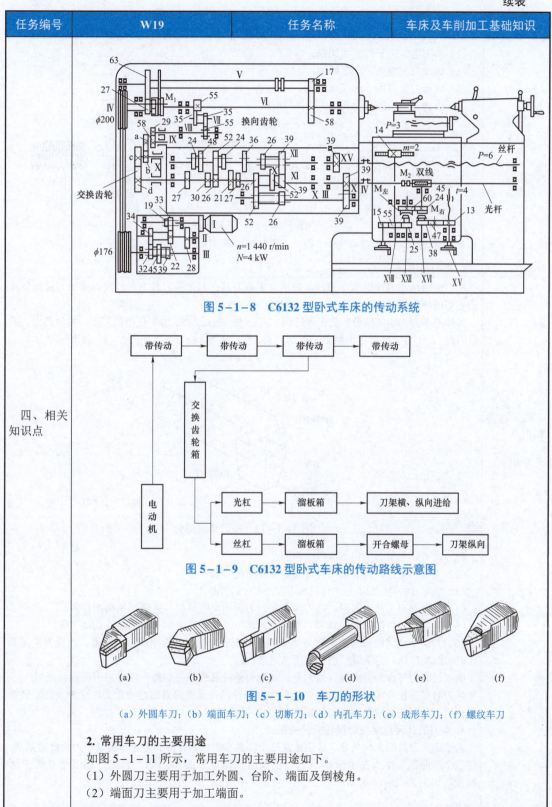

图 5-1-8　**C6132 型卧式车床的传动系统**

图 5-1-9　**C6132 型卧式车床的传动路线示意图**

四、相关
知识点

图 5-1-10　**车刀的形状**

(a) 外圆车刀；(b) 端面车刀；(c) 切断刀；(d) 内孔车刀；(e) 成形车刀；(f) 螺纹车刀

2. 常用车刀的主要用途

如图 5-1-11 所示，常用车刀的主要用途如下。

(1) 外圆刀主要用于加工外圆、台阶、端面及倒棱角。

(2) 端面刀主要用于加工端面。

任务编号	**W19**	任务名称	车床及车削加工基础知识

（3）切刀主要用于切断或切槽。

（4）螺纹刀主要用于加工螺纹。

（5）成形刀主要用于加工成形面。

（6）内孔刀用于加工内孔。

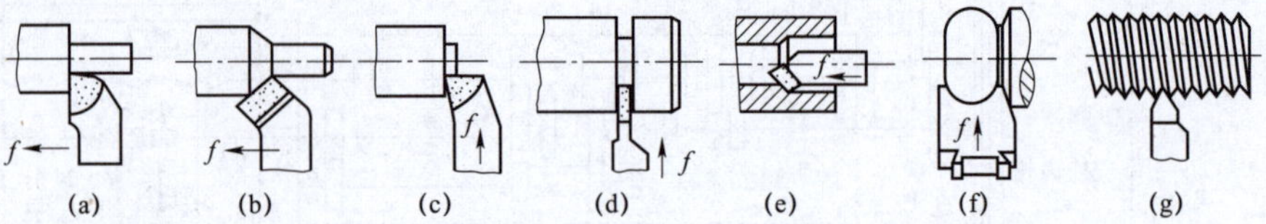

图 5−1−11　车刀的用途

（a）车外圆；（b）车倒棱角；（c）车端面；（d）切断；（e）车内孔；（f）车成形面；（g）车螺纹

3. 车刀的组成

车刀由刀柄和刀体组成。刀柄主要用来夹持刀具；刀体是刀具上夹持或焊接的刀片部分或由它形成切削刃部分。

刀体是车刀的切削部分，它由"三面二刃一尖"组成，"三面"是指前刀面、主后刀面、副后刀面，"二刃"是指主切削刃、副切削刃，"一尖"是指刀尖，如图 5−1−12 所示。

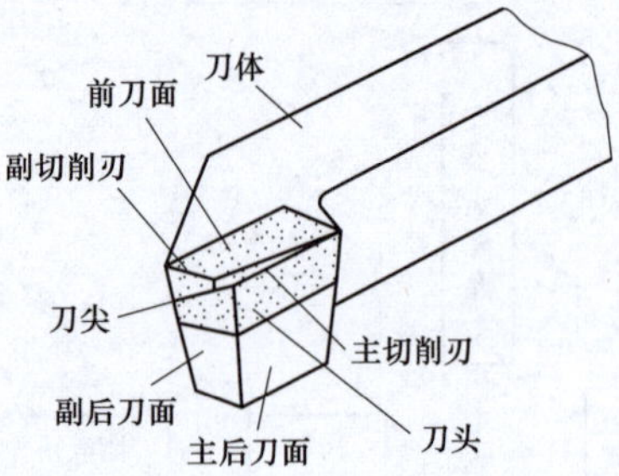

图 5−1−12　车刀组成部分

（1）前刀面为车刀上切屑流经的表面。

（2）主后刀面为车刀上与工件过渡表面相对的表面。

（3）副后刀面为车刀上与工件已加工表面相对的表面。

（4）主切削刃又称主刀刃，前刀面与主后刀面相交的部位，主要担负切削任务。

（5）副切削刃是前刀面与副后刀面相交的部位，接近刀尖部分，也参与切削工作。

（6）刀尖是主切削刃与副切削刃连接的那一部分切削刃。为增加刀尖强度，改善刀尖在工作时的散热环境，刀尖处一般磨有圆弧过渡刃。

圆弧过渡刃又称刀尖圆弧。通常把副切削刃前段靠近刀尖的那一段直刃称为修光刃。

装刀时必须使修光刃与刀的纵向走刀方向平行，且修光刃要比进给量大，这样才能起到修光作用。车刀的组成及过渡刃如图 5−1−13 所示。

4. 车刀的几何角度与切削性能的关系

为了确定刀具的几何角度，必须选定三个辅助平面作为标注、刃磨和测量车刀角度的基准，这三个平面称为静止参考坐标系。它由基面、切削平面和正交平面三个相互垂直的平面构成，如图 5−1−14 所示。

四、相关知识点

任务编号	**W19**	任务名称	车床及车削加工基础知识

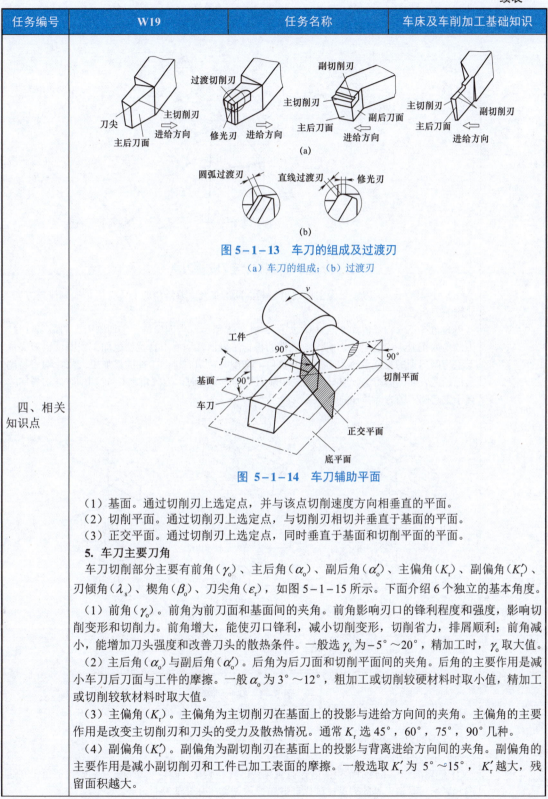

图 5−1−13　车刀的组成及过渡刃

（a）车刀的组成；（b）过渡刃

图 5−1−14　车刀辅助平面

四、相关
知识点

（1）基面。通过切削刃上选定点，并与该点切削速度方向相垂直的平面。

（2）切削平面。通过切削刃上选定点，与切削刃相切并垂直于基面的平面。

（3）正交平面。通过切削刃上选定点，同时垂直于基面和切削平面的平面。

5. 车刀主要刀角

车刀切削部分主要有前角（γ_o）、主后角（α_o）、副后角（α_o'）、主偏角（K_r）、副偏角（K_r'）、刃倾角（λ_s）、楔角（β_o）、刀尖角（ε_r），如图 5−1−15 所示。下面介绍 6 个独立的基本角度。

（1）前角（γ_o）。前角为前刀面和基面间的夹角。前角影响刃口的锋利程度和强度，影响切削变形和切削力。前角增大，能使刃口锋利，减小切削变形，切削省力，排屑顺利；前角减小，能增加刀头强度和改善刀头的散热条件。一般选 γ_o 为 $-5°\sim20°$，精加工时，γ_o 取大值。

（2）主后角（α_o）与副后角（α_o'）。后角为后刀面和切削平面间的夹角。后角的主要作用是减小车刀后刀面与工件的摩擦。一般 α_o 为 $3°\sim12°$，粗加工或切削较硬材料时取小值，精加工或切削较软材料时取大值。

（3）主偏角（K_r）。主偏角为主切削刃在基面上的投影与进给方向间的夹角。主偏角的主要作用是改变主切削刃和刀头的受力及散热情况。通常 K_r 选 $45°$，$60°$，$75°$，$90°$ 几种。

（4）副偏角（K_r'）。副偏角为副切削刃在基面上的投影与背离进给方向间的夹角。副偏角的主要作用是减小副切削刃和工件已加工表面的摩擦。一般选取 K_r' 为 $5°\sim15°$，K_r' 越大，残留面积越大。

任务编号	W19	任务名称	车床及车削加工基础知识

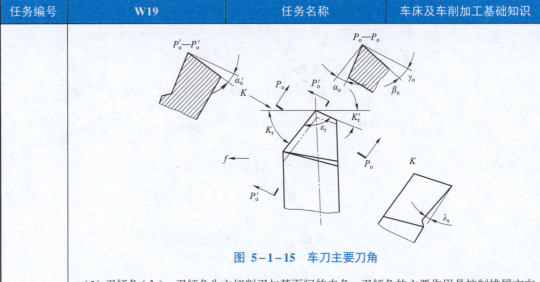

图 5-1-15　车刀主要刀角

（5）刃倾角（λ_s）。刃倾角为主切削刃与基面间的夹角。刃倾角的主要作用是控制排屑方向，并影响刀头强度。

刃倾角有正值、负值和 0° 三种，如图 5-1-16 所示。当刀尖位于主切削刃上的最高点时，刃倾角为正值，切削时，切屑排向工件的待加工表面，切屑不易拉伤已加工表面。当刀尖位于主切削刃上的最低点时，刃倾角为负值，切削时，切屑排向工件的已加工表面，切屑易拉伤已加工表面，但刀尖强度好。当主切削刃与基面平行时，刃倾角为 0°，切削时，切屑向垂直于主切削刃的方向排出。

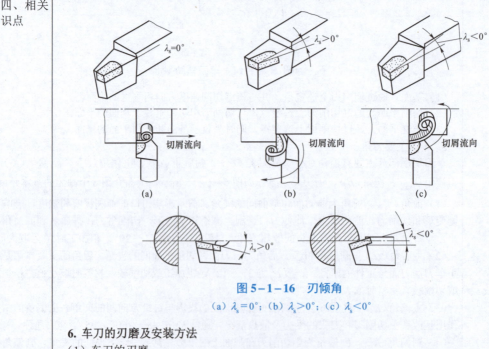

图 5-1-16　刃倾角

（a）$\lambda_s=0°$；（b）$\lambda_s>0°$；（c）$\lambda_s<0°$

6. 车刀的刃磨及安装方法

（1）车刀的刃磨。

① 砂轮的选用。目前常用的砂轮有氧化铝砂轮和碳化硅砂轮两类。氧化铝砂轮适用于高速钢和碳素工具钢刀具的刃磨；碳化硅砂轮适用于硬质合金车刀的刃磨。

任务编号	W19	任务名称	车床及车削加工基础知识

② 如图 5-1-17 所示，以硬质合金车刀为例说明刃磨方法。

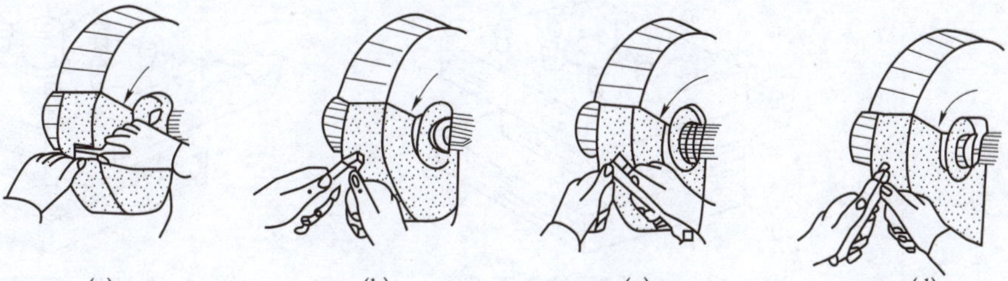

(a)   (b)   (c)   (d)

图 5-1-17　车刀的刃磨

(a) 磨前刀面；(b) 磨主后刀面；(c) 磨副后刀面；(d) 磨刀尖圆弧

a. 磨出刀杆部分的主后角和副后角，其数值比刀片部分的后角大 $2°\sim3°$。

b. 粗磨主后刀面，磨出主后角和主偏角。

c. 粗磨副后刀面，磨出副后角和副偏角。

d. 粗磨前刀面，磨出前角。在砂轮上将各面磨好后，再用油石精磨各面。

e. 精磨前刀面，磨好前角和断屑槽。

f. 精磨主后刀面，磨好主后角和主偏角。

g. 精磨副后刀面，磨好副后角和副偏角。

h. 加工刀尖圆弧，在主刀面和副刀面之间磨刀尖圆弧。

磨刀时，人要站在砂轮侧面，双手拿稳车刀，用力要均匀，倾斜角度应合适，要在砂轮圆周面的中间部位磨，并左右移动。磨高速钢车刀，当刀头磨热时应放入水中冷却，以免刀具因温升过高而软化。磨硬质合金车刀，当刀头磨热后应将刀杆置于水内冷却，避免刀头过热沾水急冷而产生裂纹。

③ 注意事项。

a. 车刀刃磨时，不能用力过大，以防打滑伤手。

b. 必须控制车刀高低在砂轮水平中心，刀头略向上翘，否则会出现后角过大或负后角等弊端。

c. 车刀刃磨时应作水平的左右移动，以免砂轮表面出现凹坑。

d. 在平形砂轮上磨刀时，尽可能避免磨砂轮侧面。

e. 须经常修整砂轮磨削表面，使砂轮没有明显的跳动。

（2）车刀的安装。车刀安装得是否正确直接影响切削是否顺利进行和工件的加工质量的好坏。即使刀具角度刃磨得非常合理，如果安装不正确，也会改变车刀的实际工作角度。车刀安装时，刀尖应与主轴轴线等高。同时，刀头伸出长度不应超出刀体厚度的 2 倍。

车刀装夹的具体要求如下。

① 将刀架安装面、车刀及垫片用棉纱擦净，把车刀安装在刀架上，车刀垫片应平整，无毛刺，厚度均匀，车刀下面的垫片应尽量少，垫片应与刀架的边缘对齐，且至少要用两个螺钉压紧，在不影响观察的前提下，车刀伸出部分的长度应尽量短，以增强其刚度。伸出长度以刀杆厚度的 $1\sim1.5$ 倍为宜，如图 5-1-18 所示。车刀伸出过长，刀杆的刚度相对较弱，车削时容易产生振动，影响工件加工表面的表面质量，严重时会使车刀损坏，如图 5-1-19 所示。

四、相关知识点

任务编号	**W19**	任务名称	车床及车削加工基础知识
四、相关知识点			

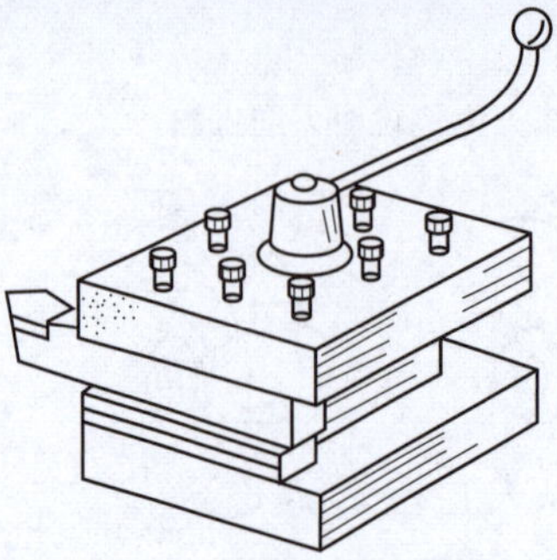

图 5-1-18　正确的车刀装夹　　　　　图 5-1-19　车刀伸出过长

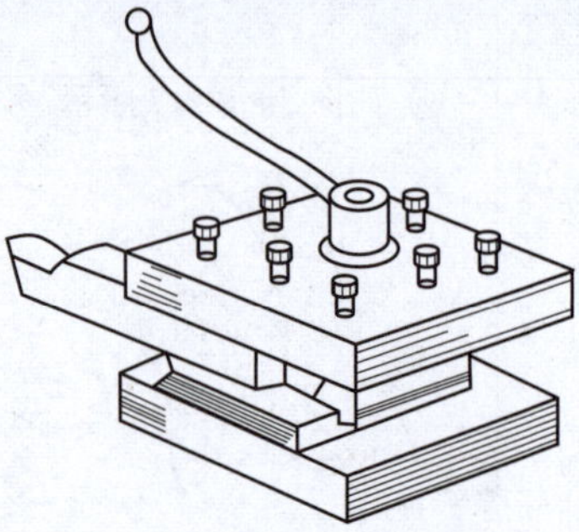

② 车刀刀杆中心线应与进给方向垂直，保证车刀有合理的主、副偏角，如图 5-1-20 所示。

车刀的刀尖应装得与工件回转中心等高，如图 5-1-21 所示。若车刀的刀尖高于工件回转中心，会使车刀的实际后角减小，车刀后刀面与工件间摩擦增大，如图 5-1-22 所示。若车刀的刀尖低于工件回转中心，会使车刀的实际前角减小，切削面阻力增大，车削不顺利，如图 5-1-23 所示。在车削端面至中心时，会在工件上形成凸头，如图 5-1-24 所示，或者造成刀尖崩碎，如图 5-1-25 所示。

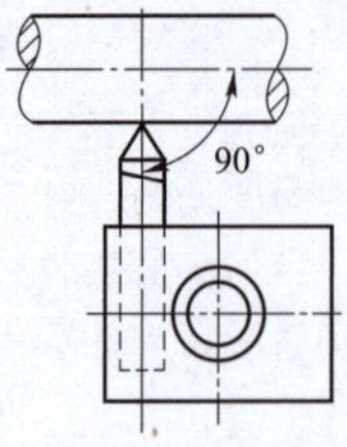

图 5-1-20　刀杆中心线与进给方向垂直　　　　图 5-1-21　刀尖对准工件回转中心

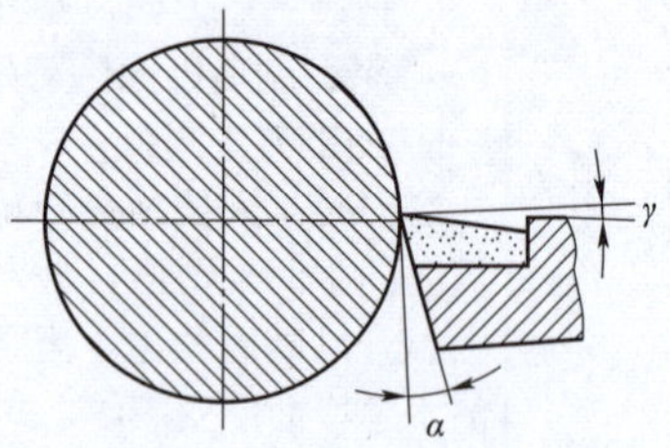

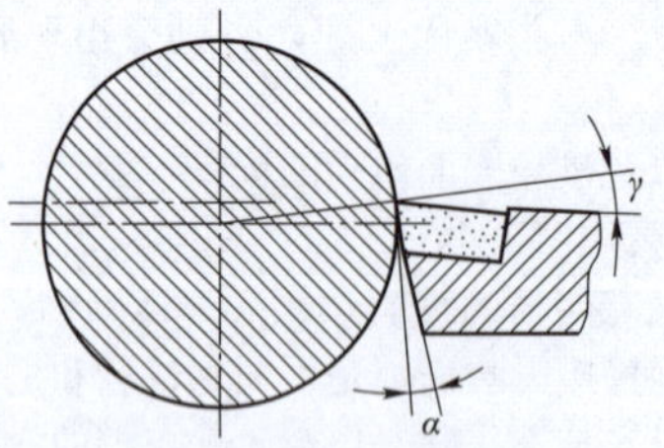

图 5-1-22　刀尖过高　　　　　图 5-1-23　刀尖过低

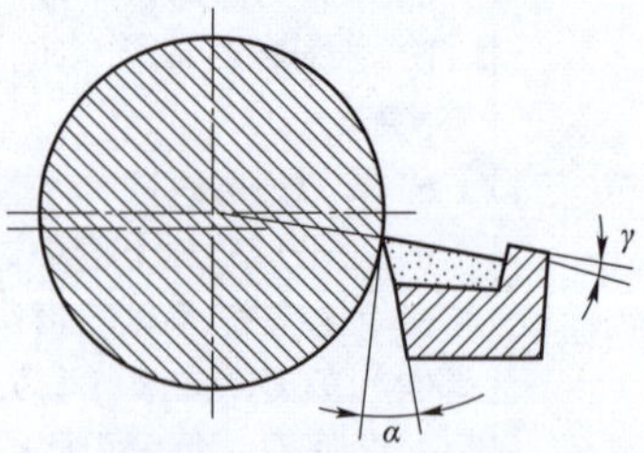

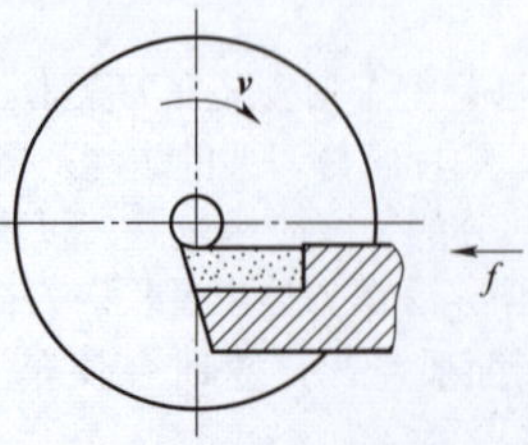

图 5-1-24　工件上形成凸头　　　　　图 5-1-25　刀尖崩碎

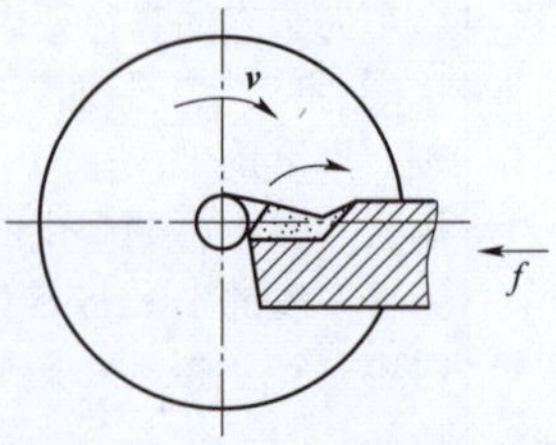

任务编号	**W19**		任务名称	车床及车削加工基础知识

| 四、相关知识点 | ③ 车刀刀尖对准工件回转中心的方法主要有以下几种。
a. 根据车床中心高，用钢直尺测量装刀，如图 5-1-26 所示。这种方法比较简便。
b. 利用车床尾座后顶尖对刀装夹车刀，如图 5-1-27 所示。

图 5-1-26　用钢直尺测量中心高　　　图 5-1-27　用车床尾座后顶尖对中心高

④ 安装车刀实训操作。
a. 选择车刀，并把车刀、刀片及刀架擦干净。
b. 调整车刀刀尖的高度使其对准工件回转中心。
c. 调整车刀伸出长度。
d. 适当夹紧车刀，调整车刀主偏角。
⑤ 注意事项。
a. 装夹车刀时应把刀架锁紧，以防在夹紧车刀时刀架转动造成危险。
b. 用顶尖对刀尖高度时，不要让刀尖和顶尖接触，以防损坏车刀。
（四）工件的安装
　　在车床上装夹工件的基本要求是定位准确，夹紧可靠；能承受合理的切削力，操作方便，顺利加工，达到预期的加工效果。在车床上装夹工件的办法很多，可根据工件毛坯形状和加工要求进行选择。
　　在车床上常用三爪卡盘、四爪卡盘、顶尖、中心架、跟刀架、心轴、花盘和角铁等附件来装夹工件。
1. 三爪卡盘装夹工件
　　三爪卡盘装夹工件如图 5-1-28 所示。三爪卡盘装夹工件能自动定心，使定位和夹紧同时完成，但夹紧力较小，适用于装夹圆形、六角形的工件毛坯、棒料及车过外圆的零件。用已加工的表面做装夹面时，应包一层铜皮，以免损伤已加工表面。
2. 四爪单动卡盘装夹工件
　　四爪单动卡盘装夹工件如图 5-1-29 所示，它有 4 个各自独立的卡爪［见图 5-1-29（a）中 1, 2, 3, 4］，因此，在装夹时，必须将工件的旋转中心找正到与车床主轴旋转中心重合后再车削。
　　四爪单动卡盘找正比较费时，但夹紧力较大，故适用于装夹大型或形状不规则的工件。
　　四爪单动卡盘也可安装成正爪或反爪两种形式。 |

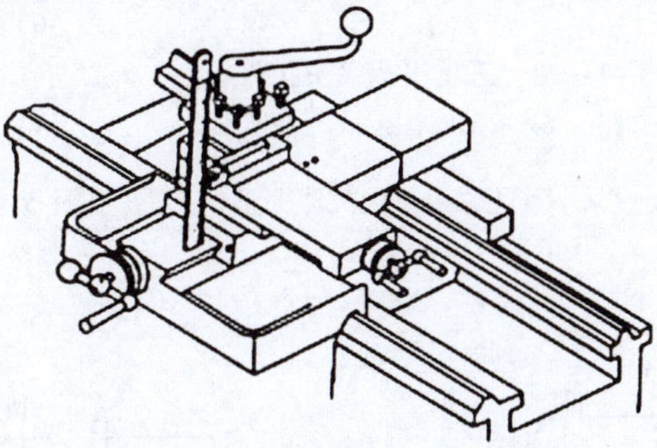

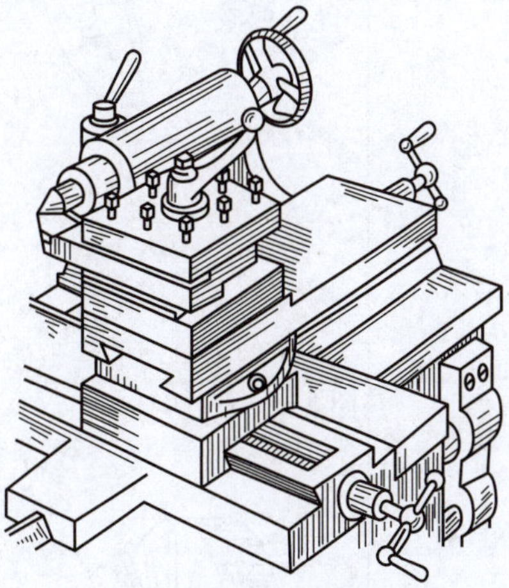

任务编号	**W19**	任务名称	车床及车削加工基础知识

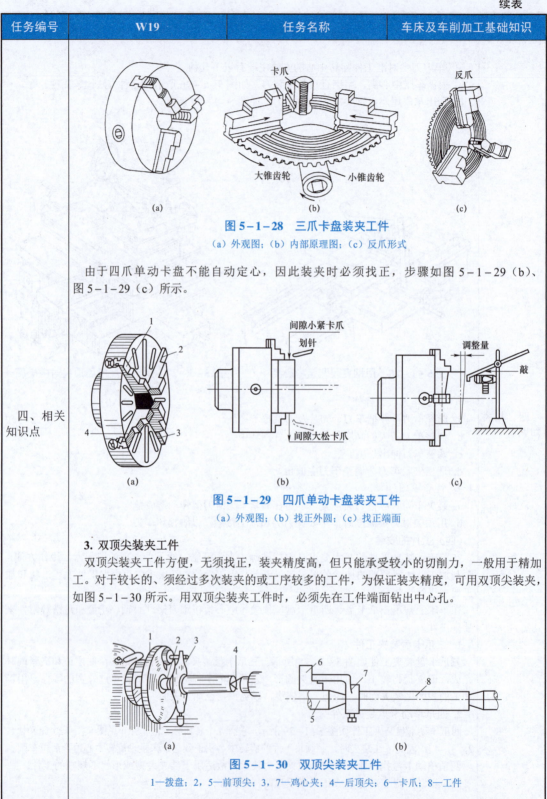

图 5-1-28 三爪卡盘装夹工件

（a）外观图；（b）内部原理图；（c）反爪形式

由于四爪单动卡盘不能自动定心，因此装夹时必须找正，步骤如图 5-1-29（b）、图 5-1-29（c）所示。

图 5-1-29 四爪单动卡盘装夹工件

（a）外观图；（b）找正外圆；（c）找正端面

3. 双顶尖装夹工件

双顶尖装夹工件方便，无须找正，装夹精度高，但只能承受较小的切削力，一般用于精加工。对于较长的、须经过多次装夹的或工序较多的工件，为保证装夹精度，可用双顶尖装夹，如图 5-1-30 所示。用双顶尖装夹工件时，必须先在工件端面钻出中心孔。

图 5-1-30 双顶尖装夹工件

1—拨盘；2，5—前顶尖；3，7—鸡心夹；4—后顶尖；6—卡爪；8—工件

续表

任务编号	**W19**	任务名称	车床及车削加工基础知识

4. 卡盘和顶尖配合装夹工件

由于双顶尖装夹刚性较差，因此车削轴类零件，尤其是较重的工件时，常采用一夹一顶装夹。为了防止工件轴向位移，须在卡盘内装一限位支承，如图5-1-31（a）所示，或利用工件的台阶做限位，如图5-1-31（b）所示。由于一夹一顶装夹刚性好，轴向定位准确，且比较安全，能受较大的轴向切削力，因此其应用广泛。

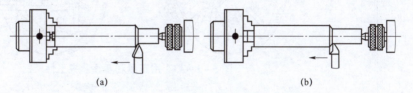

(a)　　　　　　　　　　　　　　　(b)

图5-1-31　卡盘和顶尖配合装夹工件

（a）采用限位支承；（b）利用工件台阶限位

5. 中心架和跟刀架的应用

在加工细长轴时，为了防止轴受切削力的作用而产生弯曲变形，往往需要用中心架或跟刀架。

中心架固定于床身上，其三个爪支承于零件预先加工的外圆面上。图5-1-32（a）所示为用中心架车外圆，零件的右端加工完毕后，调头再加工另一端。一般多用于加工阶梯轴。在加工长轴的端面和轴端的内孔时，往往用卡盘夹持轴的左端，用中心架支承轴的右端来进行加工，如图5-1-32（b）所示。

四、相关知识点

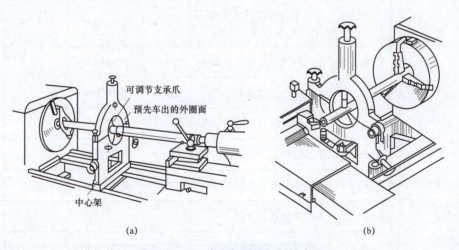

可调节支承爪

预先车出的外圆面

中心架

(a)　　　　　　　　　　　　　　　(b)

图5-1-32　中心架和跟刀架的应用

（a）用中心架车外圆；（b）用中心架车端面

6. 用花盘安装工件

对于某些形状不规则或刚性较差的工件，为了保证加工表面与安装平面平行，加工回转面轴线与安装平面要垂直，可以用螺栓压板把工件直接压在花盘上结合角铁加工，如图5-1-33所示。用花盘安装工件时，需要仔细找正。

任务编号	**W19**	任务名称	车床及车削加工基础知识

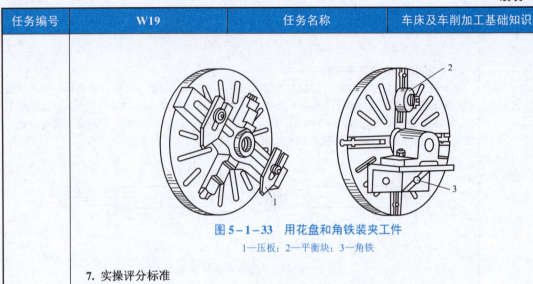

图 5-1-33　用花盘和角铁装夹工件

1—压板；2—平衡块；3—角铁

7. 实操评分标准

填写表 5-1-1。

表 5-1-1　实操评分标准表

班级		姓名		学分	
实训	车床操作、车刀安装、工件装夹				
序号	检测内容	配分	扣分标准	学生自评	教师评分
1	手动移动车床各手柄是否熟练	10 分	酌情扣分		
2	车床启动与停止是否正确	10 分	酌情扣分		
3	主轴转速选择是否合理	10 分	酌情扣分		
4	进给速度的调整是否合理	10 分	酌情扣分		
5	车刀选择是否正确	10 分	酌情扣分		
6	车刀安装是否正确	10 分	酌情扣分		
7	工件安装是否合理	10 分	酌情扣分		
8	卡盘扳手使用是否正确	10 分	酌情扣分		
9	遵守纪律和安全操作	15 分	酌情扣分		
10	6S 管理是否达标	5 分	酌情扣分		
	综合得分	100 分			

四、相关知识点

任务编号	W19	任务名称	车床及车削加工基础知识

五、看资料，谈感想	

六、任务实施	组织学生熟悉各种车床的结构、组成部分和工作原理，分组练习车床各种手柄，熟悉车床的操作，并能独立安装各种刀具，根据加工的要求合理选择车床附件，遵守安全操作和 6S 管理。

七、反思	（1）车床常用的附件有哪些？本书涉及了哪些？试述其应用。 （2）卧式车床的"四箱""两杠""一架一座"分别指什么？各有何功用？ （3）车床上主要有哪些安装工件的方法？各种方法适合于安装什么工件？ （4）车外圆常用哪些车刀？分析其前角、后角、主偏角、副偏角和刃倾角，并指出车刀工作角度与标注角度的区别。 （5）车刀刃磨时要磨哪几个表面？要注意哪些问题？ （6）车床上有哪些孔加工方法？其应用场合及可以达到的加工精度和表面粗糙度如何？ （7）车螺纹必须保证哪些基本要素？如何防止车螺纹时出现乱扣现象？ （8）指出图 5－1－34 所示车刀各组成部分的名称。

金工实训

| 任务编号 | **W19** | 任务名称 | 车床及车削加工基础知识 |

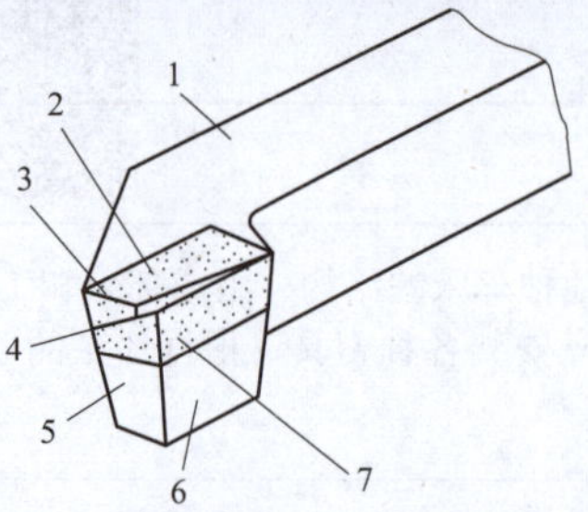

图 5-1-34　车刀

1—_____；2—_____；3—_____；4—_____；5—_____；6—_____；
7—_____。

（9）指出图 5-1-35 所示各式车刀的名称，并说出其用途。

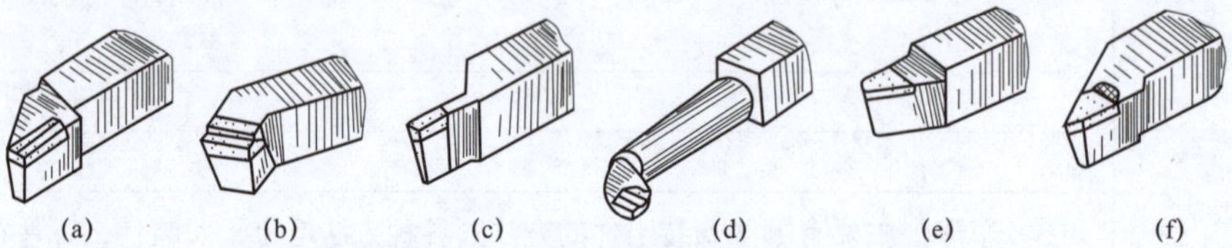

(a)　　　(b)　　　(c)　　　(d)　　　(e)　　　(f)

图 5-1-35　各式车刀

用途：_____
_____

七、反思

（10）指出图 5-1-36 所示图片中违规的地方，并说明理由。

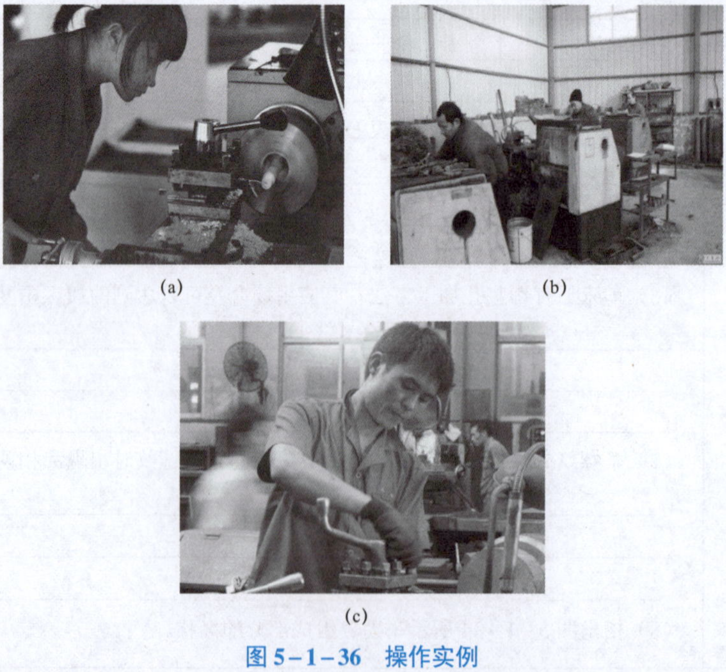

(a)

(b)

(c)

图 5-1-36　操作实例

182

续表

任务编号	W19	任务名称	车床及车削加工基础知识

<table>
<tr><td rowspan="3">七、反思</td><td colspan="3">

（11）指出图5－1－37所示车床的组成部分名称，并说明各部分的用途。

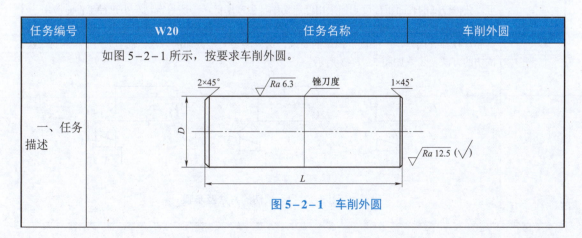

图 5－1－37　车床

1———————————；2———————————；3———————————；4———————————；
5———————————；6———————————；7———————————；8———————————。
用途：————————————————————————————————————

</td></tr>
</table>

任务二　车削外圆

任务编号	W20	任务名称	车削外圆
一、任务描述	如图5－2－1所示，按要求车削外圆。 $2×45°$　　$\sqrt{Ra\,6.3}$　　锉刀度　　$1×45°$ D　　L　　$\sqrt{Ra\,12.5}(\sqrt{\ })$ 图 5－2－1　车削外圆		

任务编号	**W20**	任务名称	车削外圆

二、学习目标	（1）掌握车削外圆的方法。 （2）掌握车削加工各种量具的使用。 （3）掌握车削加工的安全技术及操作规程。
三、任务分析	通过对车工知识系统的学习后，学生能够独立按图样的技术要求完成教学内容，包含熟悉操作车床，按图纸要求合理选择车削外圆的车刀和切削速度，掌握工件的安装方法等。
四、相关知识点	**（一）车削外圆** 将工件车成圆柱形表面的加工称为车削外圆，是最常见、最基本的车削加工。常见的车削外圆方法如图 5-2-2 所示。 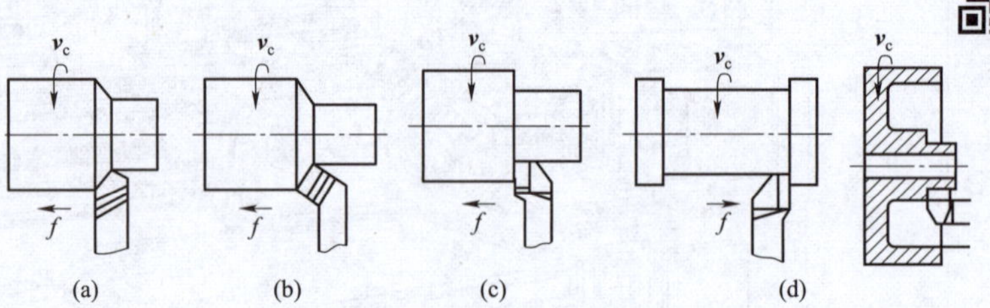  图 5-2-2　车削外圆 （a）尖刀车削外圆；（b）弯头刀车削外圆；（c）右偏刀车削外圆；（d）偏刀车削外圆 外圆的车削一般采用粗车和精车两个步骤。粗车是为了尽快地从毛坯上切除大部分多余金属，使工件接近图纸要求的形状和尺寸，并给精车留有适当的加工余量，对其加工质量（尺寸精度、表面粗糙度）要求不高，主要是为了提高生产率。因此，在选取切削用量时，应优先取较大的切削深度，以减少吃刀次数。在选择切削用量时，还要看安装工件是否牢靠，若工件装卡的长度小或表面凹凸不平，切削用量也不宜过大。 精车是为了保证工件的尺寸精度和表面质量，因此，要适当减少副偏角，适当加大前角，刀尖处磨成小圆弧的过渡刃，并用油石仔细打磨车刀前、后刀面和过渡刃。在选取切削用量时，优先选取较高的切削速度（$v \geqslant 100 \, \mathrm{m/min}$，适用于硬质合金车刀）或较低的切削速度（$v \leqslant 5 \, \mathrm{m/min}$，适用于高速钢车刀），尽量避免选用中速切削，因为中速切削容易产生积屑瘤，容易划伤工件已加工表面。选定切削速度后，再选取较小的进给量。最后根据工件的尺寸确定切削深度。同时，还要注意在精车过程中合理使用冷却润滑剂。 生产实践证明，较高的切削速度（$v \geqslant 100 \, \mathrm{m/min}$）或较低的切削速度（$v \leqslant 5 \, \mathrm{m/min}$）都可以获得较低的表面粗糙度。但采用低速切削，生产率低，一般只在精车小直径工件时应用。 半精车和精车时，为了保证工件加工的尺寸精度，只靠刻度盘来进刀是不行的，因为刻度盘和丝杠都有误差，不能满足精车的要求，这就需要采用试切的方法，做到加工时心中有数。试切的方法及步骤如图 5-2-3 所示。 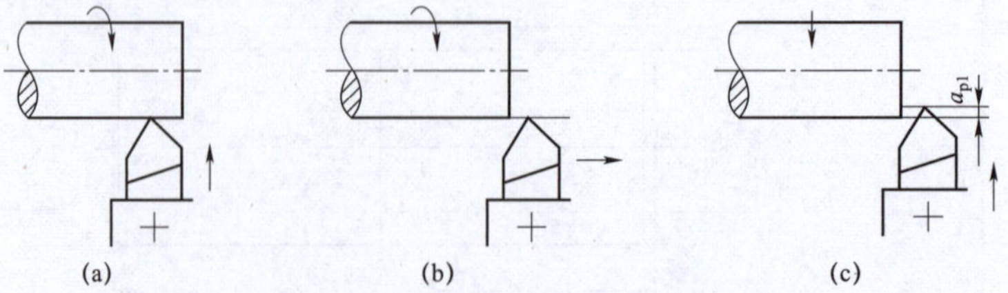 图 5-2-3　试切的方法及步骤

任务编号	**W20**		任务名称		车削外圆

图 5-2-3 试切的方法及步骤（续）

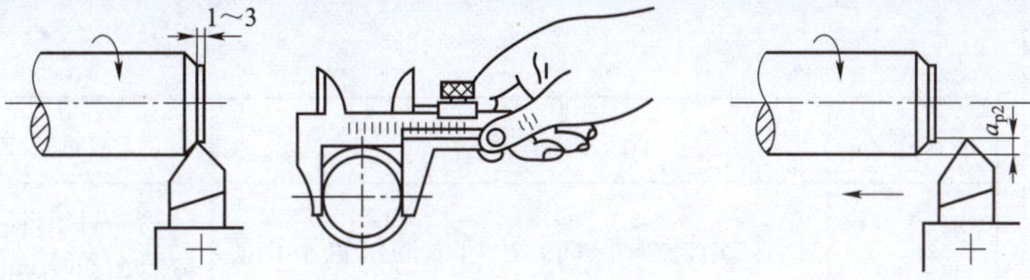

（二）车削步骤

（1）调整主轴速度。主轴转速

$$n = 1\,000v/(\pi D)$$

式中　D——工件直径，mm；

　　　　v——所选的切削速度，m/min。

按此公式得到主轴转速后，将机床主轴变速手柄调整到恰当的位置。

（2）调整进给量。根据所选进给量调整进给箱手柄，并检查车床有关运动的间隙是否合适。

（3）调整背吃刀量。调整背吃刀量时，不管粗车还是精车，都要一边试切，一边测量。纵向进给，调好吃刀量后，如果是车光轴，可采用自动进给。

（三）刻度盘的使用

在车床上，可以从有关的刻度盘上的刻线读出车刀的移动量。在使用刻度盘控制背吃刀量时，应防止产生超行程现象，使用时，应慢慢转动手轮，在快要转动到所需尺寸时，要用手轻轻敲击，以防转过格。如果刻度盘手柄转过了格，或试切后发现尺寸不对而需将车刀退回时，由于丝杠与螺母之间有间隙，刻度盘不能直接退回到所要求的刻度，应按图 5-2-4 所示的方法予以纠正。

另外，在使用拖板刻度中，要注意车刀的切深应是工件直径余量的 1/2。

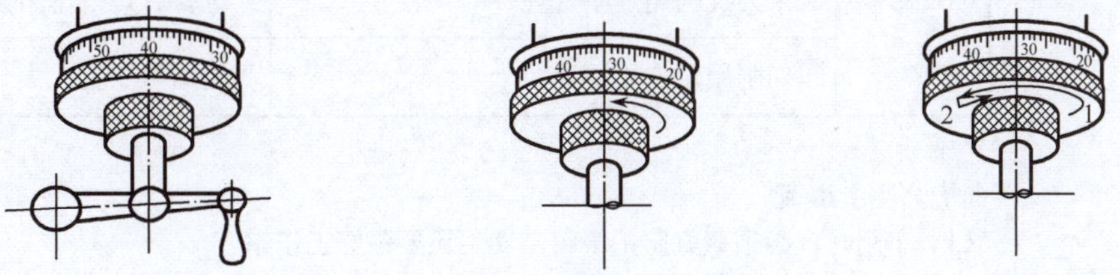

图 5-2-4 刻度盘手柄转过了格的纠正方法

（a）要求手柄转至刻度 30，但摇过头刻度成 40；（b）错误做法是直接退至刻度 30；

（c）正确做法是反转约 1 圈后再转至所需位置刻度 30

（四）车削外圆时产生废品的原因和预防方法见表 5-2-1。

表 5-2-1 车削外圆时产生废品的原因和预防方法

废品种类	产生原因	预防方法
工件尺寸精度不够	没有进行试切	进行试切削，再修正背吃刀量
	由于切削热的影响，工件尺寸变大	不能在工件高温时测量尺寸
	顶尖轴线与主轴线不重合	车削前必须找正锥度

左侧栏：四、相关知识点

任务编号	W20		任务名称	车削外圆

续表

废品种类	产生原因	预防方法
产生锥度	用小滑板车圆时，小滑板的位置不正确	检查小滑板的刻度线是否与中滑板刻度的 0 刻度线对准
	车床床身导轨与主轴线不平行	调整车床主轴与床身导轨的平行度
	工件悬臂装夹，切削力使前端让开	减少工件伸出长度，或增加装夹刚性
	车刀逐渐磨损	选用合适的刀具材料，降低切削速度
圆度超差	车床间隙太大	检查主轴间隙，并调整合适
	毛坯余量不均匀，背吃刀量发生变化	粗车与精车分开
	顶尖装夹时中心孔接触不良，或后顶尖太松或前后顶尖产生径向圆跳动	工件装夹松紧适度；若回转顶尖产生径向跳动，应及时修理或更换
表面粗糙度太大	工艺系统刚性不足，引起振动	调整车床各部分的间隙，增加装夹刚性、车刀刚性及正确装夹刀具
	车刀几何角度不合理	选择合理的车刀角度
	切削用量选用不当	进给量不宜太大

四、相关知识点

（五）注意事项

（1）车削时，必须戴好防护眼镜，女生还要戴好工作帽。

（2）台阶平面和外圆相交处要清角，防止出现小台阶或深的凹坑。

（3）机动车削台阶时，刀具接近台阶端面应停止自动走刀，手动车削到需要的长度。

（4）在主轴没有停稳时，不得测量工件。

（5）要用专用铁钩清除切屑，不能使用游标卡尺或其他工具清除切屑。

（6）使用游标卡尺测量前应将测量面擦干净，保证两测量爪间不存在显著的间隙，并校正零位。

（7）使用游标卡尺测量时，移动游标的力度要适当，测量力不宜过大。

（8）使用游标卡尺测量读数时，操作者的视线要与标尺刻线方向一致，避免造成视差。

（9）使用千分尺测量前必须校正零位。

（10）使用千分尺测量时，手应握在隔热垫处，测量器具与被测件必须等温，以减少温度对测量精度的影响。

（11）测量读数时要特别注意 0.5 mm 刻度的读取。

任务编号	**W20**	任务名称	车削外圆

五、看资料，谈感想	

根据图 5-2-1 车削外圆。

1. 组织学生分组

学生分组表见表 5-2-2。

表 5-2-2　学生分组表

班级		组号		指导教师	
组长		学号			
组员	姓名	学号	姓名	学号	

2. 任务分工

零件加工任务单见表 5-2-3。

表 5-2-3　零件加工任务单

班级		完成时间			
序号	产品名称	材料	加工数量	技术标准	质量要求	图样要求
1						
2						
3						
4						
5						
6						

六、任务实施

任务编号	**W20**	任务名称	车削外圆

3. 熟悉任务

（1）任务图的识读。认真阅读任务图 5-2-1，找出其中标注是否有错误或者漏标的情况，若发现问题，应及时提出修改意见。

_____

_____

（2）毛坯选择分析。分析本任务所加工的零件，并选择合理的毛坯。

_____

_____

（3）技术要求分析。分析任务图 5-2-1，并在表 5-2-4 中写出所需要的材料，为任务实施做准备。

表 5-2-4　零件技术要求分析表

序号	项目	内容	偏差范围
1	车削外圆		
2			
3			
4			

六、任务实施

4. 工作方案

（1）设备和材料的选择。根据图 5-2-1 的车削外圆选择加工设备及材料。

_____

_____

（2）拟订工艺路线。分组讨论，拟订合理的任务加工工艺路线。

_____

_____

（3）小组讨论，确定最佳方案。师生共同讨论并确定最合理的工艺路线及最佳方案，完善零件加工的工艺路线。

_____

_____

（4）工作实施。在教师的指导下，熟悉设备的操作，简述设备安全操作的注意事项。

_____

_____

（5）熟悉车间管理制度，简述 6S 管理的定义和目的。

_____

_____

续表

任务编号	**W20**	任务名称	车削外圆

5. 检测评分

检测评分表见表 5-2-5。

表 5-2-5　检测评分表

工件编号：				完成人：					
项目与配分	序号	技术要求	配分	评分标准	自测记录	得分	互测记录	得分	
工件加工评分（80%）	1	设备选择是否正确	5分	操作错误全扣					
	2	工件夹持是否正确、合理	15分	操作错误全扣					
	3	量具选用是否合理	5分	操作错误全扣					
	4	尺寸公差是否超差	15分	操作错误全扣					
	5	外圆是否正确	30分	操作错误全扣					
	6	表面粗糙度是否达标	10分	操作错误全扣					
工艺（10%）	7	工艺正确	10分	每错一处扣2分					
设备操作（10%）	8	设备操作规范	10分	每错一处扣2分					
安全文明生产（倒扣分）	9	安全操作	倒扣	安全事故停止操作扣5~10分					
	10	6S 管理	倒扣						
得分									

左侧纵栏：六、任务实施

6. 车削外圆不正确的原因分析

小组根据检测结果讨论、分析车削外圆不正确的原因及预防方法，填写表 5-2-6。

表 5-2-6　车削外圆不正确的原因及预防方法

序号	产生原因	预防方法
1		
2		
3		
4		

任务编号	W20	任务名称	车削外圆

7. 教师评价

教师对学生的整个任务实施过程进行评价，并填写表 5-2-7。

表 5-2-7　教师评价表

班级		组名		姓名		
出勤情况						
评价内容	评价要点	考察要点		分数	分数评定	得分
任务描述、接受任务	口述内容细节	表述仪态自然、吐字清晰		2 分	表述仪态不自然或吐字模糊扣 1 分	
		表达思路清晰、层次分明、准确			表达思路模糊或层次不清扣 1 分	
任务分析、分组情况	依据图样分析工艺、分组、分工	分析图样关键点准确		3 分	表达思路模糊或层次不清扣 1 分	
		涉及的理论知识回顾完整，分组、分工明确			知识不完整扣 1 分，分组、分工不明确扣 1 分	
制订计划	制订加工工艺路线	准确制订工艺路线		15 分	工艺路线步骤错误一步扣 1 分，扣完为止	
六、任务实施 计划实施	加工前准备	设备准备		3 分	每漏一项扣 1.5 分	
		材料准备			没有检查扣 1.5 分	
		以情景模拟的方式，体验到材料库领取材料的过程，并完成领料单		2 分	领料单填写不完整扣 1 分	
	加工	正确选择材料		5 分	选择错误一项扣 1 分，扣完为止	
		查阅资料，正确选择加工的技术参数		5 分	选择错误一项扣 1 分，扣完为止	
		正确实施零件加工，无失误		40 分	依据工件评分标准超差扣分	
	现场恢复	在加工过程中保持 6S 管理、三环落地		3 分	每漏一项扣 1 分，扣完为止	
		设备、材料、工具、工位恢复整理		2 分	每违反一项扣 1 分，扣完为止	
总结	任务总结	依据自评分数		5 分	依据总结内容是否到位酌情给分	
		依据互评分数		5 分	依据总结内容是否到位酌情给分	
		依据个人总结评分报告		10 分	依据总结内容是否到位酌情给分	
合计				100 分		

任务编号	W20	任务名称	车削外圆

七、反思

（1）如图 5-2-5 所示，车削外圆时选择下面哪种车刀？并说明原因。

(a)　　　　　　(b)　　　　　　(c)　　　　　　(d)

图 5-2-5 车刀

_____

_____

_____

_____

_____

（2）指出图 5-2-6 中操作不合理的地方。

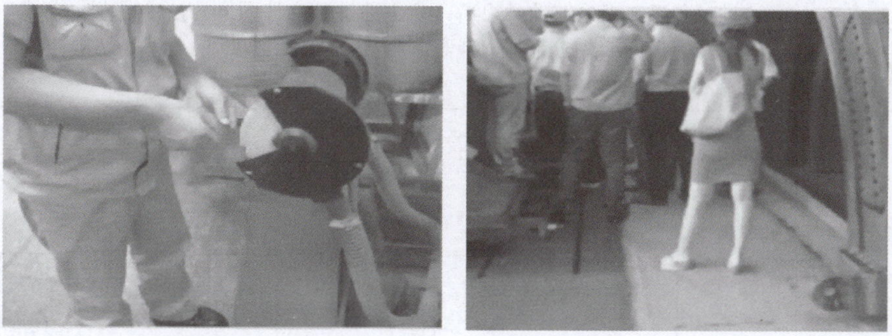

(a)　　　　　　　　　　　　　(b)

图 5-2-6 操作实例

_____

_____

_____

_____

_____

任务三　车削端面、切槽和切断

任务编号	**W21**		任务名称	车削端面、切槽和切断

<table>
<tr><td rowspan="1">一、任务
描述</td><td colspan="4">如图5-3-1所示，按要求车削端面、切槽和切断。
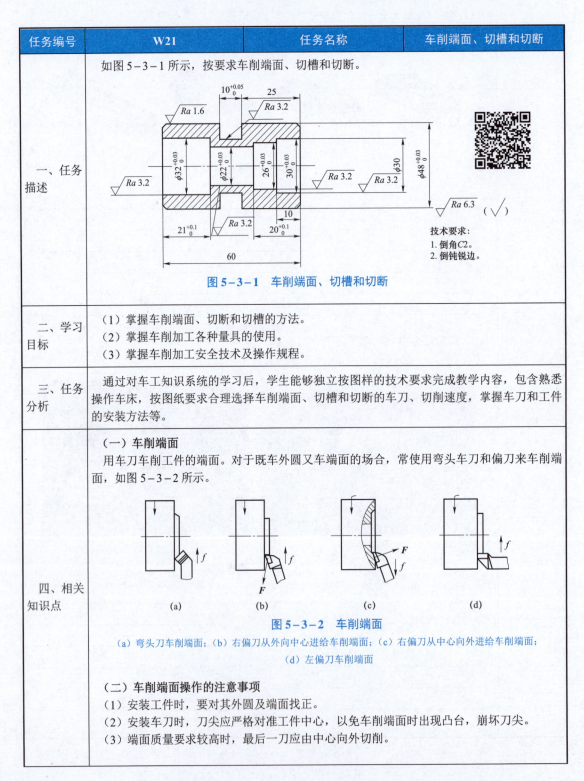
图5-3-1　车削端面、切槽和切断</td></tr>
<tr><td>二、学习
目标</td><td colspan="4">（1）掌握车削端面、切断和切槽的方法。
（2）掌握车削加工各种量具的使用。
（3）掌握车削加工安全技术及操作规程。</td></tr>
<tr><td>三、任务
分析</td><td colspan="4">通过对车工知识系统的学习后，学生能够独立按图样的技术要求完成教学内容，包含熟悉操作车床，按图纸要求合理选择车削端面、切槽和切断的车刀、切削速度、掌握车刀和工件的安装方法等。</td></tr>
<tr><td>四、相关
知识点</td><td colspan="4">**（一）车削端面**
　　用车刀车削工件的端面。对于既车外圆又车端面的场合，常使用弯头车刀和偏刀来车削端面，如图5-3-2所示。

图5-3-2　车削端面
（a）弯头刀车削端面；（b）右偏刀从外向中心进给车削端面；（c）右偏刀从中心向外进给车削端面；
（d）左偏刀车削端面

（二）车削端面操作的注意事项
　　（1）安装工件时，要对其外圆及端面找正。
　　（2）安装车刀时，刀尖应严格对准工件中心，以免车削端面时出现凸台，崩坏刀尖。
　　（3）端面质量要求较高时，最后一刀应由中心向外切削。</td></tr>
</table>

续表

任务编号	**W21**	任务名称	车削端面、切槽和切断

（4）车削大端面时，为使车刀准确地横向进给，应将大溜板紧固在床身上，用小刀架调整背吃刀量。

（三）切槽

切槽时用切槽刀。切槽刀前为主切削刃，两侧为副切削刃。在安装切槽刀时，其主切削刃应平行于工件轴线，主刀刃与工件轴线同一高度，如图5-3-3所示。

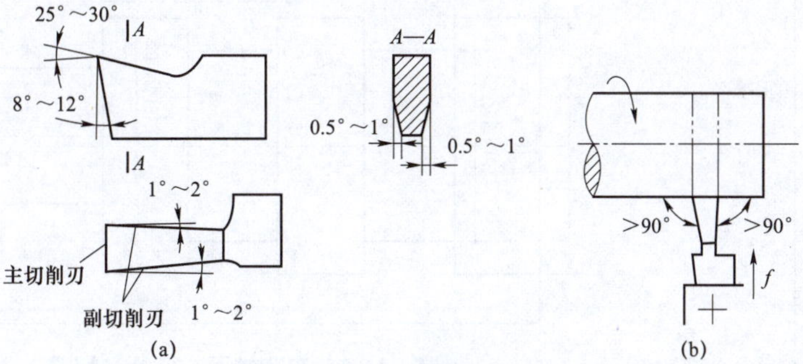

图5-3-3　切槽刀及安装

切5 mm以下窄槽，主切削刃宽度等于槽宽，多次横向走刀将槽切出。车宽槽如图5-3-4所示，主切削刃宽度小于槽宽，分几次横向走刀，切出槽宽；切出槽宽后，纵向走刀精车槽底，切完宽槽。

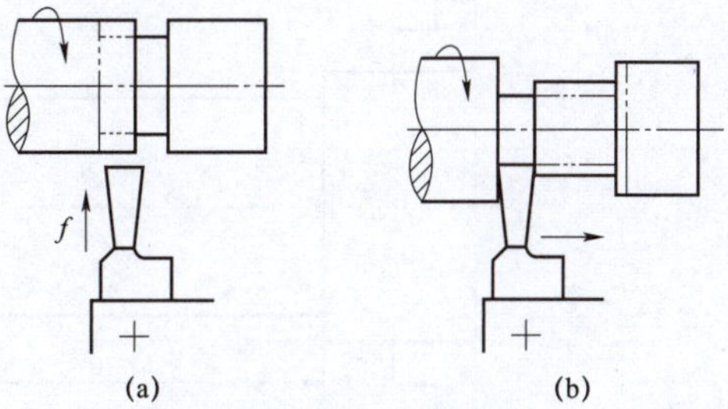

四、相关知识点

图5-3-4　车宽槽

(a) 横向粗车；(b) 精车

（四）切断操作的注意事项

（1）切断时，工件一般用卡盘夹持。切断处应靠近卡盘，以免引起工件振动。

（2）安装切断刀时，刀尖要对准工件中心，刀杆与工件轴线垂直，刀杆不能伸出过长，但必须保证切断时刀架不碰卡盘。

（3）切断时应降低切削速度，并应尽可能减小主轴和刀架滑动部分的配合间隙。

（4）手动进给要均匀。在快切断时，应放慢进给速度，以免折断刀头。

（5）切断工件时，需加切削液。

（五）车削端面、切槽和切断实例

加工如图5-3-5所示零件步骤如下。

（1）准备材料：圆棒80 mm×ϕ40 mm。

（2）选择量具：游标卡尺、千分尺。

（3）选择设备：车床、90°外圆车刀或45°偏刀、切槽刀、切断刀。

（4）工艺编写：确定加工工艺。

任务编号	**W21**	任务名称	车削端面、切槽和切断

（5）制作：按图纸要求车削工件。

① 开机并观察车床运行是否正常。

② 检查毛坯尺寸大小和外形是否满足加工条件。

③ 安装刀具，主轴中心和刀尖同高，除去工件上毛刺。

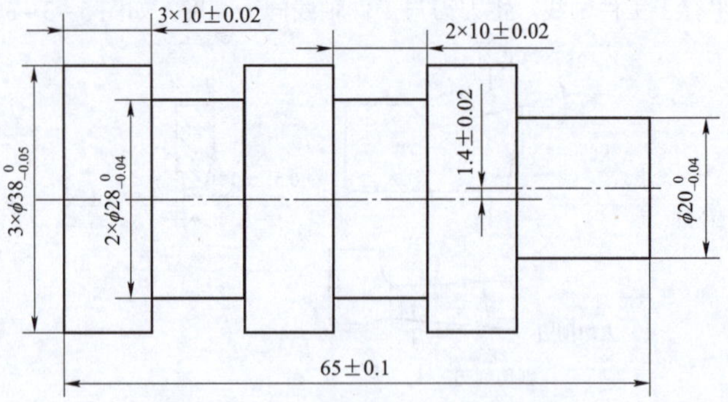

图 5-3-5　车削端面、切断和切槽

④ 用直径 $\phi 40$ mm 的毛坯（45 钢），毛坯伸出卡爪 70 mm 左右，找正并夹紧，车平端面，粗、精加工 38 mm×70 mm 外圆（见图 5-3-6）。

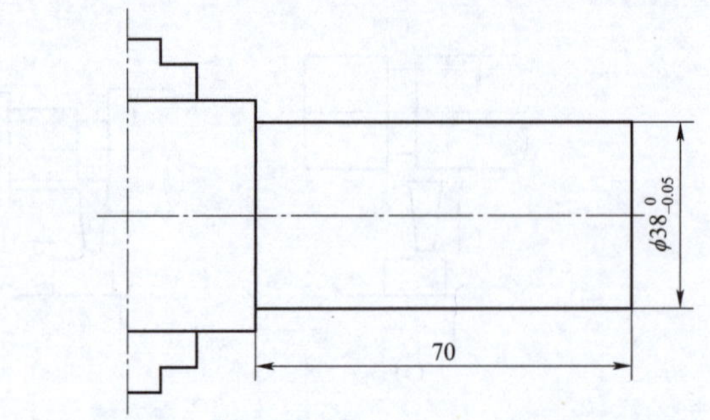

图 5-3-6　用毛坯（45 钢）粗、精加工外圆

⑤ 车削粗、精加工 $\phi 20$ mm×15 mm 的外圆，车削加工两处宽度为 10 mm 的槽，转速为 210 r/min，手动车削（见图 5-3-7）。

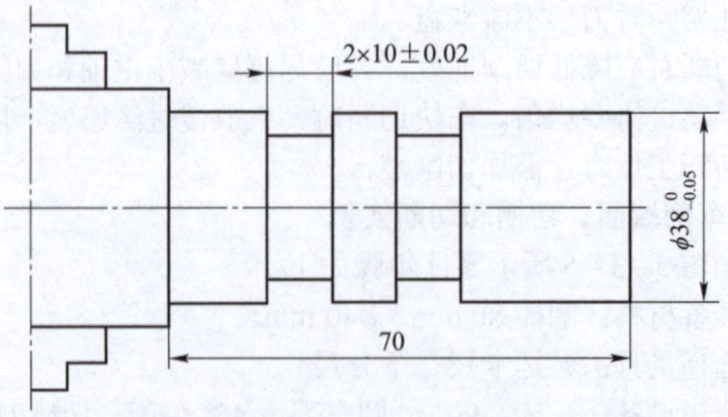

图 5-3-7　手动车削粗、精加工的外圆

四、相关知识点

任务编号	**W21**		任务名称	车削端面、切槽和切断

四、相关知识点	⑥ 手动切断工件，转速为 210 r/min，保证长度为 66 mm，留 1 mm 的余量（见图 5-3-8）。 图 5-3-8　手动切断工件 ⑦ 用卡爪装夹工件另一端，校正并夹紧，车平端面，保证长度尺寸为 65 mm。 ⑧ 检查加工零件是否合格。
五、看资料，谈感想	
六、任务实施	根据图 5-3-1 车削端面、切槽和切断。 **1. 组织学生分组** 学生分组表见表 5-3-1。 表 5-3-1　学生分组表

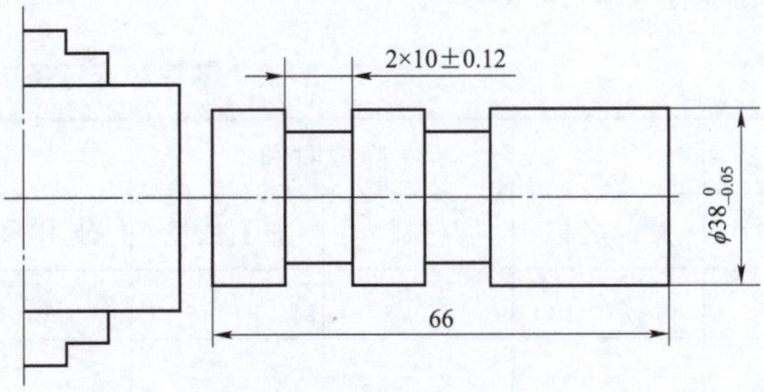

班级		组号		指导教师	
组长		学号			
组员	姓名	学号		姓名	学号

任务编号	**W21**		任务名称	车削端面、切槽和切断

六、任务实施

2. 任务分工

零件加工任务单见表5-3-2。

表5-3-2 零件加工任务单

班级			完成时间			
序号	产品名称	材料	加工数量	技术标准	质量要求	图样要求
1						
2						
3						
4						
5						
6						

3. 熟悉任务

(1)任务图的识读。认真阅读任务图5-3-1,找出其中标注错误或者漏标的情况,若发现问题,应及时提出修改意见。

_____

_____

_____

(2)毛坯选择分析。分析本任务所加工的零件,并选择合理的毛坯。

_____

_____

_____

(3)技术要求分析。分析任务图5-3-1,并在表5-3-3中写出所需要的材料,为任务实施作准备。

表5-3-3 零件技术要求分析表

序号	项目	内容	偏差范围
1	车削端面、切槽和切断		
2			
3			
4			

任务编号	**W21**		任务名称	车削端面、切槽和切断

<table>
<tr><td rowspan="1">六、任务
实施</td><td colspan="4">

4. 工作方案

（1）设备和材料的选择。根据图 5-3-1 的车削端面、切槽和切断选择加工设备及材料。

_____

_____

（2）拟订工艺路线。分组讨论，拟订合理的任务加工工艺路线。

_____

_____

（3）小组讨论，确定最佳方案。师生共同讨论并确定最合理的工艺路线及最佳方案，完善零件加工的工艺路线。

_____

_____

（4）工作实施。在教师的指导下，熟悉设备的操作，简述设备安全操作的注意事项。

_____

_____

（5）熟悉车间管理制度，简述 6S 管理的定义和目的。

_____

_____

_____

5. 检测评分

检测评分表见表 5-3-4。

</td></tr>
</table>

表 5-3-4　检测评分表

工件编号:				完成人:					
项目与配分	序号	技术要求	配分	评分标准	自测记录	得分	互测记录	得分	
工件加工评分 （80%）	1	设备选择是否正确	5 分	操作错误全扣					
	2	工件夹持是否正确、合理	15 分	操作错误全扣					
	3	量具选用是否合理	5 分	操作错误全扣					
	4	尺寸公差是否超差	15 分	操作错误全扣					
	5	槽是否正确	30 分	操作错误全扣					
	6	表面粗糙度是否达标	10 分	操作错误全扣					

任务编号	**W21**		任务名称		车削端面、切槽和切断

项目与配分	序号	技术要求	配分	评分标准	自测记录	得分	互测记录	得分
工艺（10%）	7	工艺正确	10分	每错一处扣2分				
设备操作（10%）	8	设备操作规范	10分	每错一处扣2分				
安全文明生产（倒扣分）	9	安全操作	倒扣	安全事故停止操作扣5～10分				
	10	6S管理	倒扣					
得分								

6. 车削端面、切槽和切断不正确的原因分析

小组根据检测结果讨论、分析车削端面、切槽和切断不正确的原因及预防方法，并填写表5-3-5。

表5-3-5　车削端面、切槽和切断不正确的原因及预防方法

序号	产生原因	预防方法
1		
2		
3		
4		

7. 教师评价

教师对学生的整个任务实施过程进行评价，并填写表5-3-6。

表5-3-6　教师评价表

班级		组名		姓名		
出勤情况						
评价内容	评价要点	考察要点	分数	分数评定		得分
任务描述、接受任务	口述内容细节	表述仪态自然、吐字清晰	2分	表述仪态不自然或吐字模糊扣1分		
		表达思路清晰、层次分明、准确		表达思路模糊或层次不清扣1分		

六、任务实施

198

续表

| 任务编号 | W21 | | 任务名称 | 车削端面、切槽和切断 |

续表

	评价内容	评价要点	考察要点	分数	分数评定	得分
六、任务实施	任务分析、分组情况	依据图样分析工艺、分组、分工	分析图样关键点准确	3分	表达思路模糊或层次不清扣1分	
			涉及的理论知识回顾完整，分组、分工明确		知识不完整扣1分，分组、分工不明确扣1分	
	制订计划	制订加工工艺路线	准确制订工艺路线	15分	工艺路线步骤错误一步扣1分，扣完为止	
	计划实施	加工前准备	设备准备	3分	每漏一项扣1.5分	
			材料准备		没有检查扣1.5分	
			以情景模拟的方式，体验到材料库领取材料的过程，并完成领料单	2分	领料单填写不完整扣1分	
		加工	正确选择材料	5分	选择错误一项扣1分，扣完为止	
			查阅资料，正确选择加工的技术参数	5分	选择错误一项扣1分，扣完为止	
			正确实施零件加工，无失误（依据工件评分表）	40分	依据工件评分标准超差扣分	
		现场恢复	在加工过程中保持6S管理、三环落地	3分	每漏一项扣1分，扣完为止	
			设备、材料、工具、工位恢复整理	2分	每违反一项扣1分，扣完为止	
	总结	任务总结	依据自评分数	5分	依据总结内容是否到位酌情给分	
			依据互评分数	5分	依据总结内容是否到位酌情给分	
			依据个人总结评分报告	10分	依据总结内容是否到位酌情给分	
	合计			100分		

| 任务编号 | W21 | 任务名称 | 车削端面、切槽和切断 |

七、反思

如图5-3-9所示，编写下面零件图的工卡，并填写表5-3-7。

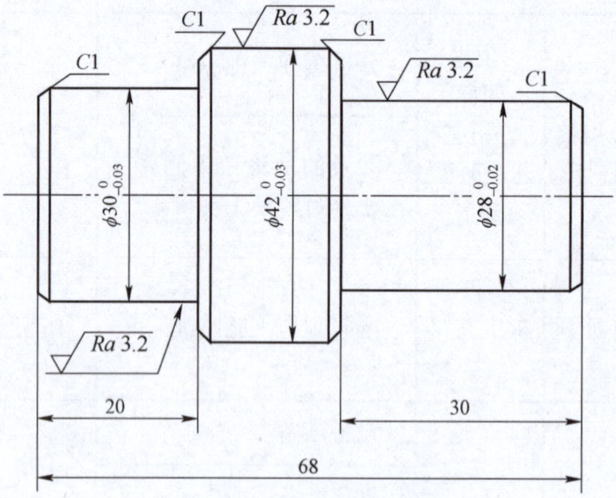

图 5-3-9 零件工艺卡

表 5-3-7 工序表

序号	工序内容	加工简图	量具、刀具	转速	进给速度	切削深度
1						
2						
3						
4						
5						
6						

选择题

（1）机床型号中，通用特性代号中高精度组的表示代号是（   ）。

A. M   B. W   C. G

（2）车削（   ）材料和（   ）材料时，车刀可选择较大的前角。

A. 软   B. 硬   C. 塑性   D. 脆性

（3）车床用的三爪自定心卡盘、四爪单动卡盘属于（   ）的夹具。

A. 通用   B. 专用   C. 组合

（4）在两个传动齿轮中间加一个齿轮（介轮），其作用是改变齿轮的（   ）。

A. 传动比   B. 旋转方向   C. 旋转速度

（5）前角增大能使车刀（   ）、（   ）和（   ）。

A. 刀口锋利   B. 切削省力   C. 排屑顺利   D. 加快磨损

任务四　车 削 台 阶

任务编号	W22	任务名称	车削台阶

<table>
<tr><td rowspan="1">一、任务
描述</td><td colspan="3">如图 5-4-1 所示，按要求车削台阶轴。

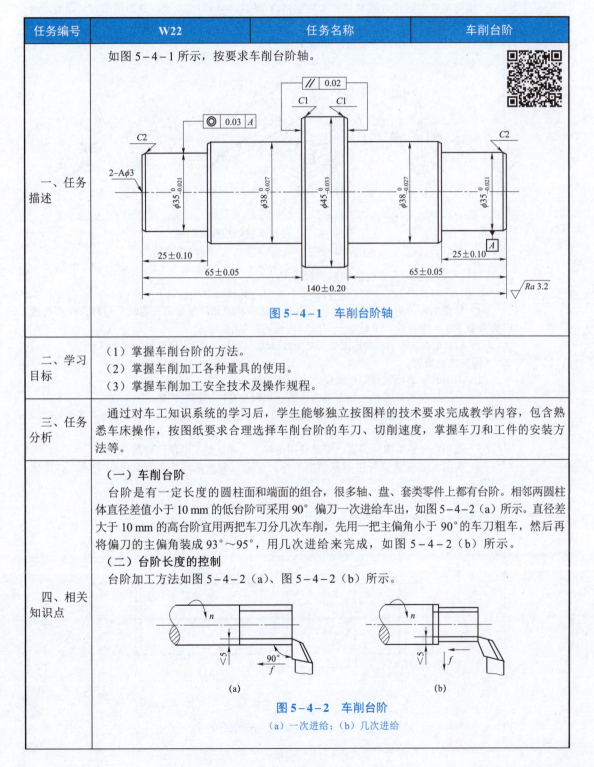

图 5-4-1 车削台阶轴</td></tr>
</table>

二、学习 目标	（1）掌握车削台阶的方法。 （2）掌握车削加工各种量具的使用。 （3）掌握车削加工安全技术及操作规程。
三、任务 分析	通过对车工知识系统的学习后，学生能够独立按图样的技术要求完成教学内容，包含熟悉车床操作，按图纸要求合理选择车削台阶的车刀、切削速度，掌握车刀和工件的安装方法等。
四、相关 知识点	**（一）车削台阶** 　　台阶是有一定长度的圆柱面和端面的组合，很多轴、盘、套类零件上都有台阶。相邻两圆柱体直径差值小于 10 mm 的低台阶可采用 90° 偏刀一次进给车出，如图 5-4-2（a）所示。直径差大于 10 mm 的高台阶宜用两把车刀分几次车削，先用一把主偏角小于 90° 的车刀粗车，然后再将偏刀的主偏角装成 93°～95°，用几次进给来完成，如图 5-4-2（b）所示。 **（二）台阶长度的控制** 　　台阶加工方法如图 5-4-2（a）、图 5-4-2（b）所示。 （a）　　　　　　　　　　　（b） **图 5-4-2　车削台阶** （a）一次进给；（b）几次进给

任务编号	**W22**	任务名称	车削台阶
四、相关知识点	一般用车刀刻线痕来确定，具体方法：当刀尖对准台阶端面时，记住该处大拖板的刻度值（或将刻度调到 0），再转动大拖板手柄将车刀移到所需长变处，开车用车刀划线痕。另外的方法是用卡钳、钢尺或深度卡尺量出待车削台阶长度，再将刀尖移至该处，撤走钢尺或深度卡尺，开车用刀尖划痕，如图 5-4-3 所示。		

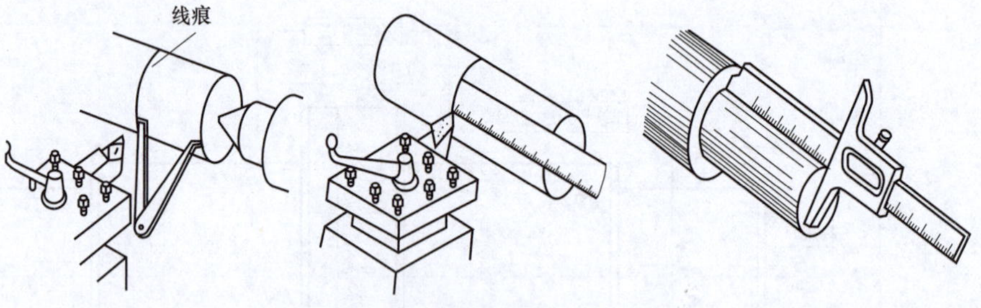

图 5-4-3　台阶长度的控制和测量

(a) 卡钳测量；(b) 钢尺测量；(c) 深度卡尺测量

（三）车削台阶时易产生的缺陷及预防方法

车削台阶时易产生的主要缺陷为台阶不垂直，其预防方法有以下两点。

（1）较低的台阶不垂直的原因是车刀安装歪斜，因此，在车刀安装时，应注意使主切削刃垂直于工件的轴线，车最后一刀时应从里向外车削。

（2）较高的台阶不垂直的原因是刀架受力移动，因此，刀架需要夹紧，防止移动。

（四）注意事项

（1）车削时，必须戴好防护眼镜，女生还要戴好工作帽。

（2）台阶平面和外圆相交处要清角，防止出现小台阶或深的凹坑。

（3）机动车削台阶时，当刀具接近台阶端面时，应停止自动走刀，手动车削到需要的长度。

（4）在主轴没有停稳时，不得测量工件。

（5）要用专用铁钩清除切屑，不能使用游标卡尺或其他工具清除切屑。

（6）使用量具测量前应将测量面擦干净，保证两测量爪间不存在显著的间隙，并校正零位。

（五）车削台阶实例

如图 5-4-4 所示，车削台阶步骤如下。

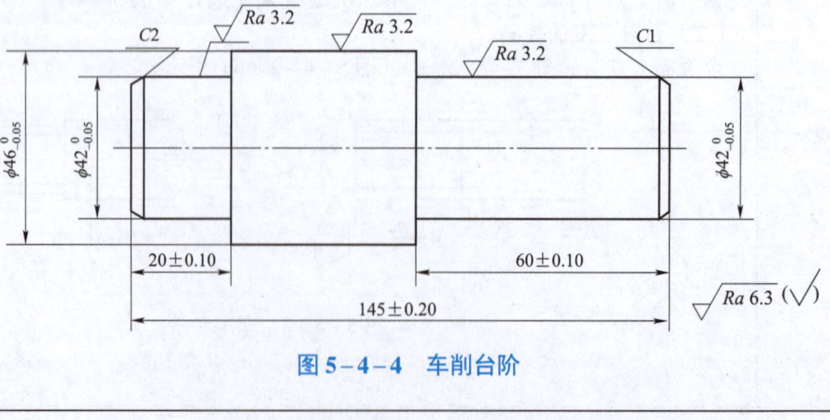

图 5-4-4　车削台阶

任务编号	**W22**	任务名称	车削台阶

| 四、相关知识点 | （1）准备材料：圆棒 146 mm × ϕ50 mm。
（2）选择量具：游标卡尺、千分尺。
（3）选择设备：车床、90°外圆车刀或 45°偏刀。
（4）工艺编写：确定加工工艺
（5）制作：按图纸要求车削工件。
① 开机并观察车床运行是否正常。
② 检查毛坯尺寸大小和外形是否满足加工条件。
③ 安装刀具，主轴中心和刀尖同高，除去工件上毛刺。
④ 用偏刀开始车削端面。按要求车削台阶尺寸 ϕ46 mm，ϕ42 mm，先粗车，留少量的余量，保证长度尺寸 20 mm，60 mm 在公差范围内。
⑤ 掉头粗车 ϕ42，留少量的余量，保证长度尺寸 10 mm，20 mm，30 mm 在公差范围内，再精车削倒角尺寸。
⑥ 再次掉头车端面，保证总长 145 mm，按图纸尺寸要求精车削台阶 ϕ46 mm，ϕ42 mm 至倒角尺寸。
⑦ 检查加工零件是否合格。 |

| 五、看资料，谈感想 | |

六、任务实施

根据图 5-4-1 车削台阶轴。

1. 组织学生分组

学生分组表见表 5-4-1。

表 5-4-1　学生分组表

班级		组号		指导教师	
组长		学号			
组员	姓名	学号		姓名	学号

2. 任务分工

零件加工任务单见表 5-4-2。

任务编号	W22		任务名称		车削台阶

表5-4-2 零件加工任务单

班级			完成时间			
序号	产品名称	材料	加工数量	技术标准	质量要求	图样要求
1						
2						
3						
4						
5						
6						

3. 熟悉任务

（1）任务图的识读。认真阅读任务图5-4-1，找出其中标注错误或者漏标的情况，若发现问题，应及时提出修改意见。

_____

_____

（2）毛坯选择分析。分析本任务所加工的零件，并选择合理的毛坯。

_____

_____

（3）技术要求分析。分析任务图5-4-1，并在表5-4-3中写出所需要的材料，为任务实施做准备。

表5-4-3 零件技术要求分析表

序号	项目	内容	偏差范围
1			
2	车削台阶		
3			
4			

4. 工作方案

（1）设备和材料的选择。根据图5-4-1的车削台阶轴选择加工设备及材料。

_____

_____

六、任务实施

任务编号	**W22**		任务名称		车削台阶

（2）拟订工艺路线。分组讨论，拟订合理的任务加工工艺路线。

_____

_____

_____

（3）小组讨论，确定最佳方案。师生共同讨论并确定最合理的工艺路线及最佳方案，完善零件加工的工艺路线。

_____

_____

_____

（4）工作实施。在教师的指导下，熟悉设备的操作，简述设备安全操作的注意事项。

_____

_____

_____

（5）熟悉车间管理制度，简述 6S 管理的定义和目的。

_____

_____

_____

5. 检测评分

检测评分表见表 5－4－4。

表 5－4－4　检测评分表

工件编号：			完成人：						
项目与配分	序号	技术要求	配分	评分标准	自测记录	得分	互测记录	得分	
工件加工评分（80%）	1	设备选择是否正确	5 分	操作错误全扣					
	2	工件夹持是否正确、合理	15 分	操作错误全扣					
	3	量具选用是否合理	5 分	操作错误全扣					
	4	尺寸公差是否超差	15 分	操作错误全扣					
	5	台阶尺寸是否正确 10 处	30 分	操作错误一处扣 3 分					
	6	表面粗糙度是否达标	10 分	操作错误全扣					

六、任务实施

| 任务编号 | **W22** | | | 任务名称 | | | 车削台阶 |

续表

项目与配分	序号	技术要求	配分	评分标准	自测记录	得分	互测记录	得分
工艺（10%）	7	工艺正确	10 分	每错一处扣2分				
设备操作（10%）	8	设备操作规范	10 分	每错一处扣2分				
安全文明生产（倒扣分）	9	安全操作	倒扣	安全事故停止操作扣 5～10 分				
	10	6S 管理	倒扣					
得分								

6. 车削台阶不正确的原因分析

小组根据检测结果讨论、分析车削台阶不正确的原因及预防方法，并填写表 5-4-5。

表 5-4-5　车削台阶不正确的原因及预防方法

序号	产生原因	预防方法
1		
2		
3		
4		

7. 教师评价

教师对学生的整个任务实施过程进行评价，并填写表 5-4-6。

表 5-4-6　教师评价表

班级		组名		姓名	
出勤情况					
评价内容	评价要点	考察要点	分数	分数评定	得分
任务描述、接受任务	口述内容细节	表述仪态自然、吐字清晰	2 分	表述仪态不自然或吐字模糊扣 1 分	
		表达思路清晰、层次分明、准确		表达思路模糊或层次不清扣 1 分	
任务分析、分组情况	依据图样分析工艺、分组、分工	分析图样关键点准确	3 分	表达思路模糊或层次不清扣 1 分	
		涉及的理论知识回顾完整，分组、分工明确		知识不完整扣 1 分，分组、分工不明确扣 1 分	

六、任务实施

任务编号	W22		任务名称		车削台阶

续表

评价内容	评价要点	考察要点	分数	分数评定	得分
制订计划	制订加工工艺路线	准确制订工艺路线	15分	工艺路线步骤错误一步扣1分，扣完为止	
计划实施	加工前准备	设备准备	3分	每漏一项扣1.5分	
		材料准备		没有检查扣1.5分	
		以情景模拟的方式，体验到材料库领取材料的过程，并完成领料单	2分	领料单填写不完整扣1分	
	加工	正确选择材料	5分	选择错误一项扣1分，扣完为止	
		查阅资料，正确选择加工的技术参数	5分	选择错误一项扣1分，扣完为止	
		正确实施零件加工，无失误（依据工件评分表）	40分	依据工件评分标准超差扣分	
	现场恢复	在加工过程中保持6S管理、三环落地	3分	每漏一项扣1分，扣完为止	
		设备、材料、工具、工位恢复整理	2分	每违反一项扣1分，扣完为止	
总结	任务总结	依据自评分数	5分	依据总结内容是否到位酌情给分	
		依据互评分数	5分	依据总结内容是否到位酌情给分	
		依据个人总结评分报告	10分	依据总结内容是否到位酌情给分	
合计			100分		

六、任务实施

任务编号	W22	任务名称	车削台阶
七、反思	（1）车削运动分为（　）和（　）两种，工件的旋转运动是（　）。 　A. 切深运动　　　　B. 主运动　　　　C. 进给运动　　　　D. 旋转运动 （2）切削用量中对切削温度影响最大的是（　）。 　A. 切削深度　　　　B. 进给量　　　　C. 切削速度 （3）车床用的三爪自定心卡盘和四爪单动卡盘属于（　）夹具。 　A. 通用　　　　　　B. 专用　　　　　C. 组合 （4）车削较细较长的轴时，应用中心架与跟刀架对外圆面定位的目的是（　）。 　A. 增加定位点　　　B. 提高工件的刚性 （5）在夹具中，（　）装置用于确定工件在夹具中的位置。 　A. 定位　　　　　　B. 夹紧　　　　　C. 辅助		

任务五　车削圆锥面

任务编号	W23	任务名称	车削圆锥面
一、任务描述	如图 5-5-1 所示，按要求车削图锥面。 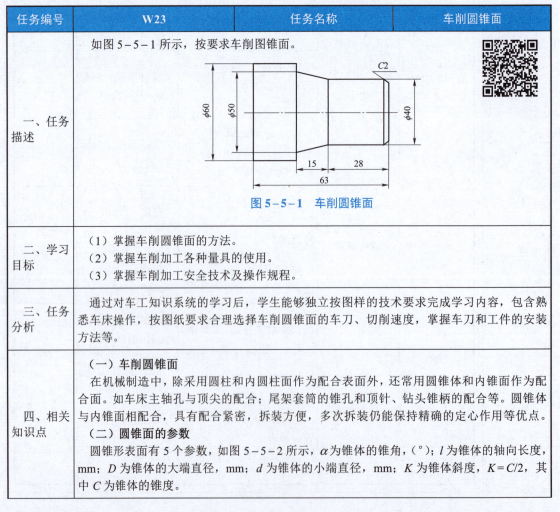 图 5-5-1　车削圆锥面		
二、学习目标	（1）掌握车削圆锥面的方法。 （2）掌握车削加工各种量具的使用。 （3）掌握车削加工安全技术及操作规程。		
三、任务分析	通过对车工知识系统的学习后，学生能够独立按图样的技术要求完成学习内容，包含熟悉车床操作，按图纸要求合理选择车削圆锥面的车刀、切削速度，掌握车刀和工件的安装方法等。		
四、相关知识点	**（一）车削圆锥面** 　　在机械制造中，除采用圆柱和内圆柱面作为配合表面外，还常用圆锥体和内锥面作为配合面。如车床主轴孔与顶尖的配合；尾架套筒的锥孔和顶针、钻头锥柄的配合等。圆锥体与内锥面相配合，具有配合紧密，拆装方便，多次拆装仍能保持精确的定心作用等优点。 **（二）圆锥面的参数** 　　圆锥形表面有 5 个参数，如图 5-5-2 所示，α 为锥体的锥角，（°）；l 为锥体的轴向长度，mm；D 为锥体的大端直径，mm；d 为锥体的小端直径，mm；K 为锥体斜度，$K = C/2$，其中 C 为锥体的锥度。		

任务编号	**W23**	任务名称	车削圆锥面
四、相关 知识点			

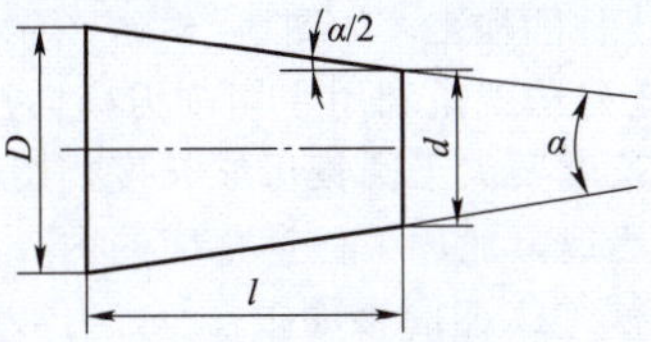

图 5-5-2　锥体主要尺寸

这 5 个参数之间的相互关系可表示为

圆锥的锥度 $\qquad C=(D-d)/l=2\tan(\alpha/2)$

圆锥的斜度 $\qquad K=(D-d)/2l=\tan(\alpha/2)$

锥体可直接用角度表示，如 30°，45°，60° 等；也可用锥度表示，如 1:5，1:10，1:20 等。特殊用途锥体根据需要专门定制，如图 5-5-2 所示，莫氏锥度等。

（三）车削圆锥面的方法

车削圆锥面的方法很多，常用的有 4 种。

（1）转动小拖板法。根据图纸标注或计算出的工件圆锥的斜角（$\alpha/2$），将小拖板转过 $\alpha/2$ 后固定。车削时，摇动小拖板手柄，使车刀沿圆锥母线移动，即可车出所需的锥体或锥孔（见图 5-5-3）。这种方法简单，不受锥度大小的限制。但由于受小拖板行程的限制，不能加工较长的圆锥面，且只能手动进给，不能机动进给，劳动强度较大，表面粗糙度的高低靠技术控制，不易掌握。

（2）偏移尾座法。如图 5-5-4 所示，把尾座顶尖偏移一个距离 s，使工件旋转中心与机床主轴轴线相交成斜角（$\alpha/2$），利用车刀纵向进给，车出所需的圆锥面。这种方法可以加工锥体较长、锥度较小的外锥体表面，可用机动进给加工，劳动强度较低，加工表面质量好。但要注意，成批生产时，应保证工件总长及中心孔深度一致，否则，在相同的偏移量下会出现锥度误差。当 α 很小时尾座偏移量为

$$s=LC/2=L(D-l)/2l=L\tan(\alpha/2)$$

式中　L——工件长度，mm；

　　　l——锥体轴向长度，mm。

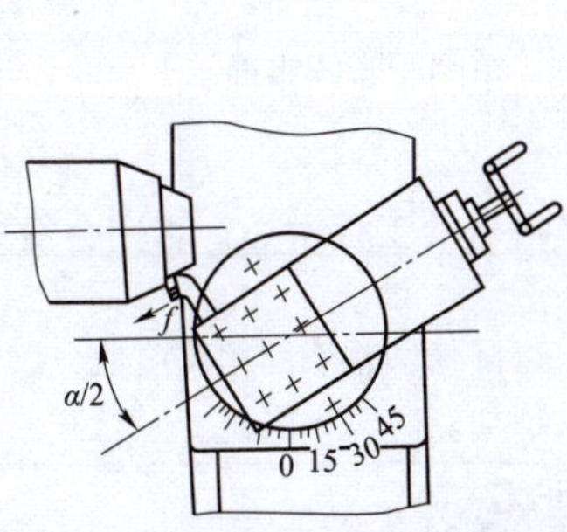

图 5-5-3　转动小拖板法车削圆锥面

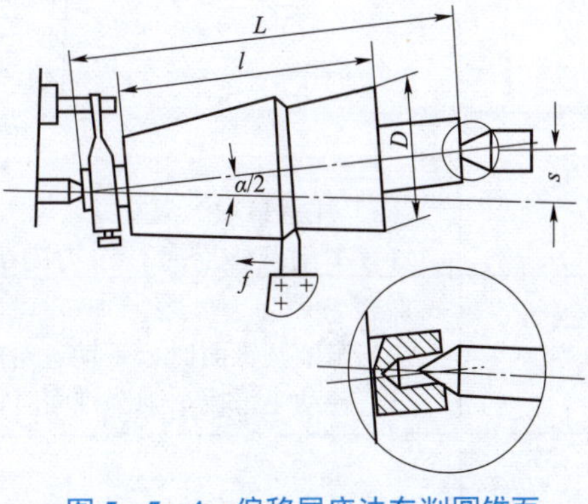

图 5-5-4　偏移尾座法车削圆锥面

任务编号	**W23**	任务名称	车削圆锥面

（3）机械靠模法。采用专用靠模工具进行锥体的车削加工，适用于成批量、小锥度、精度要求高的圆锥工件的加工，如图5-5-5所示。

（4）宽刀法。宽刀法就是利用主切削刃横向进给直接车出圆锥面，如图5-5-6所示。此时，切削刃的长度要大于圆锥母线长度，切削刃与工件回转中心线成半锥度 α ，这种加工方法方便、迅速，能加工任意角度的内、外圆锥。车床上倒角实际就是宽刀法车削圆锥面。此种方法加工的圆锥面很短（小于20 mm），要求切削加工系统要有较高的刚性，适用于批量生产。

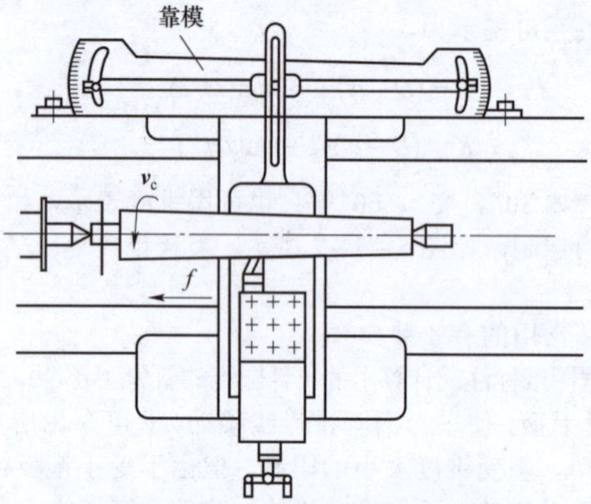

四、相关知识点

图5-5-5　机械靠模法车削圆锥面　　图5-5-6　宽刀法车削圆锥面

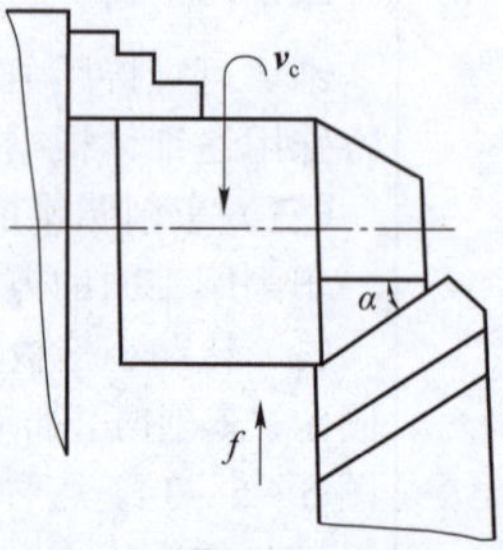

（5）车削配套圆锥面。车削配套圆锥面时，先加工外锥面，在不改变小拖板转动角度的前提下，将车刀反装，如图5-5-7所示，使其切削刃向下，然后再开始加工，进给后可车出准确的配套锥面。车削前先用直径小于内圆锥小端直径为1～2 mm的钻头钻孔，然后切削内圆锥孔。

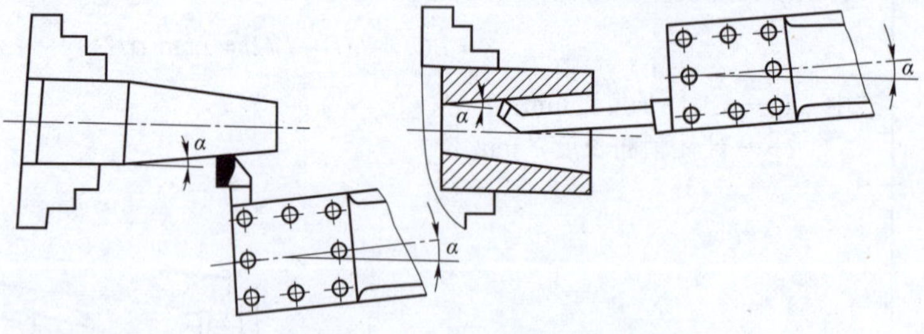

图5-5-7　车削配套圆锥面

（四）注意事项

（1）车削圆锥面时，车刀刀尖必须严格对准工件中心，否则会造成圆锥表面的双曲线误差。

（2）车削圆锥面时，手动进给应匀速，以降低圆锥表面粗糙度值。

（3）转动小滑板车削圆锥面时，小滑板转动方向应正确。

五、看资料，谈感想

任务编号		**W23**		任务名称		车削圆锥面

根据图 5-5-1 车削圆锥面。

1. 组织学生分组

学生分组表见表 5-5-1。

表 5-5-1　学生分组表

班级		组号		指导教师	
组长		学号			
组员	姓名	学号		姓名	学号

2. 任务分工

零件加工任务单见表 5-5-2。

表 5-5-2　零件加工任务单

班级		完成时间			
序号	产品名称	材料	加工数量	技术标准	质量要求	图样要求
1						
2						
3						
4						
5						
6						

3. 熟悉任务

（1）任务图的识读。认真阅读任务图 5-5-1，找出其中标注错误或者漏标的情况，若发现问题，应及时提出修改意见。

_____

_____

_____

金工实训

任务编号	**W23**	任务名称	车削圆锥面

（2）毛坯选择分析。分析本任务所加工的零件，并选择合理的毛坯。

_____

_____

（3）技术要求分析。分析任务图样 5-5-1，并在表 5-5-3 中写出所需要的材料，为任务实施做准备。

表 5-5-3　零件技术要求分析表

序号	项目	内容	偏差范围
1	车削圆锥面		
2			
3			
4			

4. 工作方案

（1）设备和材料的选择。根据图 5-5-1 的车削圆锥面选择加工设备及材料。

_____

_____

（2）拟订工艺路线。分组讨论，拟订合理的任务加工工艺路线。

_____

_____

（3）小组讨论，确定最佳方案。师生共同讨论并确定最合理的工艺路线及最佳方案，完善零件加工的工艺路线。

_____

_____

（4）工作实施。在教师的指导下，熟悉设备的操作，简述设备安全操作的注意事项。

_____

_____

（5）熟悉车间管理制度，简述 6S 管理的定义和目的。

_____

_____

六、任务实施

| 任务编号 | W23 | | 任务名称 | | 车削圆锥面 | | | | |

5. 检测评分

检测评分表见表 5－5－4。

表 5－5－4　检测评分表

工件编号：					完成人：				
项目与配分	序号	技术要求	配分	评分标准		自测记录	得分	互测记录	得分
工件加工评分（80%）	1	设备选择是否正确	5分	操作错误全扣					
	2	工件夹持是否正确、合理	15分	操作错误全扣					
	3	量具选用是否合理	5分	操作错误全扣					
	4	尺寸公差是否超差6处	30分	操作错误一处扣5分					
	5	锥度是否正确	15分	操作错误全扣					
	6	表面粗糙度是否达标	10分	操作错误全扣					
工艺（10%）	7	工艺正确	10分	每错一处扣2分					
设备操作（10%）	8	设备操作规范	10分	每错一处扣2分					
安全文明生产（倒扣分）	9	安全操作	倒扣	安全事故停止操作扣5～10分					
	10	6S管理	倒扣						
得分									

6. 车削圆锥面不正确的原因分析

小组根据检测结果讨论、分析车削圆锥面不正确的原因及预防方法，并填写表 5－5－5。

表 5－5－5　车削圆锥面不正确的原因及预防方法

序号	产生原因	预防方法
1		
2		
3		
4		

六、任务实施

续表

任务编号	W23		任务名称		车削圆锥面	

7. 教师评价

教师对学生的整个任务实施过程进行评价，并填写表5－5－6。

表5－5－6 教师评价表

班级			组名		姓名	
出勤情况						
评价内容	评价要点	考察要点	分数		分数评定	得分
任务描述、接受任务	口述内容细节	表述仪态自然、吐字清晰	2分		表述仪态不自然或吐字模糊扣1分	
		表达思路清晰、层次分明、准确			表达思路模糊或层次不清扣1分	
任务分析、分组情况	依据图样分析工艺、分组、分工	分析图样关键点准确	3分		表达思路模糊或层次不清扣1分	
		涉及的理论知识回顾完整，分组、分工明确			知识不完整扣1分，分组、分工不明确扣1分	
制订计划	制订加工工艺	准确制订工艺路线	15分		工艺路线步骤错误一步扣1分，扣完为止	
计划实施	加工前准备	设备准备	3分		每漏一项扣1.5分	
		材料准备			没有检查扣1.5分	
		以情景模拟的方式，体验到材料库领取材料的过程，并完成领料单	2分		领料单填写不完整扣1分	
	加工	正确选择材料	5分		选择错误一项扣1分，扣完为止	
		查阅资料，正确选择加工的技术参数	5分		选择错误一项扣1分，扣完为止	
		正确实施零件加工，无失误	40分		依据工件评分标准超差扣分	
	现场恢复	在加工过程中保持6S管理、三环落地	3分		每漏一项扣1分，扣完为止	

六、任务实施

任务编号	W23		任务名称		车削圆锥面

续表

<table>
<tr><th rowspan="9">六、任务实施</th><th>评价内容</th><th>评价要点</th><th>考察要点</th><th>分数</th><th>分数评定</th><th>得分</th></tr>
<tr><td>计划实施</td><td>现场恢复</td><td>设备、材料、工具、工位恢复整理</td><td>2分</td><td>每违反一项扣 1 分，扣完为止</td><td></td></tr>
<tr><td rowspan="3">总结</td><td rowspan="3">任务总结</td><td>依据自评分数</td><td>5分</td><td>依据总结内容是否到位酌情给分</td><td></td></tr>
<tr><td>依据互评分数</td><td>5分</td><td>依据总结内容是否到位酌情给分</td><td></td></tr>
<tr><td>依据个人总结评分报告</td><td>10分</td><td>依据总结内容是否到位酌情给分</td><td></td></tr>
<tr><td colspan="3" align="center">合计</td><td>100 分</td><td></td><td></td></tr>
</table>

七、反思

（1）车削圆锥面有哪几种方法？

_____

_____

_____

（2）简述用小拖板车削圆锥面的方法。

_____

_____

_____

（3）编写图 5-5-8 所示零件的工艺卡和加工步骤。

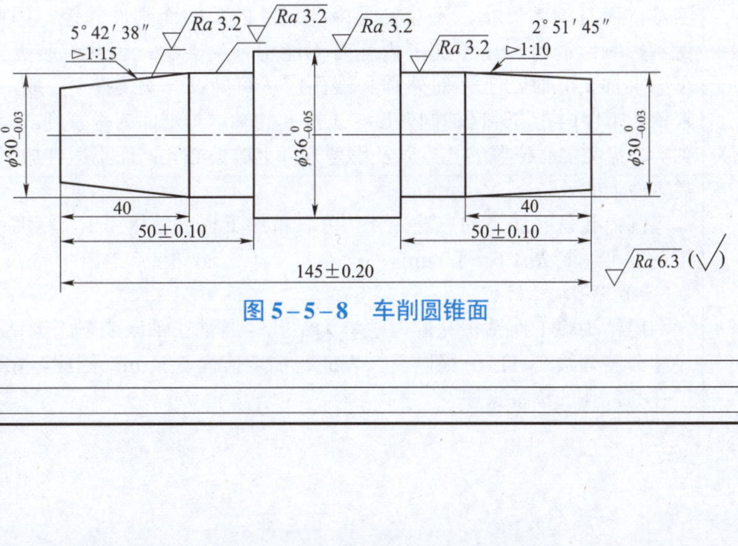

图 5-5-8　车削圆锥面

_____

_____

任务六　钻加工（车工加工孔）

任务编号	W24		任务名称	钻加工（车工加工孔）
一、任务描述	如图 5-6-1 所示，按要求钻、车、铰圆柱孔。 图 5-6-1　钻、车、铰圆柱孔			
二、学习目标	（1）掌握钻、车、铰圆柱孔的方法。 （2）掌握车削通孔和车削台阶孔的方法与步骤。 （3）掌握车削加工各种量具的使用。 （4）掌握车削加工安全技术及操作规程。			
三、任务分析	通过对车工知识系统的学习后，学生能够独立按图样的技术要求完成教学内容，包含熟悉车床操作，按图纸要求合理选择钻、车、铰圆柱孔的刀具，切削速度及钻头，掌握刀具和工件的安装方法等。			
四、相关知识点	在车床上可以使用钻头、扩孔钻、铰刀等刀具加工孔，也可以使用内孔车刀镗孔。内孔加工相对于外圆加工来说，由于在观察、排屑、冷却、测量及尺寸的控制方面都比较困难，而且刀具形状、尺寸又受内孔尺寸的限制而刚性较差，因此，内孔加工的质量会受到影响。同时，由于加工内孔时不能用顶尖支承，因此，装夹工件的刚性也较差。在车床上加工孔时，工件的外圆和端面应尽可能在一次装夹中完成，这样才能靠机床的精度来保证工件内孔与外圆的同轴度、工件孔的轴线与端面的垂直度。因此，在车床上适合加工轴类、盘类中心位置的孔，以及小型零件上的偏心孔，而不适合加工大型零件和箱体、支架类零件上的孔。 　　车削内孔是孔加工的方法之一，可以粗加工也可以精加工，精度可达到 IT7～IT8，表面粗糙度可达到 $Ra1.6～3.2\ \mu m$。 　　（一）钻孔 　　利用钻头将工件钻出孔的方法称为钻孔。通常在钻床或车床上钻孔。钻孔的精度较低，尺寸公差等级在 IT10 级以下，表面粗糙度值为 $6.3\ \mu m$。因此，钻孔往往是车孔、镗孔、扩孔和铰孔的预备工序。			

续表

任务编号	W24	任务名称	钻加工（车工加工孔）

1. 在车床上钻孔

无须划线，以保证孔与外圆的同轴度及孔与端面的垂直度。车床上钻孔的方法如图 5-6-2 所示，其操作步骤如下。

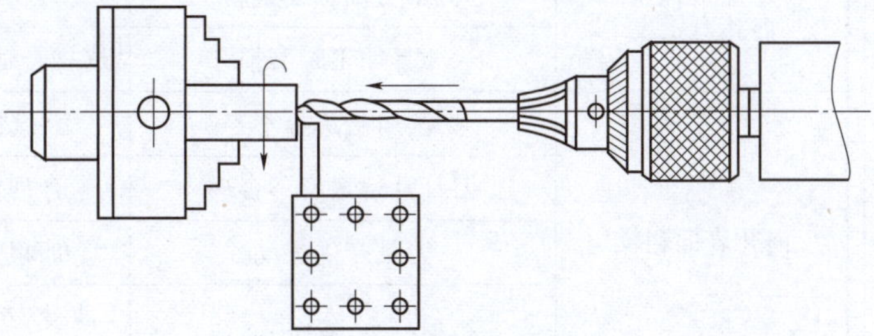

图 5-6-2　车床上钻孔的方法

（1）钻中心孔。钻中心孔便于钻头定心，可防止孔钻偏。

（2）装夹钻头。锥柄钻头直接装在尾架套筒的锥孔内，直柄钻头装在钻夹头内，把钻夹头装在尾架套筒的锥孔内。需要注意的是要擦净后再装入。

（3）调整尾架位置。松开尾架与床身的紧固螺栓螺母，移动尾架使钻头能进给至所需长度，固定尾架。

（4）开车钻削。尾架套筒手柄松开后（但不宜过松），开动车床，均匀地摇动尾架套筒手轮钻削。刚接触工件时，进给要慢些；切削中要经常退回；钻透时，进给也要慢些，退出钻头后再停车。

一般直径在 30 mm 以下的孔可用麻花钻直接在实心的工件上钻孔。直径大于 30 mm 则先用 $\phi30$ mm 以下的钻头钻孔后，再用所需尺寸钻头扩孔。

2. 扩孔

扩孔就是把已用麻花钻钻好的孔再扩大到所需尺寸的加工方法。一般单件、低精度的孔，可直接用麻花钻扩孔；精度要求高、成批加工的孔，可用扩孔钻扩孔。扩孔钻的刚度比麻花钻好，进给量可适当加大，生产率高。

3. 铰孔

铰孔是利用定尺寸多刃刀具、高效率、成批精加工孔的方法，钻—扩—铰联用，是孔精加工的典型方法之一，多用于成批生产或单件、小批量生产中细长孔的加工。

在车床上钻孔、扩孔、铰孔时，有时因操作不当，出现缺陷，车孔缺陷的原因及预防方法见表 5-6-1。

表 5-6-1　车孔缺陷的原因及预防方法

废品种类	产因原因	预防方法
内孔不圆	主轴轴承间隙过大	调整机床的间隙
	加工余量不均匀	分粗车与精车
	夹紧力太大	工件变形
内孔有锥度	工件没有找正中心	仔细找正工件的中心
	刀杆刚性差，加工时产生让刀	增加刀杆的刚性

任务编号	**W24**	任务名称	钻加工（车工加工孔）

废品种类	产因原因	预防方法
内孔有锥度	机床主轴轴线歪斜	校正导轨
	刀具加工时磨损	选择合适的刀具，减小切削速度
内孔表面粗糙	切削用量选择不当	选择合理的切削用量
	刀具几何角度不合理	合理选择车刀的几何角度
	刀具产生振动	加粗刀杆，降低切削速度
	刀尖低于工件中心线	改变刀尖位置，使刀尖略高于工件中心线

4. 镗孔

镗孔（见图 5-6-3）是对锻出、铸出或钻出孔的进一步加工。镗孔可以较好地纠正原来孔轴线的偏斜，并可以提高精度和表面粗糙度，可以作为粗加工、半精加工、精加工。

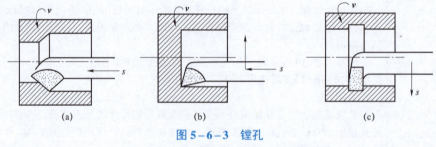

图 5-6-3　镗孔

（a）镗通孔；（b）镗不通孔；（c）镗槽

镗刀杆应尽可能粗些。安装镗刀时，伸出刀架的长度应尽量小。刀尖装得要略高于轴中心，以减少颤动和扎刀现象。此外，如刀尖低于工件中心，也往往会使镗刀下部碰坏孔壁。

镗通孔时，在选截面尽可能大的刀杆的同时，要注意防止刀杆下部碰伤已加工表面。镗通孔时，则要使刀尖到刀背面的距离小于孔径的 1/2，否则车刀无法通孔底的端面。

镗孔操作和车削外圆操作基本相同，但要注意以下几点。

（1）开车前先使车刀在孔内手动试走一遍，确认刀杆不与孔壁干涉后，再开车镗孔。

（2）镗孔时，进给量、切削深度要比车削外圆时略小。刀杆越细，切削深度也越小。

（3）镗孔的切深方向和退刀方向与车削外圆正好相反，初学者要特别注意。

（4）由于刀杆刚性差，容易产生"让刀"而使内孔成为锥孔，这时需适当降低切削用量重新镗孔。当镗孔刀刀磨损严重时，也会使加工过的孔出现锥孔现象，这时必须重新刃磨镗刀后再进行镗孔。

（二）孔尺寸的控制和测量

如图 5-6-4 所示，内孔的长度尺寸可在初步控制镗孔深度后，再用游标卡尺或深度千分尺测量来控制孔深。

四、相关知识点

续表

任务编号	**W24**	任务名称	钻加工（车工加工孔）

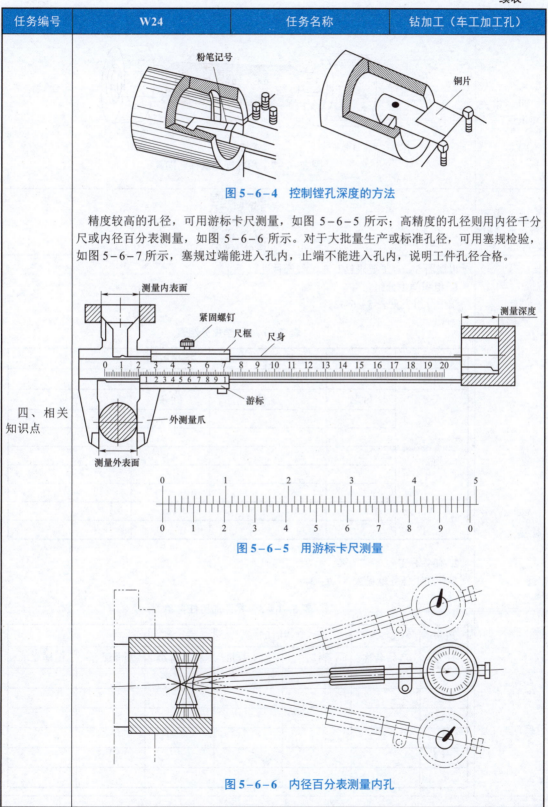

图 5-6-4　控制镗孔深度的方法

　　精度较高的孔径，可用游标卡尺测量，如图 5-6-5 所示；高精度的孔径则用内径千分尺或内径百分表测量，如图 5-6-6 所示。对于大批量生产或标准孔径，可用塞规检验，如图 5-6-7 所示，塞规过端能进入孔内，止端不能进入孔内，说明工件孔径合格。

四、相关
知识点

图 5-6-5　用游标卡尺测量

图 5-6-6　内径百分表测量内孔

任务编号	**W24**		任务名称	钻加工（车工加工孔）

四、相关 知识点	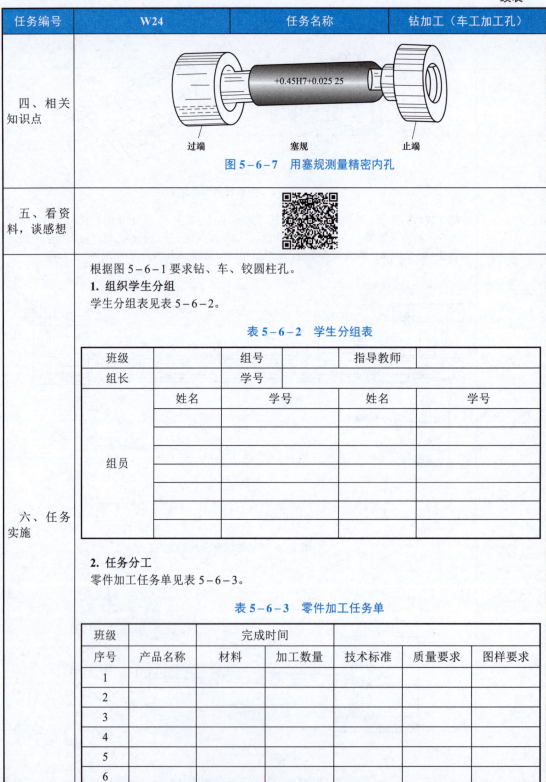 图 5-6-7　用塞规测量精密内孔

五、看资 料，谈感想	

根据图 5-6-1 要求钻、车、铰圆柱孔。

1. 组织学生分组

学生分组表见表 5-6-2。

表 5-6-2　学生分组表

班级		组号		指导教师	
组长		学号			
	姓名	学号		姓名	学号
组员					

2. 任务分工

零件加工任务单见表 5-6-3。

表 5-6-3　零件加工任务单

班级		完成时间			
序号	产品名称	材料	加工数量	技术标准	质量要求	图样要求
1						
2						
3						
4						
5						
6						

续表

任务编号	**W24**	任务名称	钻加工（车工加工孔）

3. 熟悉任务

（1）任务图的识读。认真阅读任务图 5-6-1，找出其中标注是否有错误或者漏标的情况，若发现问题，应及时提出修改意见。

_____

_____

_____

（2）毛坯选择分析。分析本任务所加工的零件，并选择合理的毛坯。

_____

_____

_____

（3）技术要求分析。分析任务图 5-6-1，并在表 5-6-4 中写出所需要的材料，为任务实施做准备。

表 5-6-4 零件技术要求分析表

序号	项目	内容	偏差范围
1	钻、车、铰圆柱孔		
2			
3			
4			

六、任务实施

4. 工作方案

（1）设备和材料的选择。根据图 5-6-1 的钻、车、铰圆柱孔选择加工设备及材料。

_____

_____

（2）拟订工艺路线。分组讨论，拟订合理的任务加工工艺路线。

_____

_____

（3）小组讨论，确定最佳方案。师生共同讨论并确定最合理的工艺路线及最佳方案，完善零件加工的工艺路线。

_____

_____

（4）工作实施。在教师的指导下，熟悉设备的操作，简述设备安全操作的注意事项。

_____

_____

任务编号	W24		任务名称	钻加工（车工加工孔）

（5）熟悉车间管理制度，简述6S管理的定义和目的。

_____

_____

_____

5. 检测评分

检测评分表见表5－6－5。

表5－6－5　检测评分表

工件编号：				完成人：				
项目与配分	序号	技术要求	配分	评分标准	自测记录	得分	互测记录	得分
工件加工评分（80%）	1	设备选择是否正确	5分	操作错误全扣				
	2	工件夹持是否正确、合理	10分	操作错误全扣				
	3	量具选用是否合理	10分	操作错误全扣				
	4	尺寸公差是否超差7处	35分	操作错误一处扣5分				
	5	圆柱孔是否正确	10分	操作错误全扣				
	6	表面粗糙度是否达标	10分	操作错误全扣				
工艺（10%）	7	工艺正确	10分	每错一处扣2分				
设备操作（10%）	8	设备操作规范	10分	每错一处扣2分				
安全文明生产（倒扣分）	9	安全操作	倒扣	安全事故停止操作扣5～10分				
	10	6S管理	倒扣					
得分								

6. 钻、车、铰圆柱孔不正确的原因分析

小组根据检测结果讨论、分析钻、车、铰圆柱孔不正确的原因及预防方法，并填写表5－6－6。

表5－6－6　钻、车、铰圆柱孔不正确的原因及预防方法

序号	产生原因	预防方法
1		
2		
3		
4		

任务编号	W24		任务名称	钻加工（车工加工孔）

7. 教师评价

教师对学生的整个任务实施过程进行评价，并填写表 5−6−7。

表 5−6−7　教师评价表

班级		组名		姓名	
出勤情况					
评价内容	评价要点	考察要点	分数	分数评定	得分
任务描述、接受任务	口述内容细节	表述仪态自然、吐字清晰	2 分	表述仪态不自然或吐字模糊扣 1 分	
		表达思路清晰、层次分明、准确		表达思路模糊或层次不清扣 1 分	
任务分析、分组情况	依据图样分析工艺、分组、分工	分析图样关键点准确	3 分	表达思路模糊或层次不清扣 1 分	
		涉及的理论知识回顾完整，分组、分工明确		知识不完整扣 1 分，分组、分工不明确扣 1 分	
制订计划	制订加工工艺路线	准确制订工艺路线	15 分	工艺路线步骤错误一步扣 1 分，扣完为止	
计划实施	加工前准备	设备准备	3 分	每漏一项扣 1.5 分	
		材料准备		没有检查扣 1.5 分	
		以情景模拟的方式，体验到材料库领取材料的过程，并完成领料单	2 分	领料单填写不完整扣 1 分	
	加工	正确选择材料	5 分	选择错误一项扣 1 分，扣完为止	
		查阅资料，正确选择加工的技术参数	5 分	选择错误一项扣 1 分，扣完为止	
		正确实施零件加工，无失误	40 分	依据工件评分标准超差扣分	
	现场恢复	在加工过程中保持 6S 管理、三环落地	3 分	每漏一项扣 1 分，扣完为止	
		设备、材料、工具、工位恢复整理	2 分	每违反一项扣 1 分，扣完为止	

六、任务实施

金工实训

续表

任务编号	W24	任务名称	钻加工（车工加工孔）

续表

评价内容	评价要点	考察要点	分数	分数评定	得分
六、任务实施	总结	任务总结	依据自评分数	5分	依据总结内容是否到位酌情给分	
		依据互评分数	5分	依据总结内容是否到位酌情给分	
		依据个人总结评分报告	10分	依据总结内容是否到位酌情给分	
	合计		100分		

七、反思

（1）如何控制和测量孔尺寸？

（2）钻孔、扩孔不圆和有锥度是怎样形成的，有什么解决办法？

（3）车端面与车削台阶轴的端面产生凸与凹的原因是什么，如何防止，端面出现凸与凹面时还能继续加工孔吗？

任务七 车削螺纹

任务编号	W25	任务名称	车削螺纹

一、任务描述

如图5-7-1所示，按要求车削三角螺纹。

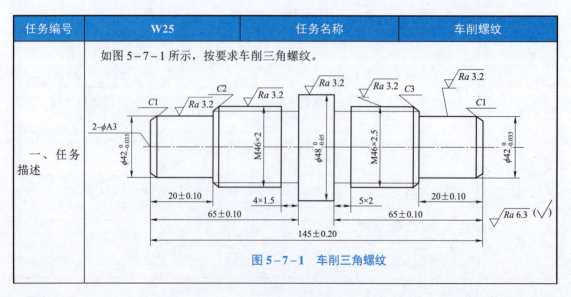

图5-7-1 车削三角螺纹

224

任务编号	**W25**	任务名称	车削螺纹
二、学习目标	（1）了解三角形螺纹车刀的几何形状和角度要求。 （2）掌握三角形螺纹车刀刃磨的要求和方法。 （3）掌握车削螺纹加工各种量具的使用。 （4）掌握车削螺纹的安全技术及操作规程。		
三、任务分析	通过对车工知识系统的学习后，学生能够独立按图样的技术要求完成教学内容，包含熟悉车床操作，按图纸要求合理选择钻加工（车工加工孔）的刀具，切削速度及钻头，掌握刀具和工件的安装方法等。		
四、相关知识点	**（一）螺纹** 在圆柱表面上沿着螺旋线形成的具有相同剖面的连续凸起和沟槽称为螺纹。在各种机械中，带有螺纹的零件很多，且应用很广。 **1. 螺纹种类** 按用途的不同，螺纹可分为连接螺纹和传动螺纹两类。连接螺纹主要用于零件的固定连接，常用的有普通螺纹和管螺纹，螺纹牙型多为三角形。传动螺纹用于传递动力、运动或位移，其牙型多为梯形或锯齿形。 车削螺纹的基本技术要求是保证螺纹的牙型和螺距的精度，并使相配合的螺纹具有相同的中径。 在车床上加工螺纹主要是指用车刀车削各种螺纹，对于直径较小的螺纹，也可在车床上先车出大径或中径，再用板牙或丝锥套攻螺纹。 **2. 普通螺纹各部分名称及尺寸** 普通螺纹名称符号和要素如图 5-7-2 所示，其中大径、螺距、中径、牙型角为最基本的要素。 （1）H 为原始三角形高度。 （2）螺距 P 为相邻两牙在轴线方向上对应两点间的距离。 （3）大径 D（d）（公称直径）为螺纹主要尺寸，D 为内螺纹底径，d 为外螺纹外径。 （4）中径 $D_2(d_2) = D(d) - 0.649\,5P$，指螺纹中一个假想圆柱的直径，此处螺纹牙与槽宽相等。 （5）小径 $D_1(d_1) = D(d) - 1.082P$。 （6）牙型角 α 指螺纹轴向剖面上相邻两牙侧之间的夹角，公制为 60°，英制为 55°。 （7）线数 n 指同一螺纹上的螺旋线根数。 （8）导程 $L = nP$，当 $n = 1$ 时，$P = L$，一般三角螺纹为单线，$P = L$。 **（二）车削螺纹** **1. 螺纹车刀及其安装** 螺纹车刀是一种截面形状简单的成形车刀，其结构简单、制造容易、通用性强，在各类生产类型中都有应用。由于螺纹牙型角 α 依靠螺纹车刀的正确形状来保证，因此，三角螺纹车刀的刀尖及刃刃的交角应为 60°，而且精车时车刀的前角应等于零。 **2. 螺纹车刀安装要求** 刀尖中心与车床主轴线严格等高。刀尖角的等分线垂直主轴轴线，使螺纹两牙型半角相等，如图 5-7-3 所示。

任务编号	**W25**	任务名称	车削螺纹

四、相关知识点

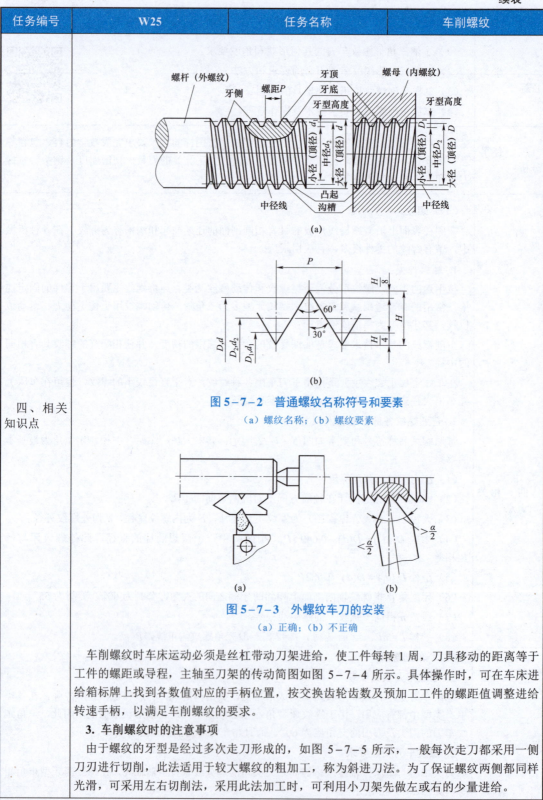

图 5-7-2　普通螺纹名称符号和要素
（a）螺纹名称；（b）螺纹要素

图 5-7-3　外螺纹车刀的安装
（a）正确；（b）不正确

车削螺纹时车床运动必须是丝杠带动刀架进给，使工件每转1周，刀具移动的距离等于工件的螺距或导程，主轴至刀架的传动简图如图5-7-4所示。具体操作时，可在车床进给箱标牌上找到各数值对应的手柄位置，按交换齿轮齿数及预加工工件的螺距值调整进给转速手柄，以满足车削螺纹的要求。

3. 车削螺纹时的注意事项

由于螺纹的牙型是经过多次走刀形成的，如图5-7-5所示，一般每次走刀都采用一侧刀刃进行切削，此法适用于较大螺纹的粗加工，称为斜进刀法。为了保证螺纹两侧都同样光滑，可采用左右切削法，采用此法加工时，可利用小刀架先做左或右的少量进给。

任务编号	**W25**	任务名称	车削螺纹

四、相关知识点

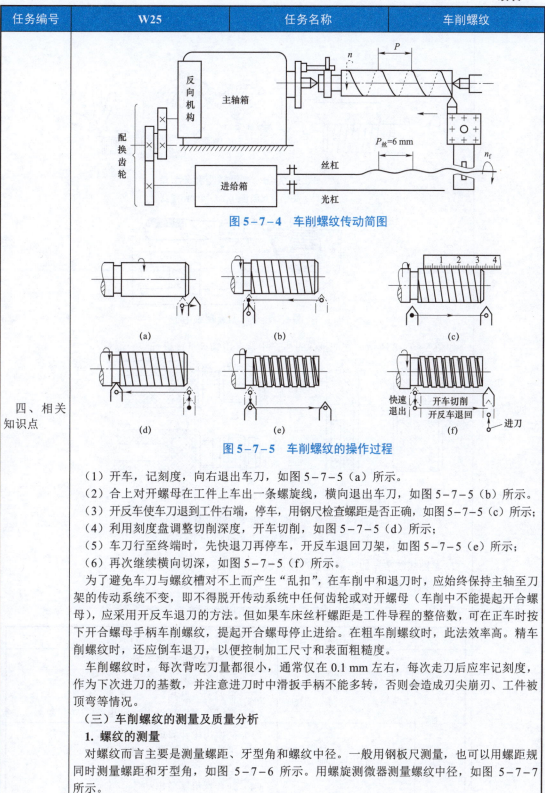

图 5-7-4　车削螺纹传动简图

图 5-7-5　车削螺纹的操作过程

（1）开车，记刻度，向右退出车刀，如图 5-7-5（a）所示。

（2）合上对开螺母在工件上车出一条螺旋线，横向退出车刀，如图 5-7-5（b）所示。

（3）开反车使车刀退到工件右端，停车，用钢尺检查螺距是否正确，如图 5-7-5（c）所示；

（4）利用刻度盘调整切削深度，开车切削，如图 5-7-5（d）所示；

（5）车刀行至终端时，先快退刀再停车，开反车退回刀架，如图 5-7-5（e）所示；

（6）再次继续横向切深，如图 5-7-5（f）所示。

为了避免车刀与螺纹槽对不上而产生"乱扣"，在车削中和退刀时，应始终保持主轴至刀架的传动系统不变，即不得脱开传动系统中任何齿轮或对开螺母（车削中不能提起开合螺母），应采用开反车退刀的方法。但如果车床丝杆螺距是工件导程的整倍数，可在正车时按下开合螺母手柄车削螺纹，提起开合螺母停止进给。在粗车削螺纹时，此法效率高。精车削螺纹时，还应倒车退刀，以便控制加工尺寸和表面粗糙度。

车削螺纹时，每次背吃刀量都很小，通常仅在 0.1 mm 左右，每次走刀后应牢记刻度，作为下次进刀的基数，并注意进刀时中滑扳手柄不能多转，否则会造成刃尖崩刃、工件被顶弯等情况。

（三）车削螺纹的测量及质量分析

1. 螺纹的测量

对螺纹而言主要是测量螺距、牙型角和螺纹中径。一般用钢板尺测量，也可以用螺距规同时测量螺距和牙型角，如图 5-7-6 所示。用螺旋测微器测量螺纹中径，如图 5-7-7 所示。

任务编号	**W25**	任务名称	车削螺纹

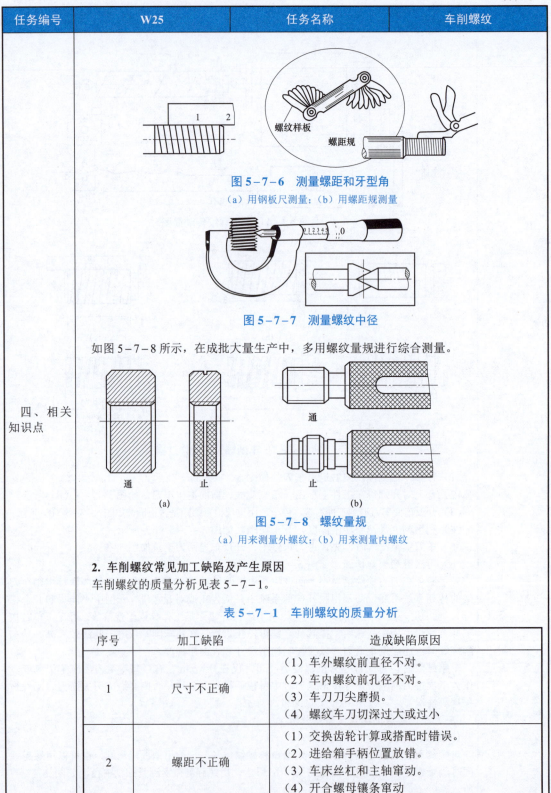

图 5-7-6　测量螺距和牙型角

（a）用钢板尺测量；（b）用螺距规测量

图 5-7-7　测量螺纹中径

如图 5-7-8 所示，在成批大量生产中，多用螺纹量规进行综合测量。

图 5-7-8　螺纹量规

（a）用来测量外螺纹；（b）用来测量内螺纹

2. 车削螺纹常见加工缺陷及产生原因

车削螺纹的质量分析见表 5-7-1。

表 5-7-1　车削螺纹的质量分析

序号	加工缺陷	造成缺陷原因
1	尺寸不正确	（1）车外螺纹前直径不对。 （2）车内螺纹前孔径不对。 （3）车刀刀尖磨损。 （4）螺纹车刀切深过大或过小
2	螺距不正确	（1）交换齿轮计算或搭配时错误。 （2）进给箱手柄位置放错。 （3）车床丝杠和主轴窜动。 （4）开合螺母镶条窜动

四、相关知识点

续表

任务编号	W25	任务名称	车削螺纹

续表

序号	加工缺陷	造成缺陷原因
3	牙型不正确	（1）车刀安装不正确，产生螺纹的半角误差。 （2）车刀刀尖角刃磨不正确。 （3）车刀磨损
4	螺纹表面粗糙度值大	（1）切削用量选择不当。 （2）切削流出方向不对。 （3）产生积屑瘤拉毛螺纹侧面。 （4）刀杆刚性不够产生振动
5	扎刀和顶弯工件	（1）车刀径向前角太大，中拖板丝杠侧隙较大。 （2）工件刚性差，而切削用量选择太大

四、相关知识点

（四）注意事项

（1）车削螺纹时，退刀和倒车必须及时、动作协调，避免车刀与工件台阶或卡盘撞击而发生事故。

（2）倒顺车换向不能过快，否则机床容易受到瞬时冲击，损坏机床机件。

（3）车削螺纹进刀时，必须注意防止中滑板手柄多转，否则会造成刀尖崩刃或工件损坏。

（4）开车时，不能用棉纱擦工件，否则易使棉纱卷入工件而发生危险。

五、看资料，谈感想

根据图 5-7-1 车削三角螺纹。

1. 组织学生分组

学生分组表见表 5-7-2。

表 5-7-2　学生分组表

班级		组号		指导教师	
组长		学号			
组员	姓名	学号		姓名	学号

六、任务实施

2. 任务分工

零件加工任务单见表 5-7-3。

任务编号	**W25**		任务名称		车削螺纹

表 5-7-3　零件加工任务单

班级		完成时间			
序号	产品名称	材料	加工数量	技术标准	质量要求	图样要求
1						
2						
3						
4						
5						
6						

3. 熟悉任务

（1）任务图的识读。认真阅读任务图 5-7-1，找出图中标注错误或者漏标的情况，若发现问题，应及时提出修改意见。

_____

_____

（2）毛坯选择分析。分析本任务所加工的零件，并选择合理的毛坯。

_____

_____

（3）技术要求分析。分析任务图 5-7-1，并在表 5-7-4 中写出所需要的材料，为任务实施做准备。

表 5-7-4　零件技术要求分析表

序号	项目	内容	偏差范围
1			
2	车削三角螺纹		
3			
4			

4. 工作方案

（1）设备和材料的选择。根据图 5-7-1 的车削三角螺纹选择加工设备及材料。

_____

_____

（2）拟订工艺路线。分组讨论，拟订合理的任务加工工艺路线。

_____

_____

（六、任务实施）

任务编号	**W25**		任务名称	车削螺纹

（3）小组讨论，确定最佳方案。师生共同讨论并确定最合理的工艺路线及最佳方案，完善零件加工的工艺路线。

_____

_____

（4）工作实施。在教师的指导下，熟悉设备的操作，简述设备安全操作的注意事项。

_____

_____

（5）熟悉车间管理制度，简述 6S 管理的定义和目的。

_____

_____

5. 检测评分

检测评分表见表 5-7-5。

表 5-7-5　检测评分表

工件编号：			完成人：					
项目与配分	序号	技术要求	配分	评分标准	自测记录	得分	互测记录	得分
工件加工评分（90%）	1	设备选择是否正确	5 分	操作错误全扣				
	2	工件夹持是否正确、合理	5 分	操作错误全扣				
	3	量具选用是否合理	5 分	操作错误全扣				
	4	尺寸公差是否超差 12 处	60 分	操作错误一处扣 5 分				
	5	螺纹是否正确	10 分	操作错误全扣				
	6	表面粗糙度是否达标	5 分	操作错误全扣				
工艺（5%）	7	工艺正确	5 分	每错一处扣 2 分				
设备操作（5%）	8	设备操作规范	5 分	每错一处扣 2 分				
安全文明生产（倒扣分）	9	安全操作	倒扣	安全事故停止操作扣 5~10 分				
	10	6S 管理	倒扣					
得分								

六、任务实施

任务编号	**W25**		任务名称		车削螺纹

6. 车削三角螺纹不正确的原因分析

小组根据检测结果讨论、分析车削三角螺纹不正确的原因及预防方法，并填写表 5-7-6。

表 5-7-6　车削三角螺纹不正确的原因分析及预防方法

序号	产生原因	预防方法
1		
2		
3		
4		

7. 教师评价

教师对学生的整个任务实施过程进行评价，并填写表 5-7-7。

表 5-7-7　教师评价表

班级		组名		姓名	

出勤情况						
评价内容	评价要点	考察要点	分数	分数评定		得分
任务描述、接受任务	口述内容细节	表述仪态自然、吐字清晰	2 分	表述仪态不自然或吐字模糊扣 1 分		
		表达思路清晰、层次分明、准确		表达思路模糊或层次不清扣 1 分		
任务分析、分组情况	依据图样分析工艺、分组、分工	分析图样关键点准确	3 分	表达思路模糊或层次不清扣 1 分		
		涉及的理论知识回顾完整，分组、分工明确		知识不完整扣 1 分，分工不明确扣 1 分		
制订计划	制订加工工艺路线	准确制订工艺路线	15 分	工艺路线步骤错误一步扣 1 分，扣完为止		
计划实施	加工前准备	设备准备	3 分	每漏一项扣 1.5 分		
		材料准备		没有检查扣 1.5 分		
		以情景模拟的方式，体验到材料库领取材料的过程，并完成领料单	2 分	领料单填写不完整扣 1 分		
	加工	正确选择材料	5 分	选择错误一项扣 1 分，扣完为止		

六、任务实施

续表

任务编号	W25		任务名称		车削螺纹

续表

		评价内容	评价要点	考察要点	分数	分数评定	得分
六、任务实施		计划实施	加工	查阅资料，正确选择加工的技术参数	5分	选择错误一项扣1分，扣完为止	
				正确实施零件加工，无失误	40分	依据工件评分标准超差扣分	
			现场恢复	在加工过程中保持6S管理、三环落地	3分	每漏一项扣1分，扣完为止	
				设备、材料、工具、工位恢复整理	2分	每违反一项扣1分，扣完为止	
		总结	任务总结	依据自评分数	5分	依据总结内容是否到位酌情给分	
				依据互评分数	5分	依据总结内容是否到位酌情给分	
				依据个人总结评分报告	10分	依据总结内容是否到位酌情给分	
		合计			100分		

七、反思	（1）螺纹车刀的形状和外圆车刀有何区别？应如何安装？为什么？ _____ _____ _____ （2）在机械制造中使用夹具的目的是什么？车削加工中有哪些常见夹具？ _____ _____ _____

任务八　车削特形面

任务编号	W26		任务名称		车削特形面
一、任务描述	如图5-8-1所示，按要求车削特形面。				

任务编号	**W26**	任务名称	车削特形面
一、任务描述	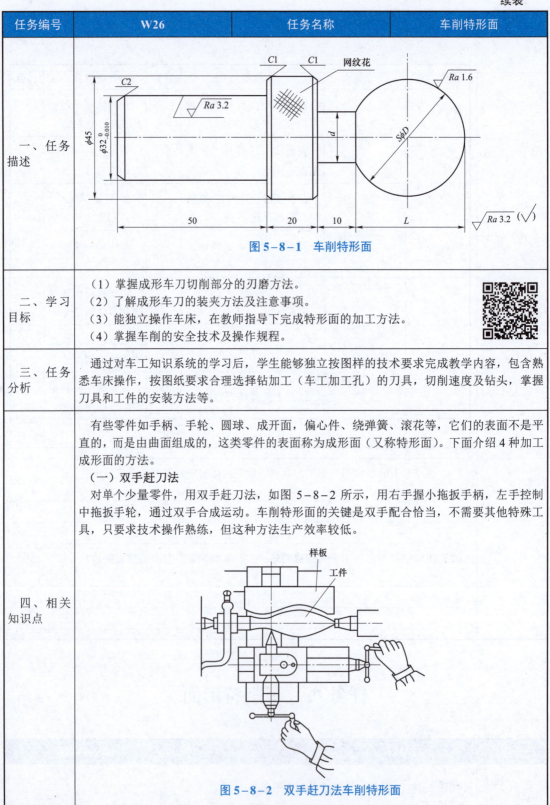 图 5-8-1　车削特形面		
二、学习目标	（1）掌握成形车刀切削部分的刃磨方法。 （2）了解成形车刀的装夹方法及注意事项。 （3）能独立操作车床，在教师指导下完成特形面的加工方法。 （4）掌握车削的安全技术及操作规程。		
三、任务分析	通过对车工知识系统的学习后，学生能够独立按图样的技术要求完成教学内容，包含熟悉车床操作，按图纸要求合理选择钻加工（车工加工孔）的刀具，切削速度及钻头，掌握刀具和工件的安装方法等。		
四、相关知识点	有些零件如手柄、手轮、圆球、成开面，偏心件、绕弹簧、滚花等，它们的表面不是平直的，而是由曲面组成的，这类零件的表面称为成形面（又称特形面）。下面介绍 4 种加工成形面的方法。 （一）双手赶刀法 对单个少量零件，用双手赶刀法，如图 5-8-2 所示，用右手握小拖扳手柄，左手控制中拖扳手轮，通过双手合成运动。车削特形面的关键是双手配合恰当，不需要其他特殊工具，只要求技术操作熟练，但这种方法生产效率较低。 图 5-8-2　双手赶刀法车削特形面		

续表

任务编号	W26	任务名称	车削特形面

一般车削结束后要用锉刀或砂布修整、抛光。

（二）成形车刀法

将车刀刃磨成工件特形面的形状，从径向或轴向进给将特形面加工成形的方法称为成形车刀法。也可将工件的特形面划分成几段，将几把车刀按分段形面的形状刃磨，然后将整个特形面分段车削成形，通常有普通成形刀法（见图5-8-3）、菱形成形刀法、圆形成形刀法、分段切削成形刀法等。

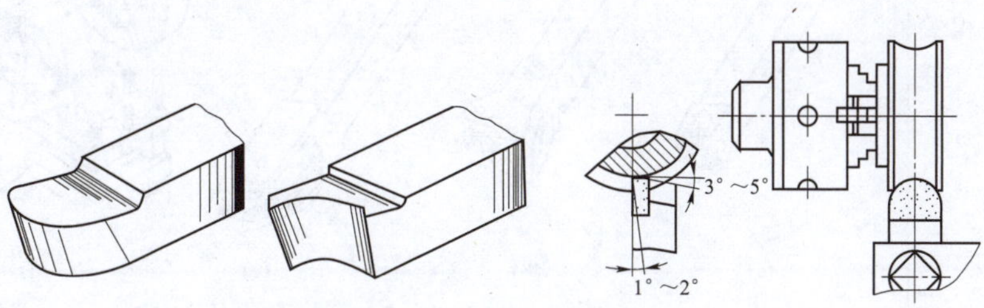

(a)　　　　　　　　　　　　　　　　(b)

图5-8-3　普通成形车刀法
（a）整体成形车刀；（b）成形车刀使用方法

（三）靠模法

用靠模板的方法车削成形面时，类似靠模车削圆锥面的方法，只是应用带有成形的靠模板即可，如图5-8-4所示。另外还有数控机床加工，是在数控车床上编制程序，使车刀按特形母线轨迹移动车削成形面的方法。

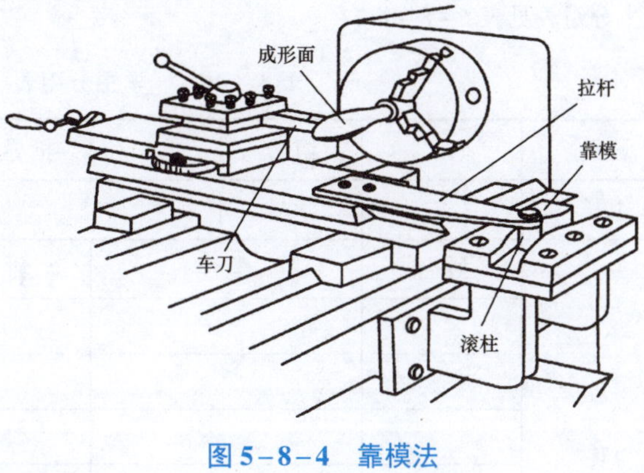

四、相关知识点

图5-8-4　靠模法

（四）滚花

为了防止打滑，便于握持，又美观，有些工具或机械零件的手提部位，采取在其表面上滚出各种不同花纹，如手表把、百分尺的套筒、丝锥扳手、圆板牙架等，这些花纹均可在车床上用滚花刀滚压而成。滚花刀按花纹分为直纹和网纹两类；按花纹的粗细分又有多种；按滚轮的数量又分为单轮、双轮和三轮等（见图5-8-5）。

（五）注意事项

（1）操作技术必须熟练，初学者在操作不熟练的情况下，不建议加工特形面。

任务编号	**W26**		任务名称	车削特形面

四、相关知识点	（2）用双手赶刀法车削特形面时，要求双手配合恰当，动作协调，避免车刀与工件台阶或卡盘撞击而发生事故。 （3）车削特形面结束后用锉刀或砂布修整、抛光时，需注意安全，以免发生安全事故。 （a）　　　　　　（b）　　　　　　（c）　　　　　　（d） **图 5-8-5　滚花刀及滚花方法** （a）单轮滚花刀；（b）双轮滚花刀；（c）三轮滚花刀；（d）滚花方法

五、看资料，谈感想	

六、任务实施

根据图 5-8-1 要求车削成形面。

1. 组织学生分组

学生分组表见表 5-8-1。

表 5-8-1　学生分组表

班级		组号		指导教师	
组长		学号			
	姓名	学号		姓名	学号
组员					

任务编号	W26		任务名称	车削特形面

2. 任务分工

零件加工任务单见表5-8-2。

表5-8-2　零件加工任务单

班级			完成时间			
序号	产品名称	材料	加工数量	技术标准	质量要求	图样要求
1						
2						
3						
4						
5						
6						

3. 熟悉任务

（1）任务图的识读。认真阅读任务图5-8-1，找出其中标注错误或者漏标的情况，若发现问题，应及时提出修改意见。

_____

_____

_____

（2）毛坯选择分析。分析本任务所加工的零件，并选择合理的毛坯。

_____

_____

_____

（3）技术要求分析。分析任务图5-8-1，并在表5-8-3中写出所需要的材料，为任务实施做准备。

表5-8-3　零件技术要求分析表

序号	项目	内容	偏差范围
1			
2	车削特形面		
3			
4			

六、任务实施

任务编号	**W26**	任务名称	车削特形面

4. 工作方案

（1）设备和材料的选择。根据图 5－8－1 的车削特形面选择设备及材料。

_____

_____

（2）拟订工艺路线。分组讨论，拟订合理的任务加工工艺路线。

_____

_____

（3）小组讨论，确定最佳方案。师生共同讨论并确定最合理的工艺路线及最佳方案，完善零件加工的工艺路线。

_____

_____

（4）工作实施。在教师的指导下，熟悉设备的操作，简述设备安全操作的注意事项。

_____

_____

六、任务实施

（5）熟悉车间管理制度，简述 6S 管理的定义和目的。

_____

_____

_____

5. 检测评分

检测评分表见表 5－8－4。

表 5－8－4　检测评分表

工件编号：					完成人：				
项目与配分	序号	技术要求	配分	评分标准	自测记录	得分	互测记录	得分
工件加工评分（80%）	1	设备选择是否正确	5 分	操作错误全扣				
	2	工件夹持是否正确、合理	10 分	操作错误全扣				
	3	量具选用是否合理	5 分	操作错误全扣				
	4	尺寸公差是否超差 7 处	30 分	操作错误全扣				

续表

任务编号	W26		任务名称		车削特形面

续表

项目与配分	序号	技术要求	配分	评分标准	自测记录	得分	互测记录	得分
工件加工评分（80%）	5	圆球尺寸是否正确	20分	操作错误全扣				
	6	表面粗糙度	10分	操作错误全扣				
工艺（10%）	7	工艺正确	10分	每错一处扣2分				
设备操作（10%）	8	设备操作规范	10分	每错一处扣2分				
安全文明生产（倒扣分）	9	安全操作	倒扣	安全事故停止操作扣5～10分				
	10	6S管理	倒扣					
得分								

6. 车削特形面不正确的原因分析

小组根据检测结果讨论、分析车削特形面不正确的原因及预防方法，并填写表5-8-5。

表5-8-5　车削特形面不正确的原因分析及预防方法

序号	产生原因	预防方法
1		
2		
3		
4		

7. 教师评价

教师对学生的整个任务实施过程进行评价，并填写表5-8-6。

表5-8-6　教师评价表

班级		组名		姓名			
出勤情况							
评价内容	评价要点	考察要点		分数	分数评定		得分
任务描述、接受任务	口述内容细节	表述仪态自然、吐字清晰		2分	表述仪态不自然或吐字模糊扣1分		
		表达思路清晰、层次分明、准确			表达思路模糊或层次不清扣1分		

六、任务实施

| 任务编号 | W26 | | 任务名称 | | 车削特形面 |

续表

评价内容	评价要点	考察要点	分数	分数评定	得分
六、任务实施					
	任务分析、分组情况	依据图样分析工艺、分组、分工	分析图样关键点准确	3分	表达思路模糊或层次不清扣1分	
			涉及的理论知识回顾完整，分组、分工明确		知识不完整扣1分，分组、分工不明确扣1分	
	制订计划	制订加工工艺	准确制订工艺路线	15分	工艺路线步骤错误一步扣1分，扣完为止	
	计划实施	加工前准备	设备准备	3分	每漏一项扣1.5分	
			材料准备		没有检查扣1.5分	
			以情景模拟的方式，体验到材料库领取材料的过程，并完成领料单	2分	领料单填写不完整扣1分	
		加工	正确选择材料	5分	选择错误一项扣1分，扣完为止	
			查阅资料，正确选择加工的技术参数	5分	选择错误一项扣1分，扣完为止	
			正确实施零件加工，无失误	40分	依据工件评分标准超差扣分	
		现场恢复	在加工过程中保持6S管理、三环落地	3分	每漏一项扣1分，扣完为止	
	计划实施	现场恢复	设备、材料、工具、工位恢复整理	2分	每违反一项扣1分，扣完为止	
	总结	任务总结	依据自评分数	5分	依据总结内容是否到位酌情给分	
			依据互评分数	5分	依据总结内容是否到位酌情给分	
			依据个人总结评分报告	10分	依据总结内容是否到位酌情给分	
	合计			100分		

七、反思	（1）车削特形面的方法有哪些？ _____ _____ _____

任务编号	**W26**	任务名称	车削特形面
七、反思	（2）滚花刀的种类有哪些？		

任务九　综 合 练 习

任务编号	**W27**	任务名称	综合练习
一、任务描述	如图 5-9-1 所示，按要求车削加工。 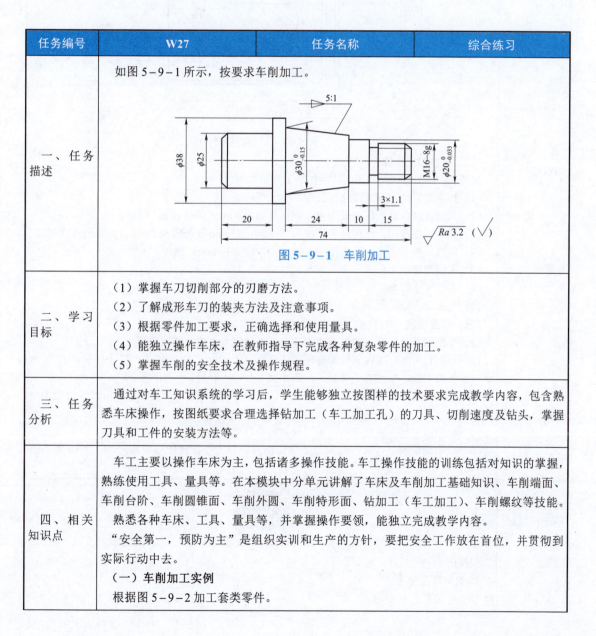 图 5-9-1　车削加工		
二、学习目标	（1）掌握车刀切削部分的刃磨方法。 （2）了解成形车刀的装夹方法及注意事项。 （3）根据零件加工要求，正确选择和使用量具。 （4）能独立操作车床，在教师指导下完成各种复杂零件的加工。 （5）掌握车削的安全技术及操作规程。		
三、任务分析	通过对车工知识系统的学习后，学生能够独立按图样的技术要求完成教学内容，包含熟悉车床操作，按图纸要求合理选择钻加工（车工加工孔）的刀具、切削速度及钻头，掌握刀具和工件的安装方法等。		
四、相关知识点	车工主要以操作车床为主，包括诸多操作技能。车工操作技能的训练包括对知识的掌握，熟练使用工具、量具等。在本模块中分单元讲解了车床及车削加工基础知识、车削端面、车削台阶、车削圆锥面、车削外圆、车削特形面、钻加工（车工加工）、车削螺纹等技能。 　　熟悉各种车床、工具、量具等，并掌握操作要领，能独立完成教学内容。 　　"安全第一，预防为主"是组织实训和生产的方针，要把安全工作放在首位，并贯彻到实际行动中去。 **（一）车削加工实例** 　　根据图 5-9-2 加工套类零件。		

续表

任务编号	**W27**	任务名称	综合练习

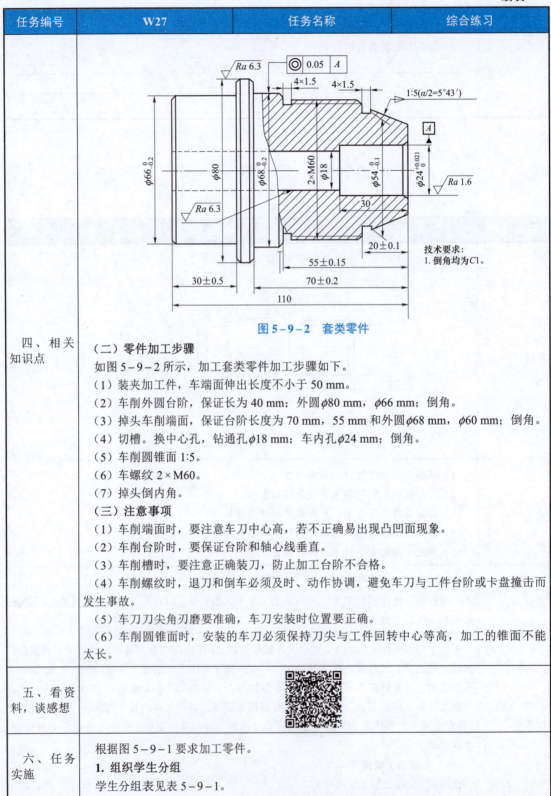

图 5-9-2　套类零件

四、相关知识点

（二）零件加工步骤

如图 5-9-2 所示，加工套类零件加工步骤如下。

（1）装夹加工件，车端面伸出长度不小于 50 mm。

（2）车削外圆台阶，保证长为 40 mm；外圆 ϕ80 mm，ϕ66 mm；倒角。

（3）掉头车削端面，保证台阶长度为 70 mm，55 mm 和外圆 ϕ68 mm，ϕ60 mm；倒角。

（4）切槽。换中心孔，钻通孔 ϕ18 mm；车内孔 ϕ24 mm；倒角。

（5）车削圆锥面 1:5。

（6）车螺纹 2×M60。

（7）掉头倒内角。

（三）注意事项

（1）车削端面时，要注意车刀中心高，若不正确易出现凸凹面现象。

（2）车削台阶时，要保证台阶和轴心线垂直。

（3）车削槽时，要注意正确装刀，防止加工台阶不合格。

（4）车削螺纹时，退刀和倒车必须及时、动作协调，避免车刀与工件台阶或卡盘撞击而发生事故。

（5）车刀刀尖角刃磨要准确，车刀安装时位置要正确。

（6）车削圆锥面时，安装的车刀必须保持刀尖与工件回转中心等高，加工的锥面不能太长。

五、看资料，谈感想

六、任务实施

根据图 5-9-1 要求加工零件。

1. 组织学生分组

学生分组表见表 5-9-1。

| 任务编号 | | W27 | | 任务名称 | | 综合练习 |

表 5－9－1　学生分组表

班级			组号		指导教师	
组长			学号			
组员	姓名		学号		姓名	学号

2. 任务分工

零件加工任务单见表 5－9－2。

表 5－9－2　零件加工任务单

班级		完成时间				
序号	产品名称	材料	加工数量	技术标准	质量要求	图样要求
1						
2						
3						
4						
5						
6						

六、任务实施

3. 熟悉任务

（1）任务图的识读。认真阅读任务图 5－9－1，找出其中标注错误或者漏标的情况，若发现问题，应及时提出修改意见。

_____

_____

_____

（2）毛坯选择分析。分析本任务所加工的零件，并选择合理的毛坯。

_____

_____

_____

任务编号	W27		任务名称		综合练习

（3）技术要求分析。分析任务图 5-9-1，并在表 5-9-3 中写出所需要的材料，为任务实施做准备。

表 5-9-3 零件技术要求分析表

序号	项目	内容	偏差范围
1	车削加工		
2			
3			
4			

4. 工作方案

（1）设备和材料的选择。根据图 5-9-1 的车削加工选择加工设备及材料。

_____

_____

_____

（2）拟订工艺路线。分组讨论，拟订合理的任务加工工艺路线。

_____

_____

_____

（3）小组讨论，确定最佳方案。师生共同讨论并确定最合理的工艺路线及最佳方案，完善零件加工的工艺路线。

_____

_____

_____

_____

（4）工作实施。在教师的指导下，熟悉设备的操作，简述设备安全操作的注意事项。

_____

_____

_____

（5）熟悉车间管理制度，简述 6S 管理的定义和目的。

_____

_____

_____

_____

5. 检测评分

检测评分表见表 5-9-4。

六、任务实施

任务编号	**W27**		任务名称		综合练习	

表 5-9-4　检测评分表

工件编号：				完成人：		
项目与配分	序号	技术要求	配分	评分标准	自测结果	得分
工件加工评分（80%）	1	$\phi 38$ mm	7 分	超差全扣		
	2	$\phi 25$ mm	7 分	超差全扣		
	3	$\phi 30_{-0.15}^{0}$ mm	8 分	超差全扣		
	4	$\phi 20_{-0.033}^{0}$ mm	8 分	超差全扣		
	5	M16-8 g	7 分	每降一级扣 1 分		
	6	C5:1	7 分	超差全扣		
	7	20 mm	6 分	超差全扣		
	8	24 mm	6 分	超差全扣		
	9	10 mm	6 分	超差全扣		
	10	15 mm	6 分	超差全扣		
	11	74 mm	6 分	超差全扣		
	12	表面粗糙度是否达标	6 分	每降一级扣 2 分		
工艺（10%）	13	工艺正确	10 分	每错一处扣 2 分		
设备操作（10%）	14	设备操作规范	10 分	每错一处扣 2 分		
安全文明生产（倒扣分）	15	安全操作	倒扣	安全事故停止操作或扣 5~10 分		
	16	6S 管理	倒扣			
得分						

6. 车削加工不正确的原因分析

小组根据检测结果讨论、分析车削加工不正确的原因及预防方法，并填写表 5-9-5。

 金工实训

任务编号	**W27**	任务名称	综合练习

表 5-9-5　车削加工不正确的原因及预防方法

序号	产生原因	预防方法
1		
2		
3		
4		

7. 教师评价

教师对学生的整个任务实施过程进行评价，并填写表 5-9-6。

表 5-9-6　教师评价表

班级		组名		姓名	
出勤情况					
评价内容	评价要点	考察要点	分数	分数评定	得分
任务描述、接受任务	口述内容细节	表述仪态自然、吐字清晰	2 分	表述仪态不自然或吐字模糊扣1分	
		表达思路清晰、层次分明、准确		表达思路模糊或层次不清扣1分	
任务分析、分组情况	依据图样分析工艺、分组、分工	分析图样关键点准确	3 分	表达思路模糊或层次不清扣1分	
		涉及的理论知识回顾完整，分组、分工明确		知识不完整扣1分，分组、分工不明确扣1分	
制订计划	制订加工工艺	准确制订工艺路线	15 分	工艺路线步骤错误一步扣1分，扣完为止	
计划实施	加工前准备	设备准备	3 分	每漏一项扣1.5分	
		材料准备		没有检查扣1.5分	
		以情景模拟的方式，体验到材料库领取材料的过程，并完成领料单	2 分	领料单填写不完整扣1分	
	加工	正确选择材料	5 分	选择错误一项扣1分，扣完为止	
		查阅资料，正确选择加工的技术参数	5 分	选择错误一项扣1分，扣完为止	

六、任务实施

续表

任务编号	W27		任务名称		综合练习	

续表

	评价内容	评价要点	考察要点	分数	分数评定	得分
六、任务实施	计划实施	加工	正确实施零件加工，无失误（依据工件评分表）	40分	依据工件评分标准超差扣分	
		现场恢复	在加工过程中保持6S管理、三环落地	3分	每漏一项扣1分，扣完为止	
	计划实施	现场恢复	设备、材料、工具、工位恢复整理	2分	每违反一项扣1分，扣完为止	
	总结	任务总结	依据自评分数	5分	依据总结内容是否到位酌情给分	
			依据互评分数	5分	依据总结内容是否到位酌情给分	
			依据个人总结评分报告	10分	依据总结内容是否到位酌情给分	
	合计			100分		

七、反思	车削加工小结（500字以上）。

模块六

磨　工

任务一　磨床及磨削加工基础知识

任务编号	**W28**	任务名称	磨床及磨削加工基础知识
一、任务描述	磨工需要掌握的技能包括磨床的基本操作和磨削加工两个部分。磨床的基本操作是磨工需要掌握的基本技能，学生将从认识磨床开始，最终达到能操作磨床的目的。通过磨削加工的操作训练，利用磨床加工零件，提高动手能力，培养学习兴趣		
二、学习目标	（1）了解磨削加工的工艺特点。 （2）了解磨削加工的工艺范围。 （3）掌握磨床的种类、组成及其作用。 （4）掌握磨削加工砂轮的种类。 （5）掌握磨削加工安全技术及操作规程。		
三、任务分析	通过对磨削知识系统的学习，学生能够独立按技术要求完成教学内容，包含可以独立磨削平面、台阶、内外圆柱面、内外圆锥面、内外螺纹、成形面及刀具刃磨等。		
四、相关知识点	**（一）磨削加工** 　　用砂轮或其他磨具加工工件称为磨削。磨削加工主要用于零件的精加工。从本质上讲，磨削也是一种切削。 　　**1. 磨削的特点** 　　（1）加工质量好。磨削精度为 IT6～IT5，表面粗糙度值为 0.8～0.2 μm。采用先进的磨削工艺，如精密磨削、超精密磨削等，表面粗糙度值可达 0.01～0.012 μm 不等，磨削加工质量与砂轮、磨床的结构有关。 　　（2）适应性广。磨削加工不仅能加工一般的金属材料，如碳钢、铸铁、合金钢等，还可以加工一般金属刀具难以加工的硬材料，如淬火钢、硬质合金钢等。 　　（3）磨削温度高。由于磨削速度很快，挤压和摩擦较严重，砂轮导热性很差，磨削温度可高达 800～1 000 ℃，因此，在磨削过程中，应大量使用切削液。 　　**2. 磨削加工的应用范围** 　　磨削加工主要用于零件内外圆柱面、内外圆锥面、平面及成形面（如花键、螺纹、齿轮等）的精加工，还常用于各种切削刀具的刃磨，其常见的几种加工类型如图 6−1−1 所示。		

任务编号	**W28**	任务名称	磨床及磨削加工基础知识

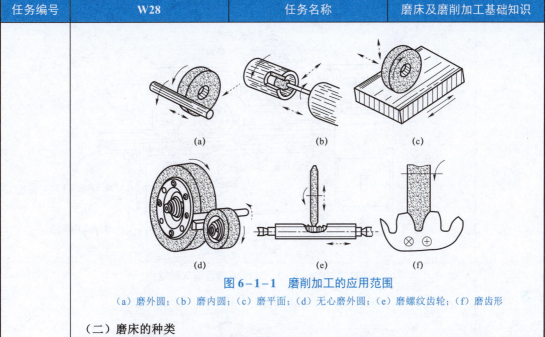

图 6-1-1　磨削加工的应用范围

（a）磨外圆；（b）磨内圆；（c）磨平面；（d）无心磨外圆；（e）磨螺纹齿轮；（f）磨齿形

（二）磨床的种类

按用途不同磨床可分为外圆磨床、内圆磨床、平面磨床、无心磨床、工具磨床、螺纹磨床、齿轮磨床及其他各种专业磨床等。

1. 外圆磨床的结构

图 6-1-2 所示为 M1432A 型万能外圆磨床结构，可用来磨削内、外圆柱面，圆锥面和轴、孔的台阶端面。

四、相关知识点

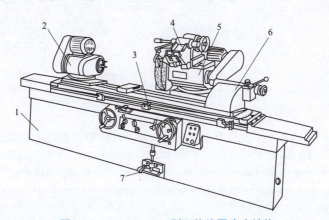

图 6-1-2　M1432A 型万能外圆磨床结构

1—床身；2—头架；3—工作台；4—内圆磨具；5—砂轮架；6—尾座；7—脚踏操纵板

2. 内圆磨床的结构

内圆磨床主要用于磨削圆柱孔、圆锥孔及端面等。图 6-1-3 所示为 M2120 内圆磨床的结构，头架可以绕垂直轴线转动一个角度，以便磨削锥孔。

3. 平面磨床的结构

图 6-1-4 所示为 M7120D 平面磨床的结构，该平面磨床主要用于加工工件的平面、斜面、垂直面及成形面等。

任务编号	**W28**	任务名称	磨床及磨削加工基础知识

四、相关
知识点

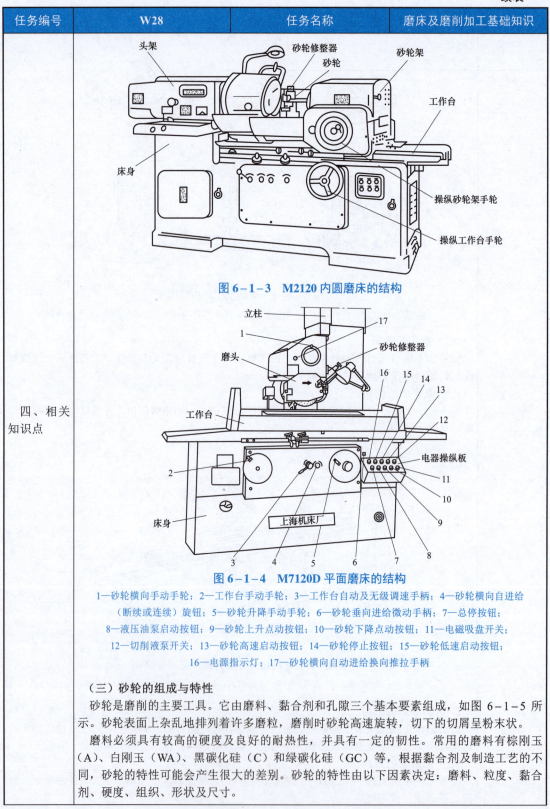

图 6-1-3　M2120 内圆磨床的结构

图 6-1-4　M7120D 平面磨床的结构

1—砂轮横向手动手轮；2—工作台手动手轮；3—工作台自动及无级调速手柄；4—砂轮横向自进给
（断续或连续）旋钮；5—砂轮升降手动手轮；6—砂轮垂向进给微动手柄；7—总停按钮；
8—液压油泵启动按钮；9—砂轮上升点动按钮；10—砂轮下降点动按钮；11—电磁吸盘开关；
12—切削液泵开关；13—砂轮高速启动按钮；14—砂轮停止按钮；15—砂轮低速启动按钮；
16—电源指示灯；17—砂轮横向自动进给换向推拉手柄

（三）砂轮的组成与特性

　　砂轮是磨削的主要工具。它由磨料、黏合剂和孔隙三个基本要素组成，如图 6-1-5 所示。砂轮表面上杂乱地排列着许多磨粒，磨削时砂轮高速旋转，切下的切屑呈粉末状。

　　磨料必须具有较高的硬度及良好的耐热性，并具有一定的韧性。常用的磨料有棕刚玉（A）、白刚玉（WA）、黑碳化硅（C）和绿碳化硅（GC）等，根据黏合剂及制造工艺的不同，砂轮的特性可能会产生很大的差别。砂轮的特性由以下因素决定：磨料、粒度、黏合剂、硬度、组织、形状及尺寸。

任务编号	**W28**	任务名称	磨床及磨削加工基础知识

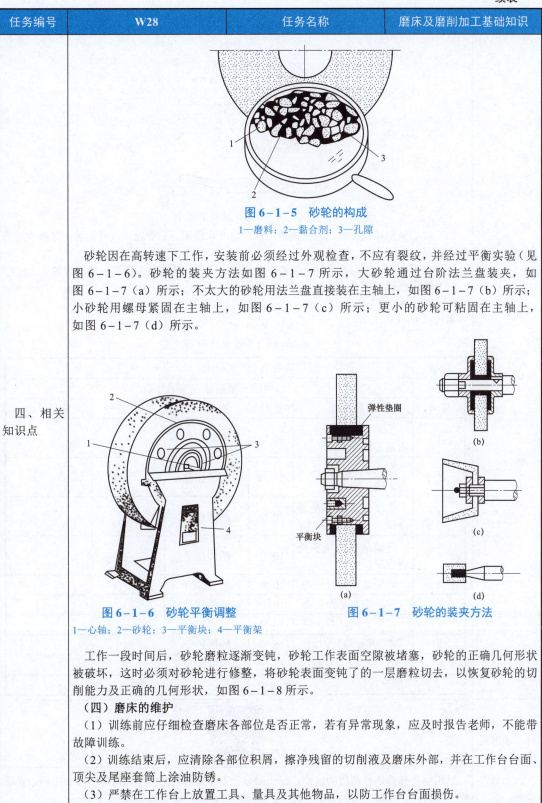

图6-1-5　砂轮的构成
1—磨料；2—黏合剂；3—孔隙

砂轮因在高转速下工作，安装前必须经过外观检查，不应有裂纹，并经过平衡实验（见图6-1-6）。砂轮的装夹方法如图6-1-7所示，大砂轮通过台阶法兰盘装夹，如图6-1-7（a）所示；不太大的砂轮用法兰盘直接装在主轴上，如图6-1-7（b）所示；小砂轮用螺母紧固在主轴上，如图6-1-7（c）所示；更小的砂轮可粘固在主轴上，如图6-1-7（d）所示。

四、相关知识点

图6-1-6　砂轮平衡调整
1—心轴；2—砂轮；3—平衡块；4—平衡架

图6-1-7　砂轮的装夹方法

工作一段时间后，砂轮磨粒逐渐变钝，砂轮工作表面空隙被堵塞，砂轮的正确几何形状被破坏，这时必须对砂轮进行修整，将砂轮表面变钝了的一层磨粒切去，以恢复砂轮的切削能力及正确的几何形状，如图6-1-8所示。

（四）磨床的维护

（1）训练前应仔细检查磨床各部位是否正常，若有异常现象，应及时报告老师，不能带故障训练。

（2）训练结束后，应清除各部位积屑，擦净残留的切削液及磨床外部，并在工作台台面、顶尖及尾座套筒上涂油防锈。

（3）严禁在工作台上放置工具、量具及其他物品，以防工作台台面损伤。

任务编号	**W28**	任务名称	磨床及磨削加工基础知识

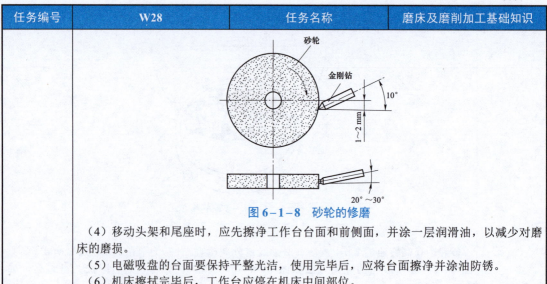

图 6-1-8　砂轮的修磨

（4）移动头架和尾座时，应先擦净工作台台面和前侧面，并涂一层润滑油，以减少对磨床的磨损。

（5）电磁吸盘的台面要保持平整光洁，使用完毕后，应将台面擦净并涂油防锈。

（6）机床擦拭完毕后，工作台应停在机床中间部位。

5. 实操评分标准

填写表 6-1-1。

表 6-1-1　实操评分标准表

班级			姓名		学分	
实训		磨床及磨削加工基础知识				
序号	检测内容		配分	扣分标准	学生自评	教师评分
1	手动移动磨床各手柄是否熟练		10 分	酌情扣分		
2	磨床启动与停止是否正确		10 分	酌情扣分		
3	主轴转速选择是否合理		10 分	酌情扣分		
4	进给速度的调整是否合理		10 分	酌情扣分		
5	砂轮选择是否正确		10 分	酌情扣分		
6	砂轮安装是否正确		10 分	酌情扣分		
7	工件安装是否合理		10 分	酌情扣分		
8	遵守纪律和安全操作		15 分	酌情扣分		
9	6S 管理是否达标		15 分	酌情扣分		
	综合得分		100 分			

四、相关知识点	（表格见上）

五、看资料，谈感想	

六、任务实施	组织学生熟悉各种磨床的结构、组成部分和工作原理，分组练习磨床的各种手柄，熟悉磨床的操作，根据加工的要求合理选择车床附件，遵守安全操作和 6S 管理。

任务编号	**W28**	任务名称	磨床及磨削加工基础知识
七、反思	如图6-1-9所示，指出平面磨床的各组成部分的名称。 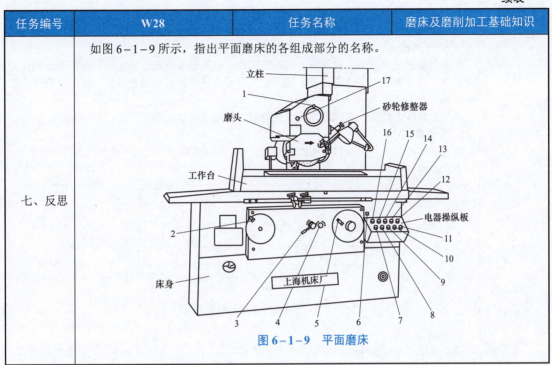 图6-1-9　平面磨床		

任务二　磨　削　平　面

任务编号	**W29**	任务名称	磨削平面
一、任务 描述	如图6-2-1所示，按要求磨削平面。 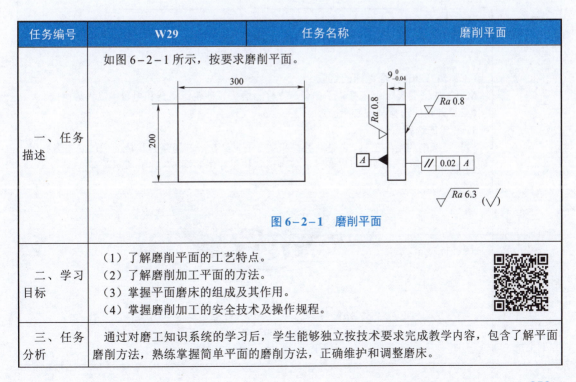 图6-2-1　磨削平面		
二、学习 目标	（1）了解磨削平面的工艺特点。 （2）了解磨削加工平面的方法。 （3）掌握平面磨床的组成及其作用。 （4）掌握磨削加工的安全技术及操作规程。		
三、任务 分析	通过对磨工知识系统的学习后，学生能够独立按技术要求完成教学内容，包含了解平面磨削方法，熟练掌握简单平面的磨削方法，正确维护和调整磨床。		

任务编号	**W29**	任务名称	磨削平面
四、相关知识点	（一）平面磨床 平面磨床的工件安装：对于钢、铸铁等工件，可直接安装在电磁工作台上，靠电磁吸力来吸住工件；对于由铜、铜合金、铝及铝合金等非导磁材料制成的零件，可通过精密虎钳装置固定在工作台上。 在平面磨床上磨削平面，通常有周边磨削法和端面磨削法两种方法。 **1．周边磨削法** 周边磨削法是用砂轮圆周面磨削工件，如图 6-2-2 所示。该法能获得较高的加工质量，但生产率低，适用于精磨。 （a）　　　　（b） **图 6-2-2　周边磨削法** **2．端面磨削法** 端面磨削法是用砂轮端面磨削工件，如图 6-2-3 所示。该法生产率高，但加工精度低，适用于工件粗磨。 （a）　　　　（b） **图 6-2-3　端面磨削法** （二）**M7120D** 平面磨床的组成 M7120D 平面磨床由床身、工作台、立柱、磨头、砂轮修整器和电器操纵板等组成。 （三）砂轮的选择与安装 **1．砂轮的选择** 砂轮是磨削的主要工具，它是由磨料和黏合剂黏结在一起再经过焙烧而成的疏松多孔体，如图 6-2-4 所示。砂轮可以黏结成各种形状和尺寸，如图 6-2-5 所示。 $v_{轮}$ 砂轮 待加工表面　已加工表面 空隙 切削表面　　$v_{工}$ 黏合剂　磨粒 **图 6-2-4　砂轮的组成**

任务编号	**W29**		任务名称		磨削平面

平行　　单面凹形　　薄形　　筒形　　碗形　　蝶形　　双斜边形

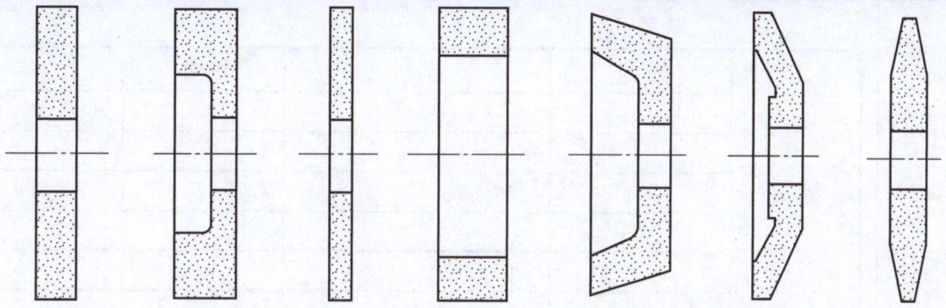

图 6−2−5　砂轮的形状

2. 砂轮的安装

在磨床上安装砂轮时，要特别注意以下事项。

（1）因为砂轮的转速很高，如安装不当，则有因为破裂而造成事故的危险。

（2）安装砂轮前，要检查所选的砂轮有无裂纹。安装砂轮时，砂轮内孔与砂轮轴或法兰盘外圆之间不要过紧，否则磨削时受热膨胀，易使砂轮胀裂；也不能过松，否则容易发生偏心，失去平衡，引起振动。一般配合间隙为 0.1～0.8 mm，高速砂轮间隙要小一些。

（四）平面磨床的使用和操作

在使用和操作平面磨床时，要特别注意安全。开动平面磨床一般按下列顺序进行。

（1）接通机床电源。

（2）启动电磁吸盘吸牢工件（若工件为非导磁材料，可借用其他具有导磁夹具辅助安装）。

（3）启动液压油泵。

（4）启动工作台往复移动。

（5）启动砂轮旋转，一般使用低速挡。

（6）启动切削液泵。

（7）停车时，一般先停工作台，后总停。

（五）注意事项

（1）开机前要检查各控制手柄是否处于停止位置，否则有发生事故的危险。

（2）砂轮架快速进退时，要注意避免砂轮与磨床及工件相撞。

（3）手动进退方向不能摇错，如把退刀摇成进刀，会使工件报废并伤及人身安全。

（4）严禁两人同时操作。

（5）严禁操作者在磨床运转过程中离开磨床。

（6）在教师操作示范后，学生必须先逐一轮换练习一次，然后再分散练习，以免发生事故。

四、相关
知识点

五、看资
料，谈感
想

六、任务
实施

根据图 6−2−1 磨削平面。

1. 组织学生分组

学生分组表见表 6−2−1。

表 6−2−1　学生分组表

班级		组号		指导教师	
组长		学号			
组员	姓名	学号	姓名		学号

续表

任务编号	**W29**		任务名称	磨削平面

续表

组员	姓名	学号	姓名	学号

2. 任务分工

零件加工任务单见表 6-2-2。

表 6-2-2　零件加工任务单

班级		完成时间				
序号	产品名称	材料	加工数量	技术标准	质量要求	图样要求
1						
2						
3						
4						
5						
6						

3. 熟悉任务

（1）任务图的识读。认真阅读任务图 6-2-1，找出其中标注错误或者漏标的情况，若发现问题，应及时提出修改意见。

_____

_____

_____

（2）毛坯选择分析。分析本任务所加工的零件，并选择合理的毛坯。

_____

_____

_____

（3）技术要求分析。分析任务图 6-2-1，并在表 6-2-3 中写出所需要的材料，为任务实施做准备。

表 6-2-3　零件技术要求分析表

序号	项目	内容	偏差范围
1			
2	磨削平面		
3			
4			

六、任务实施

任务编号	**W29**		任务名称	磨削平面

4. 工作方案

（1）设备和材料的选择。根据图6-2-1磨削平面选择加工设备及材料。

_____
_____
_____

（2）拟订工艺路线。分组讨论，拟订合理的任务加工工艺路线。

_____
_____
_____

（3）小组讨论，确定最佳方案。师生共同讨论并确定最合理的工艺路线及最佳方案，完善零件加工的工艺路线。

_____
_____
_____

（4）工作实施。在教师的指导下，熟悉设备的操作，简述设备安全操作的注意事项。

_____
_____
_____

（5）熟悉车间管理制度，简述6S管理的定义和目的。

_____
_____

5. 检测评分

检测评分表见表6-2-4。

表6-2-4 检测评分表

工件编号：				完成人：				
项目与配分	序号	技术要求	配分	评分标准	自测记录	得分	互测记录	得分
工件加工评分（80%）	1	设备选择是否正确	5分	操作错误全扣				
	2	工件夹持是否正确、合理	15分	操作错误全扣				
	3	量具选用是否合理	5分	操作错误全扣				
	4	尺寸公差是否超差3处	15分	操作错误全扣				

六、任务实施

任务编号	W29			任务名称		磨削平面			

续表

项目与配分	序号	技术要求	配分	评分标准	自测记录	得分	互测记录	得分
工件加工评分（80%）	5	平面度、粗糙度是否合格	20分	操作错误全扣				
	6	表面粗糙度是否达标	20分	操作错误全扣				
工艺（10%）	7	工艺正确	10分	每错一处扣2分				
设备操作（10%）	8	设备操作规范	10分	每错一处扣2分				
安全文明生产（倒扣分）	9	安全操作	倒扣	安全事故停止操作扣5～10分				
	10	6S管理	倒扣					
得分								

6. 磨削平面不正确的原因分析

小组根据检测结果讨论、分析磨削平面不正确的原因及预防方法，并填写表6-2-5。

表6-2-5　磨削平面不正确的原因分析

序号	产生原因	预防方法
1		
2		
3		
4		

7. 教师评价

教师对学生的整个任务实施过程进行评价，并填写表6-2-6。

表6-2-6　教师评价表

班级		组名		姓名		
出勤情况						
评价内容	评价要点	考察要点	分数	分数评定		得分
任务描述、接受任务	口述内容细节	表述仪态自然、吐字清晰	2分	表述仪态不自然或吐字模糊扣1分		
		表达思路清晰、层次分明、准确		表达思路模糊或层次不清扣1分		
任务分析、分组情况	依据图样分析工艺、分组、分工	分析图样关键点准确	3分	表达思路模糊或层次不清扣1分		
		涉及的理论知识回顾完整，分组、分工明确		知识不完整扣1分，分组、分工不明确扣1分		

六、任务实施

续表

任务编号	W29		任务名称		磨削平面	

续表

	评价内容	评价要点	考察要点	分数	分数评定	得分
六、任务实施	制订计划	制订加工工艺路线	准确制订工艺路线	15 分	工艺路线步骤错误一步扣 1 分，扣完为止	
	计划实施	加工前准备	设备准备	3 分	每漏一项扣 1.5 分	
			材料准备		没有检查扣 1.5 分	
			以情景模拟的方式，体验到材料库领取材料的过程，并完成领料单	2 分	领料单填写不完整扣 1 分	
		加工	正确选择材料	5 分	选择错误一项扣 1 分，扣完为止	
			查阅资料，正确选择加工的技术参数	5 分	选择错误扣 1 分，扣完为止	
			正确实施零件加工，无失误（依据工件评分表）	40 分	依据工件评分标准超差扣分	
		现场恢复	在加工过程中保持 6S 管理、三环落地	3 分	每漏一项扣 1 分，扣完为止	
			设备、材料、工具、工位恢复整理	2 分	每违反一项扣 1 分，扣完为止	
	总结	任务总结	依据自评分数	5 分	依据总结内容是否到位酌情给分	
			依据互评分数	5 分	依据总结内容是否到位酌情给分	
			依据个人总结评分报告	10 分	依据总结内容是否到位酌情给分	
	合计			100 分		

七、反思	（1）平面磨削方式有哪几种？ _____ _____ _____ （2）磨削加工为何能获得精度高和表面粗糙度低的表面？ _____ _____ _____ _____

任务三　磨削内、外圆及锥面

任务编号	**W30**	任务名称	磨削内、外圆及锥面
一、任务描述	如图 6-3-1 所示，按要求磨削内、外圆及锥面。 图 6-3-1　磨削内、外圆及锥面		
二、学习目标	（1）了解磨削外圆及锥面的工艺特点。 （2）了解磨削加工外圆及锥面的方法。 （3）掌握磨削加工的安全技术及操作规程。		
三、任务分析	通过对磨工知识系统地学习，学生能够独立按技术要求完成学习内容，包括磨内外圆柱面、磨内外圆锥面等。		
四、相关知识点	**（一）磨削外圆** 　一般在普通外圆磨床或万能外圆磨床上磨削工件的外圆。常用磨削外圆的方法有纵磨法和横磨法两种。 　1. 纵磨法 　如图 6-3-2（a）所示，纵磨法用于磨削长度与直径比较大的工件。磨削时，砂轮高速旋转。工件低速旋转并随工作台作纵向往复运动，在工件改变移动方向时，砂轮做间歇性径向进给。纵磨法的特点是可用同一砂轮磨削长度不同的各种工件，且加工质量好。在单件小批量生产及精磨时广泛采用此方法。 　2. 横磨法 　如图 6-3-2（b）所示，横磨法又称径向磨削法或切入磨削法。当工件刚性较好且待磨表面较短时，可以选用宽度大于待磨表面长度的砂轮进行横磨。横磨时，工件无纵向往复运动，砂轮以很慢的速度连续地或断续地向工件做径向进给运动，直到磨去全部余量为止。 　横磨法充分发挥了砂轮的切削能力，生产率高，但是横磨时，工件与砂轮的接触面积大，工件易发生变形和烧伤，故这种磨削法仅适用于磨削短的工件、阶梯轴的轴颈和粗磨等。 　　　（a）　　　　　　　　　　（b） 图 6-3-2　磨削外圆的方法 （a）纵磨法；（b）横磨法		

任务编号	**W30**	任务名称	磨削内、外圆及锥面
四、相关 知识点	（二）磨削外圆锥面 　　磨削外圆锥面与磨削外圆的主要区别是工件和砂轮的相对位置不同。磨削外圆锥面时，工件轴线必须相对于砂轮轴线偏斜圆锥角。常用转动上工作台或转动头架的方法磨削外圆锥面，如图6－3－3所示。 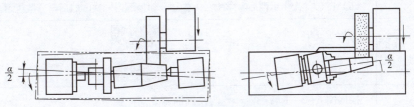 图6－3－3　磨削外圆锥面的方法 （三）磨削内孔和内圆锥面 　　可在内圆磨床或万能外圆磨床上用内圆磨头磨削内孔和内圆锥面，如图6－3－4所示。磨削内孔和内圆锥面使用的砂轮直径较小，尽管它的转速很高，但磨削速度仍比磨削外圆时转速低，使工件表面质量不易提高。砂轮轴细而长，刚性差，磨削时易产生弯曲变形和振动，故切削用量要低一些。此外，磨削内孔时，由于磨削热大，冷却及排屑条件较差，工件易发热变形，砂轮易堵塞，因此，内孔和内圆锥面磨削的生产效率低，而且加工质量也不如外圆磨削的质量高。 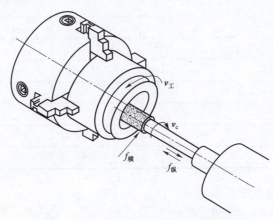 图6－3－4　磨削内孔和内圆锥面的方法 （四）磨削外圆锥面举例 　　以专用心轴工件为例，如图6－3－1所示，磨削操作步骤如下。 　　（1）研磨两端中心孔，使其接触面积不小于75％。 　　（2）将工件支承在万能外圆磨床的前、后顶尖上，松紧适中。 　　（3）按外圆锥面莫氏锥度的斜角扳转上工作台，试磨工件的外圆锥表面磨后，用莫氏锥度环规对工件进行涂色检验。若未达到接触面要求，则应继续转上工作台，直至圆锥度调准。 　　（4）采用纵磨法粗磨外圆锥面，纵向进给速度为2～3 m/min，工件速度为0.6 m/min，磨削深度为0.03～0.05 mm，砂轮圆周速度为35 m/s且精磨。 　　（五）注意事项 　　（1）开机前要检查各控制手柄是否处于停止位置，否则有发生事故的危险。

任务编号	**W30**	任务名称	磨削内、外圆及锥面

四、相关知识点	（2）砂轮架快速进退时，要注意避免砂轮与磨床及工件相撞。 （3）手动进退方向不能摇错，如把退刀摇成进刀，会使工件报废并伤及人身安全。 （4）严禁两人同时操作。 （5）严禁操作者在磨床运转过程中离开磨床。 （6）在教师操作示范后，学生必须先逐一轮换练习一次，然后再分散练习，以免发生事故。
五、看资料，谈感想	

六、任务实施

根据图 6-3-1 磨削内、外圆及锥面。

1. 组织学生分组

学生分组表见表 6-3-1。

表 6-3-1　学生分组表

班级		组号		指导教师	
组长		学号			
组员	姓名	学号	姓名	学号	

2. 任务分工

零件加工任务单见表 6-3-2。

表 6-3-2　零件加工任务单

班级		完成时间				
序号	产品名称	材料	加工数量	技术标准	质量要求	图样要求
1						
2						
3						
4						
5						
6						

任务编号	W30	任务名称	磨削内、外圆及锥面

3. 熟悉任务

（1）任务图的识读。认真阅读任务图 6-3-1，找出其中标注错误或者漏标的情况，若发现问题，应及时提出修改意见。

_____

_____

_____

（2）毛坯选择分析。分析本任务所加工的零件，并选择合理的毛坯。

_____

_____

_____

（3）技术要求分析。分析任务图 6-3-1，并在表 6-3-3 中写出所需要的材料，为任务实施做准备。

表 6-3-3 零件技术要求分析表

序号	项目	内容	偏差范围
1	磨削内、外圆及锥面		
2			
3			
4			

4. 工作方案

（1）设备和材料的选择。根据图 6-3-1 磨削外圆及锥面选择加工设备及材料。

_____

_____

_____

（2）拟订工艺路线。分组讨论，拟订合理的任务加工工艺路线。

_____

_____

_____

（3）小组讨论，确定最佳方案。师生共同讨论并确定最合理的工艺路线及最佳方案，完善零件加工的工艺路线。

_____

_____

_____

六、任务实施

任务编号	**W30**		任务名称	磨削内、外圆及锥面

<table>
<tr><td rowspan="20">六、任务实施</td><td colspan="4">（4）工作实施。在教师的指导下，熟悉设备的操作，简述设备安全操作的注意事项。

＿＿＿＿＿＿＿＿＿＿＿＿＿＿＿＿＿＿＿＿＿＿＿＿＿＿＿＿＿＿＿
＿＿＿＿＿＿＿＿＿＿＿＿＿＿＿＿＿＿＿＿＿＿＿＿＿＿＿＿＿＿＿
＿＿＿＿＿＿＿＿＿＿＿＿＿＿＿＿＿＿＿＿＿＿＿＿＿＿＿＿＿＿＿

（5）熟悉车间管理制度，简述 6S 管理的定义和目的。

＿＿＿＿＿＿＿＿＿＿＿＿＿＿＿＿＿＿＿＿＿＿＿＿＿＿＿＿＿＿＿
＿＿＿＿＿＿＿＿＿＿＿＿＿＿＿＿＿＿＿＿＿＿＿＿＿＿＿＿＿＿＿
＿＿＿＿＿＿＿＿＿＿＿＿＿＿＿＿＿＿＿＿＿＿＿＿＿＿＿＿＿＿＿</td></tr>
</table>

5. 检测评分

检测评分表见表 6-3-4。

表 6-3-4　检测评分表

工件编号：				完成人：				
项目与配分	序号	技术要求	配分	评分标准	自测记录	得分	互测记录	得分
工件加工评分（80%）	1	设备选择是否正确	5 分	操作错误全扣				
	2	工件夹持是否正确、合理	15 分	操作错误全扣				
	3	量具选用是否合理	5 分	操作错误全扣				
	4	尺寸公差是否超差	15 分	操作错误全扣				
	5	锥面是否正确	30 分	操作错误全扣				
	6	表面粗糙度是否达标	10 分	操作错误全扣				
工艺（10%）	7	工艺正确	10 分	每错一处扣 2 分				
设备操作（10%）	8	设备操作规范	10 分	每错一处扣 2 分				
安全文明生产（倒扣分）	9	安全操作	倒扣	安全事故停止操作扣 5~10 分				
	10	6S 管理	倒扣					
得分								

6. 磨削内、外圆及锥面不正确的原因分析

小组根据检测结果讨论、分析磨削内、外圆及锥面不正确的原因及预防方法，并填写表 6-3-5。

任务编号	W30		任务名称	磨削内、外圆及锥面

表6-3-5　磨削内、外圆及锥面不正确的原因及预防方法

序号	产生原因	预防方法
1		
2		
3		
4		

7. 教师评价

教师对学生的整个任务实施过程进行评价，并填写表6-3-6。

表6-3-6　教师评价表

班级		组名		姓名		
出勤情况						
评价内容	评价要点	考察要点	分数	分数评定		得分
任务描述、接受任务	口述内容细节	表述仪态自然、吐字清晰	2分	表述仪态不自然或吐字模糊扣1分		
		表达思路清晰、层次分明、准确		表达思路模糊或层次不清扣1分		
任务分析、分组情况	依据图样分析工艺、分组、分工	分析图样关键点准确	3分	表达思路模糊或层次不清扣1分		
		涉及的理论知识回顾完整，分组、分工明确		知识不完整扣1分，分组、分工不明确扣1分		
制订计划	制订加工工艺路线	准确制订工艺路线	15分	工艺路线步骤错误一步扣1分，扣完为止		
计划实施	加工前准备	设备准备	3分	每漏一项扣1.5分		
		材料准备		没有检查扣1.5分		
		以情景模拟的方式，体验到材料库领取材料的过程，并完成领料单	2分	领料单填写不完整扣1分		
	加工	正确选择材料	5分	选择错误一项扣1分，扣完为止		
		查阅资料，正确选择加工的技术参数	5分	选择错误一项扣1分，扣完为止		
		正确实施零件加工，无失误（依据工件评分表）	40分	依据工件评分标准超差扣分		
	现场恢复	在加工过程中保持6S管理、三环落地	3分	每漏一项扣1分，扣完为止		
		设备、材料、工具、工位恢复整理	2分	每违反一项扣1分，扣完为止		

六、任务实施

任务编号	W30		任务名称		磨削内、外圆及锥面

续表

<table>
<tr><td rowspan="6">六、任务实施</td><td>评价内容</td><td>评价要点</td><td>考察要点</td><td>分数</td><td>分数评定</td><td>得分</td></tr>
<tr><td rowspan="3">总结</td><td rowspan="3">任务总结</td><td>依据自评分数</td><td>5分</td><td>依据总结内容是否到位酌情给分</td><td></td></tr>
<tr><td>依据互评分数</td><td>5分</td><td>依据总结内容是否到位酌情给分</td><td></td></tr>
<tr><td>依据个人总结评分报告</td><td>10分</td><td>依据总结内容是否到位酌情给分</td><td></td></tr>
<tr><td colspan="3">合计</td><td>100分</td><td></td><td></td></tr>
</table>

七、反思	如图 6-3-5 所示，根据要求编写加工工艺，指出该零件用什么机床加工比较合适？并说明理由。

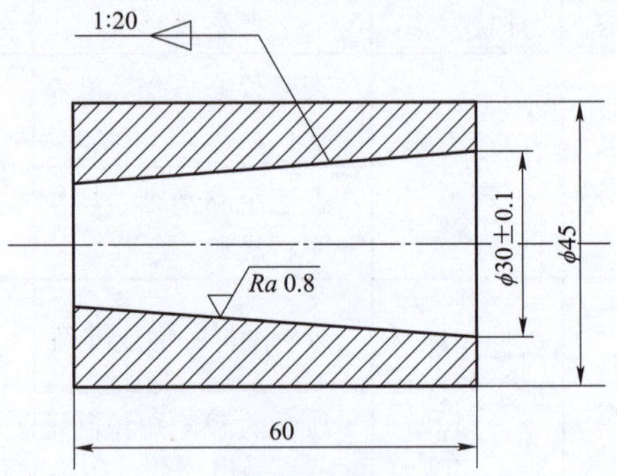

图 6-3-5

任务四　综合练习

任务编号	W31		任务名称		综合练习

一、任务描述	如图 6-4-1 所示，按要求磨削套筒。

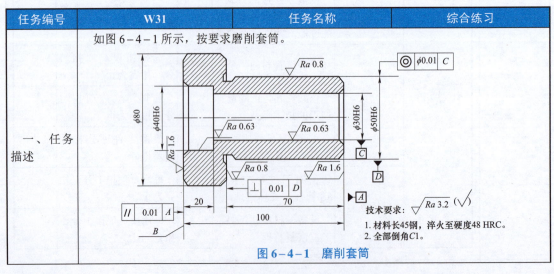

图 6-4-1　磨削套筒

任务编号	**W31**	任务名称	综合练习

二、学习目标	（1）了解磨削外圆和套筒的工艺特点。 （2）了解磨削外圆和套筒的方法。 （3）掌握磨削加工的安全技术及操作规程。
三、任务分析	通过对磨工知识系统的学习后，学生能够独立按技术要求完成教学内容，包含可磨削平面、内外圆柱面、内外圆锥面、内外螺纹、成形面、沟槽等。
四、相关知识点	**（一）磨削外圆** 一般在普通外圆磨床或万能外圆磨床上磨削工件的外圆。常用磨削外圆的方法有纵磨法和横磨法两种。 1. 纵磨法 图6－4－2（a）所示为纵磨法。 2. 横磨法 图6－4－2（b）所示为横磨法。 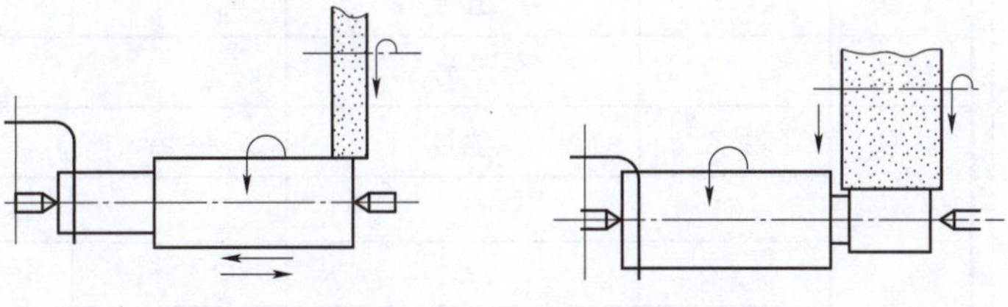 (a)　　　　　　　　　　　　(b) **图6－4－2　磨削外圆的方法** （a）纵磨法；（b）横磨法 **（二）磨削内孔和内圆锥面** 可在内圆磨床或万能外圆磨床上用内圆磨头磨削内孔和内圆锥面，如图6－4－3所示。 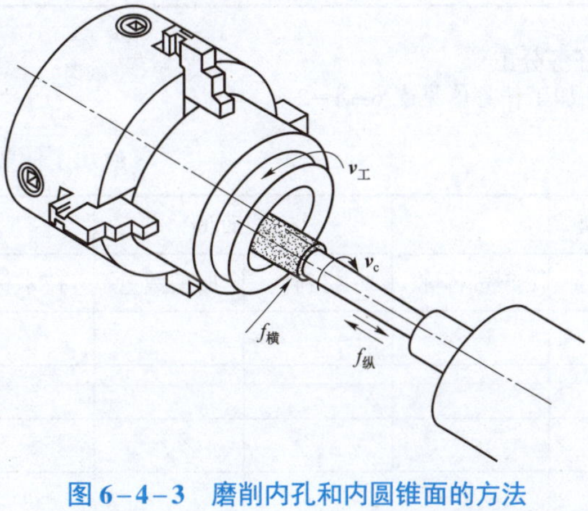 **图6－4－3　磨削内孔和内圆锥面的方法** **（三）注意事项** （1）开机前要检查各控制手柄是否处于停止位置，否则会发生事故危险。 （2）砂轮架快速进退时，要注意避免砂轮与磨床及工件相撞。

续表

任务编号	**W31**		任务名称			综合练习

四、相关知识点	（3）手动进退方向不能摇错，如把退刀摇成进刀，会使工件报废并伤及人身安全。 （4）严禁两人同时操作。 （5）严禁操作者在磨床运转过程中离开磨床。 （6）在教师操作示范后，学生必须先逐一轮换练习一次，然后再分散练习，以免发生事故。
五、看资料，谈感想	

六、任务实施

根据图 6-4-1 磨削套筒。

1. 组织学生分组

学生分组表见表 6-4-1。

表 6-4-1　学生分组表

班级		组号		指导教师	
组长		学号			
组员	姓名	学号	姓名	学号	

2. 任务分工

零件加工任务单见表 6-4-2。

表 6-4-2　零件加工任务单

班级		完成时间				
序号	产品名称	材料	加工数量	技术标准	质量要求	图样要求
1						
2						
3						
4						
5						
6						

任务编号	**W31**	任务名称	综合练习

3. 熟悉任务

（1）任务图的识读。认真阅读任务图 6-4-1，找出其中标注错误或者漏标的情况，若发现问题，应及时提出修改意见。

_____

_____

_____

（2）毛坯选择分析。分析本任务所加工的零件，并选择合理的毛坯。

_____

_____

（3）技术要求分析。分析任务图 6-4-1，并在表 6-4-3 中写出所需要的材料，为任务实施做准备。

表 6-4-3　零件技术要求分析表

序号	项目	内容	偏差范围
1	磨削套筒		
2			
3			
4			

4. 工作方案

（1）设备和材料的选择。根据图 6-4-1 的磨削套筒选择加工设备及材料。

_____

_____

（2）拟订工艺路线。分组讨论，拟订合理的任务加工工艺路线。

_____

_____

（3）小组讨论，确定最佳方案。师生共同讨论并确定最合理的工艺路线及最佳方案，完善零件加工的工艺路线。

_____

_____

（4）工作实施。在教师的指导下，熟悉设备的操作，简述设备安全操作的注意事项。

_____

_____

（5）熟悉车间管理制度，简述 6S 管理的定义和目的。

_____

_____

5. 检测评分

检测评分表见表 6-4-4。

六、任务实施

任务编号	W31		任务名称			综合练习			

表6−4−4 检测评分表

<table>
<tr><td colspan="6">工件编号：</td><td colspan="4">完成人：</td></tr>
<tr><td>项目与配分</td><td>序号</td><td>技术要求</td><td>配分</td><td>评分标准</td><td>自测记录</td><td>得分</td><td>互测记录</td><td>得分</td></tr>
<tr><td rowspan="6">工件加工评分
（80%）</td><td>1</td><td>设备选择是否正确</td><td>5分</td><td>操作错误全扣</td><td></td><td></td><td></td><td></td></tr>
<tr><td>2</td><td>工件夹持是否正确、合理</td><td>15分</td><td>操作错误全扣</td><td></td><td></td><td></td><td></td></tr>
<tr><td>3</td><td>量具选用是否合理</td><td>5分</td><td>操作错误全扣</td><td></td><td></td><td></td><td></td></tr>
<tr><td>4</td><td>尺寸公差是否超差</td><td>15分</td><td>操作错误全扣</td><td></td><td></td><td></td><td></td></tr>
<tr><td>5</td><td>外圆是否正确</td><td>30分</td><td>操作错误全扣</td><td></td><td></td><td></td><td></td></tr>
<tr><td>6</td><td>表面粗糙度是否达标</td><td>10分</td><td>操作错误全扣</td><td></td><td></td><td></td><td></td></tr>
<tr><td>工艺（10%）</td><td>7</td><td>工艺正确</td><td>10分</td><td>每错一处扣2分</td><td></td><td></td><td></td><td></td></tr>
<tr><td>设备操作（10%）</td><td>8</td><td>设备操作规范</td><td>10分</td><td>每错一处扣2分</td><td></td><td></td><td></td><td></td></tr>
<tr><td rowspan="2">安全文明生产
（倒扣分）</td><td>9</td><td>安全操作</td><td>倒扣</td><td rowspan="2">安全事故停止操作扣5～10分</td><td></td><td></td><td></td><td></td></tr>
<tr><td>10</td><td>6S管理</td><td>倒扣</td><td></td><td></td><td></td><td></td></tr>
<tr><td colspan="5">得分</td><td colspan="4"></td></tr>
</table>

6. 磨削套筒不正确的原因分析

小组根据检测结果讨论、分析磨削套筒不正确的原因及预防方法，并填写表6−4−5。

表6−4−5 磨削套筒不正确的原因及预防方法

序号	产生原因	预防方法
1		
2		
3		
4		

7. 教师评价

教师对学生的整个任务实施过程进行评价，并填写表6−4−6。

六、任务实施

任务编号		W31		任务名称		综合练习	

表 6-4-6　教师评价表

	班级		组名		姓名		
	出勤情况						
	评价内容	评价要点	考察要点	分数	分数评定		得分
六、任务实施	任务描述、接受任务	口述内容细节	表述仪态自然、吐字清晰	2分	表述仪态不自然或吐字模糊扣1分		
			表达思路清晰、层次分明、准确		表达思路模糊或层次不清扣1分		
	任务分析、分组情况	依据图样分析工艺、分组、分工	分析图样关键点准确	3分	表达思路模糊或层次不清扣1分		
			涉及的理论知识回顾完整，分组、分工明确		知识不完整扣1分，分组、分工不明确扣1分		
	制订计划	制订加工工艺路线	准确制订工艺路线	15分	工艺路线步骤错误一步扣1分，扣完为止		
	计划实施	加工前准备	设备准备	3分	每漏一项扣1.5分		
			材料准备		没有检查扣1.5分		
			以情景模拟的方式，体验到材料库领取材料的过程，并完成领料单	2分	领料单填写不完整扣1分		
		加工	正确选择材料	5分	选择错误一项扣1分，扣完为止		
			查阅资料，正确选择加工的技术参数	5分	选择错误一项扣1分，扣完为止		
			正确实施零件加工，无失误（依据工件评分表）	40分	依据工件评分标准超差扣分		
		现场恢复	在加工过程中保持6S管理、三环落地	3分	每漏一项扣1分，扣完为止		
			设备、材料、工具、工位恢复整理	2分	每违反一项扣1分，扣完为止		
	总结	任务总结	依据自评分数	5分	依据总结内容是否到位酌情给分		
			依据互评分数	5分	依据总结内容是否到位酌情给分		
			依据个人总结评分报告	10分	依据总结内容是否到位酌情给分		
	合计			100分			

任务编号	W31		任务名称		综合练习
七、反思	磨削加工小结（500 字以上）。 _____ _____ _____ _____ _____ _____ _____ _____ _____ _____ _____ _____ _____				

模块七

焊　接

任务一　焊条电弧焊

任务编号	W32		任务名称	焊条电弧焊
一、任务描述	如图 7-1-1 所示，按要求进行 T 形接头立焊。 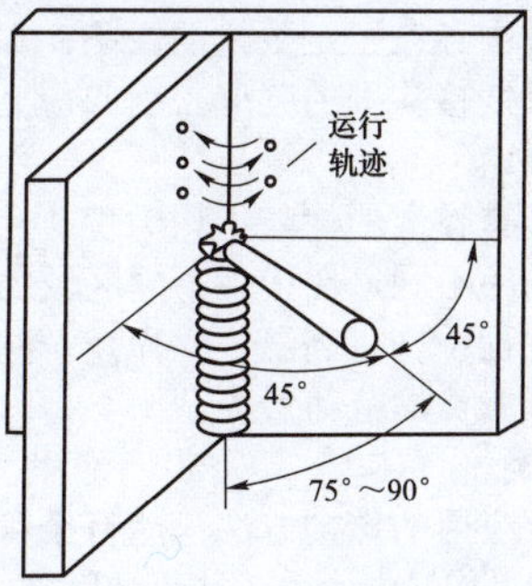 图 7-1-1　T 形接头立焊			
二、学习目标	（1）熟悉常见焊接生产的工艺过程、特点与应用。 （2）了解电弧焊和气焊所用设备及工具的结构、工作原理与操作。 （3）掌握焊条电弧焊焊接设备的型号及主要技术参数。 （4）掌握焊接的基本操作方法。 （5）能合理选用设备的技术参数对工件进行焊接加工。			
三、任务分析	焊接工艺过程容易实现机械化和自动化，生产效率高，但易产生较大的焊接残余应力和焊接残余变形，从而影响结构的承载能力、加工精度和尺寸稳定性，同时，在焊缝与焊件交界处还会产生应力集中，对结构的脆性断裂有较大影响，焊接存在一定缺陷。在焊接中需要根据不同的母材采用不同的焊接方法，尽量减少不合格产品。通过系统学习焊接知识后，学生能够按要求完成教学内容，包含熟悉有关安全生产规章制度和安全操作规程，掌握本岗位的操作技能，增强预防事故的意识，控制职业危害和提高应急处理能力。			
四、相关知识点	连接的方法主要有两大类：一类是可以拆卸的，如螺栓连接、销钉连接、键连接等；另一类是永久性的，如铆焊、焊接。焊接是指通过加热或加压或者二者并用，使用或不使用填充材料，使同种或异种材质的焊件达到原子间结合而形成永久性连接的一种加工方法。			

任务编号	**W32**	任务名称	焊条电弧焊

焊接是现代工业中用来制造或修理各种金属结构和机械零部件的主要方法之一。

据不完全统计，目前全世界年产量45%的钢和大量有色金属都是通过焊接加工形成产品的。随着焊接技术的发展，其已经广泛应用于机械制造、石油化工、交通能源、冶金、电子、航空航天等各个领域，焊接技术的发展水平已成为衡量一个国家科学技术先进程度的重要标志之一。

（一）焊接的优点

焊接技术之所以能得到如此迅速的发展，是因为与铆接、铸造、锻压相比，焊接具有下列优点。

（1）节省金属材料，减轻结构质量，经济效益好。

（2）制造设备简单，简化加工与装配工序，生产周期短，生产效率高。

（3）结构强度高，接头密封性好。

（4）结构设计的灵活性大。按结构的受力情况，可优化配置材料；按工作情况的需要，可在不同部位选用不同强度、耐磨、耐腐蚀及高温等性能的材料。

（5）焊接结构件外形平整，加工余量少。

（6）焊接工艺过程容易实现机械化和自动化。

（二）焊接的缺点

（1）用焊接方法加工的结构易产生较大的焊接残余应力和焊接残余变形，从而影响结构的承载能力、加工精度和尺寸稳定性，同时，在焊缝与焊件交界处还会产生应力集中，对结构的脆性断裂有较大影响。

（2）在焊接接头中存在一定数量的缺陷，如裂纹、气孔、夹渣、未焊透、未熔合等。这些缺陷的存在会降低接头处的强度，引起应力集中，损坏焊缝致密性，是造成焊接结构破坏的主要原因之一。

（3）焊接接头具有较大的性能不均匀性。由于焊缝的成分及金相组织与母材不同，接头各部位经历的热循环不同，使接头不同区域的性能不同。

（4）焊接生产过程中产生高温、强光及一些有害气体，对人身体会有一定损害，因此，要加强对焊接操作人员的劳动保护。

（三）焊接的分类

在工业生产中所应用的焊接方法已达百余种，根据焊接过程的工艺特点和母材金属所处的表面状态，可将其分为熔焊、压焊、钎焊三大类，如图7-1-2所示。

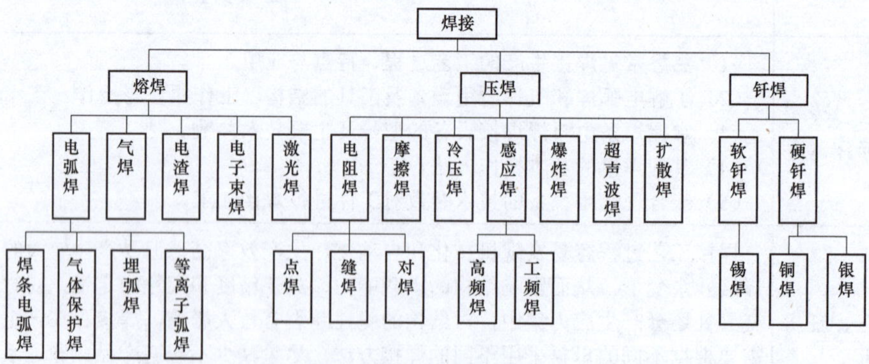

图 7-1-2　焊接的分类

1. 熔焊

在焊接过程中，将待焊处母材金属加热熔化以形成焊缝的焊接方法称为熔焊。

2. 压焊

在焊接过程中，需要对焊件施加压力（加热或不加热）的一类焊接方法。

任务编号	W32	任务名称	焊条电弧焊

3. 钎焊

利用低熔点的填充金属（称为钎料）熔化后与固态焊件金属相互扩散形成原件的结合而实现连接的方法。

（四）焊接设备与工具

焊接电弧是电弧焊接的热源，电弧燃烧的稳定性对焊接质量具有重要影响，焊接电弧是在具有一定电压的两电极间，在局部气体介质中产生强烈而持久的一种气体放电现象，产生电弧的电极可以是焊丝、钨棒、焊件等，如图 7-1-3 所示。当电源两端分别同焊件和焊条相连时，在电场的作用下，电弧阴极产生电子发射，阳极吸收电子，电弧区的中性气体粒子在接收外界能量后电离成正离子和电子，正、负带电粒子相向运动，形成两电极间的气体空间导电过程。引燃电弧后，弧柱中就充满了高温的电离气体，放出大量热能和强烈的光。电弧的热量与焊接电流和电弧电压的积成正比，焊接电流越大，电弧产生的总热量就越多。一般情况下，电弧的热量在阳极区产生的较多；阴极区因为放出大量的电子，会消耗一部分能量，所以产生的热量较少。焊接电弧具有温度高、电弧电压低、电弧电流大和弧光强度高的特点。电弧中心弧柱温度范围为 5 000～30 000 K，电弧电压范围为 10～80 V，电弧电流的范围为 10～1 000 A。

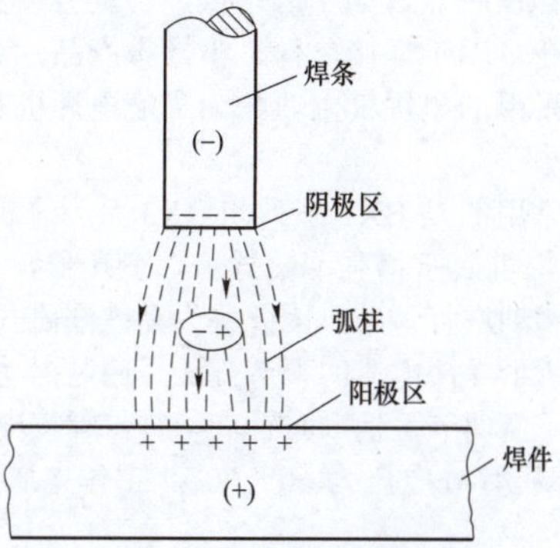

四、相关
知识点

图 7-1-3 焊接电弧示意图

焊条电弧焊是以焊条与焊件为电极，利用电弧放电产生的热量熔化焊条与焊件，用手工操作焊条进行焊接的一种方法。焊条电弧焊工作示意图如图 7-1-4 所示，电焊机电源两输出端通过电缆、焊钳和地线夹头分别与焊条和被焊件相连。焊接时，由于焊条与焊件之间具有电压，当它们相互接触时，相当于电弧焊电源短接，由于接触点很大，电路电流很大，从而产生大量电阻热，使金属瞬间熔化，这时快速把焊条与焊件之间拉开一定的距离（2～4 mm），电弧就被引燃了。电弧在燃烧时会产生较高的温度，温度可达 6 000～8 000 K，可以将焊条和焊件局部熔化，受电弧力的作用，焊条端部熔化后的熔滴过渡到母材，和熔化的母材融合在一起形成熔池，随着焊工操作电弧向前移动，原熔池金属液不断冷却凝固，构成连续的焊缝。焊条电弧焊的焊接过程如图 7-1-5 所示。

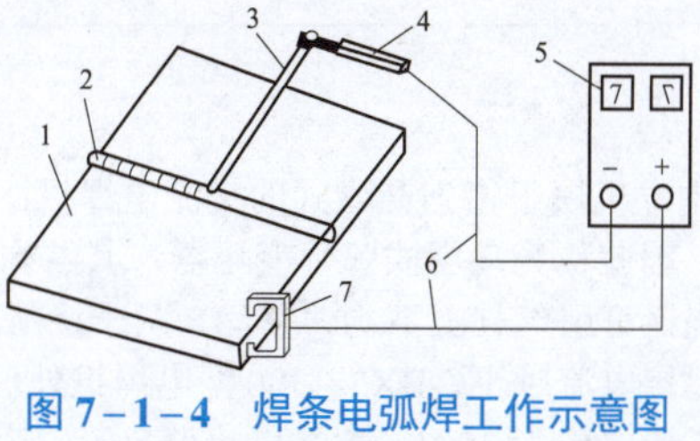

图 7-1-4 焊条电弧焊工作示意图

1—焊件；2—焊缝；3—焊条；4—焊钳；5—焊接电源；6—电缆线；7—地线夹头

金工实训

续表

任务编号	W32	任务名称	焊条电弧焊

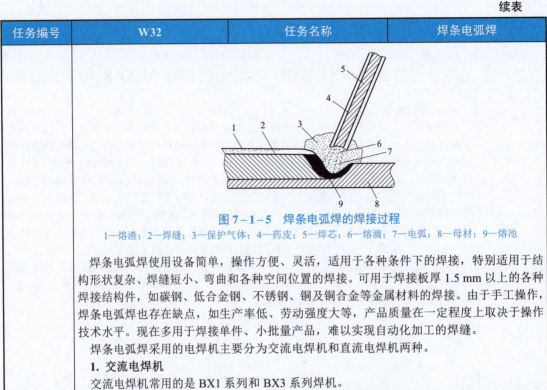

图 7-1-5　焊条电弧焊的焊接过程

1—熔渣；2—焊缝；3—保护气体；4—药皮；5—焊芯；6—熔滴；7—电弧；8—母材；9—熔池

　　焊条电弧焊使用设备简单，操作方便、灵活，适用于各种条件下的焊接，特别适用于结构形状复杂、焊缝短小、弯曲和各种空间位置的焊接。可用于焊接板厚 1.5 mm 以上的各种焊接结构件，如碳钢、低合金钢、不锈钢、铜及铜合金等金属材料的焊接。由于手工操作，焊条电弧焊也存在缺点，如生产率低、劳动强度大等，产品质量在一定程度上取决于操作技术水平。现在多用于焊接单件、小批量产品，难以实现自动化加工的焊缝。

　　焊条电弧焊采用的电焊机主要分为交流电焊机和直流电焊机两种。

1. 交流电焊机

　　交流电焊机常用的是 BX1 系列和 BX3 系列焊机。

　　BX1 系列电焊机属于增强漏磁式弧焊变压器，工作原理如图 7-1-6 所示，由于焊机的铁芯可以通过手动进行调节，因此称为动铁漏磁式弧焊变压器。以 BX1-315 型焊机为例，如图 7-1-7 所示焊接电流的调节方法是通过摇动手柄来移动铁芯的位置，改变漏磁通而获得焊接电流的，当调节手柄顺时针旋动时，焊接电流增大；逆时针旋动时，焊接电流减小。BX1-315 型焊机空载电压为 60～70 V，工作电压为 30 V，焊接电流调节范围为 60～315 A。

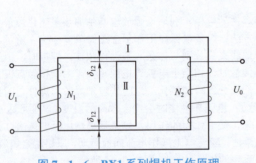

图 7-1-6　BX1 系列焊机工作原理

图 7-1-7　BX1-315 型焊机外形及电流调节

1—电流指示；2—电流调节手柄

　　BX3 系列电焊机属于增强漏磁式的交流电焊机，由于同一铁芯上的一次、二次绕组可以做相对移动，因此称为动圈式弧焊变压器，其结构如图 7-1-8（a）所示，一次绕组固定不动，二次绕组可用丝杠上下均匀移动，两个绕组之间形成漏磁磁路，其间隙 δ_{12} 越大，则漏抗越大，焊接电流越小。BX3-300 型电焊机外形图如 7-1-8（b）所示，其空载电压为 60～70 V，工作电压为 30 V，焊接电流调节范围为 40～300 A。

四、相关知识点

任务编号	**W32**	任务名称	焊条电弧焊

交流电焊机具有结构简单、价格便宜、使用可靠、效率高、噪声小、维护方便等优点，应用范围较广，但在电弧稳定性方面还有些不足。

以 BX3－300 型电焊机为例，通过先粗调、再细调来完成焊接电流调节（见图 7－1－8）。粗调节时，先将电源切断，转动转换开关至相应的挡位，即Ⅰ挡（35～114 A）或Ⅱ挡（110～300 A）；然后进行细调节，摇动电流调节手柄，改变一次、二次绕组之间的距离进行电流细调节，达到所需电流。细调节时，顺时针旋转手柄时，焊接电流减小；反之，逆时针旋转手柄，焊接电流增大。

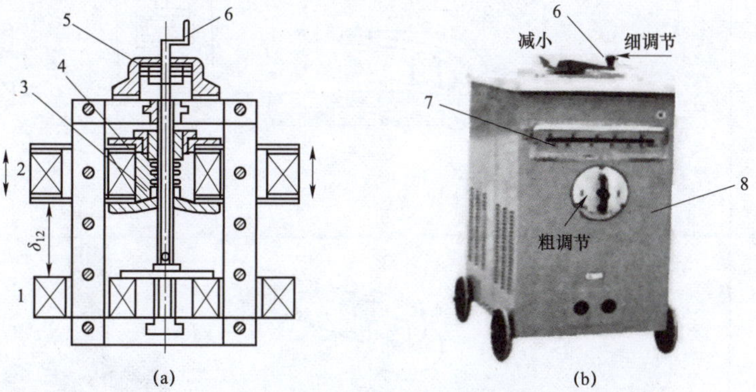

图 7－1－8 BX3 系列弧焊变压器结构及外形图
（a）焊机结构；（b）焊机外形
1—一次绕组；2—二次绕组；3—丝杠；4—压力弹簧；5—轴承；
6—手柄；7—电流指示；8—挡位旋钮

2. 直流电焊机

常见的直流电焊机有 ZX5 系列电焊机和 ZX7 系列电焊机。

ZX5 系列是晶闸管式直流弧焊机，就是用晶闸管把电焊机的交流输出整流成直流输出。ZX7 系列是逆变式直流弧焊机，就是把三相或单相交流电整流，经滤波后得到一个直流电，由 IGBT 组成的逆变电路将该直流电变为交流电，经主变压器降压后，再经整流滤波获得平稳的直流输出焊接电流。ZX5 系列电焊机因为有变压器在里面，所以有些笨重，而 ZX7 系列电焊机轻巧不重且性能很好，是焊接压力容器的理想焊接电源。

图 7－1－9 所示为 ZX5－400 型电焊机和 ZX7－250 型电焊机，这类电焊机的焊接调节比较方便，只要开启电源开关，通过转动焊接电流调节旋钮达到所需电流，即可进行焊接操作。

直流弧焊发电机焊接时电弧稳定，焊接质量较好，但结构复杂，噪声大，价格高，耗电大，耗材多，不易维修，因此，这类电焊机的应用受到了限制。

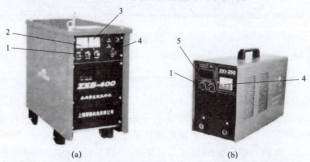

图 7－1－9 ZX5－400 型电焊机和 ZX7－250 型电焊机
（a）ZX5－400 型电焊机；（b）ZX7－250 型电焊机
1—控制旋钮；2—电流指示表；3—电压指示表；4—电源开关；5—参数显示屏

四、相关知识点

任务编号	**W32**	任务名称	焊条电弧焊

此外，还有些小型电焊机，由于轻巧紧凑、移动方便、价格低廉，在维修及工作量不大的焊接加工生产时经常使用。这些焊机均可使用 220 V 或 380 V 两种电压。

3. 焊接工具及防护用品

为了保证焊接过程的顺利进行和保障焊工安全，焊条电弧焊时，应备有下列各种工具和辅助工具：电焊钳、电焊面罩、电焊手套和脚套、焊条保温筒、敲渣锤、角向磨光机等，如图 7-1-10 所示。

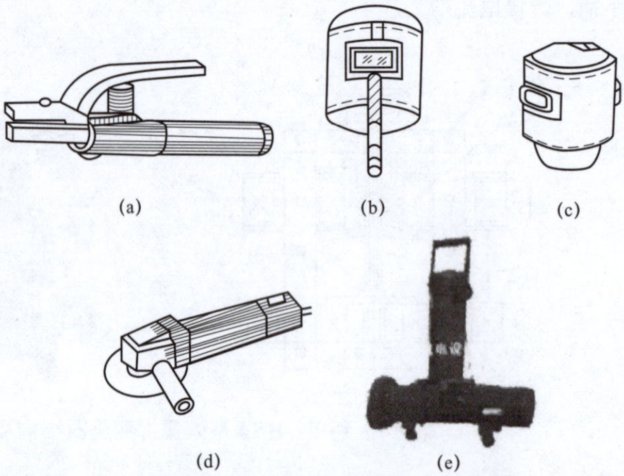

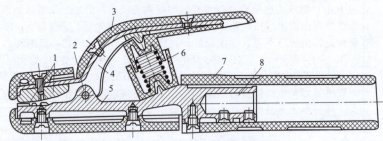

(a)　　　　　　　(b)　　　　　　　(c)

(d)　　　　　　　(e)

图 7-1-10　焊接工具及防护用品

(a) 电焊钳；(b) 手持式电焊面罩；(c) 头戴式电焊面罩；
(d) 角向磨光机；(e) 立式、卧式焊条保温筒

（1）焊接电缆。焊接电缆的芯线用纯铜制成，有良好的导电性，线皮为绝缘性橡胶。

（2）焊钳。焊钳的作用是夹持焊条和传导电流，如图 7-1-11 所示。

图 7-1-11　焊钳的构造

1—钳口；2—固定销；3—弯臂罩壳；4—弯臂；5—直柄；6—弹簧；7—胶木手柄；8—焊接电缆固定处

（3）护目滤光片。焊接弧光中含有的紫外线、可见光、红外线强度均大大超过人体眼睛所能承受的限度，过强的可见光将对视网膜产生烧灼，造成眩晕性视网膜炎；过强的紫外线将损伤眼角膜和结膜，造成电光性眼炎；过强的红外线将对眼睛造成慢性损伤。因此必须采用护目滤光片来对眼睛进行防护。

（4）防护面罩。常用焊接面罩如图 7-1-10 所示。面罩是用 1.5 mm 厚钢板压制而成的，一般为红色或褐色，材质坚硬、质轻、韧、绝缘性与耐热性好，以防止焊接时的飞溅物、弧光及熔池和焊件的高温对焊工面部及颈部造成灼伤。当采用通风除尘措施不能使烟尘浓度降到卫生标准以下时，焊工应佩戴防尘口罩。

四、相关
知识点

任务编号	W32	任务名称	焊条电弧焊

4. 焊条

焊条是涂有药皮的、供焊条电弧焊用的熔化电极。

（1）焊条的组成和作用。焊条电弧焊所用的焊接材料是焊条，焊条主要由焊芯和药皮两部分组成，如图7－1－12所示。

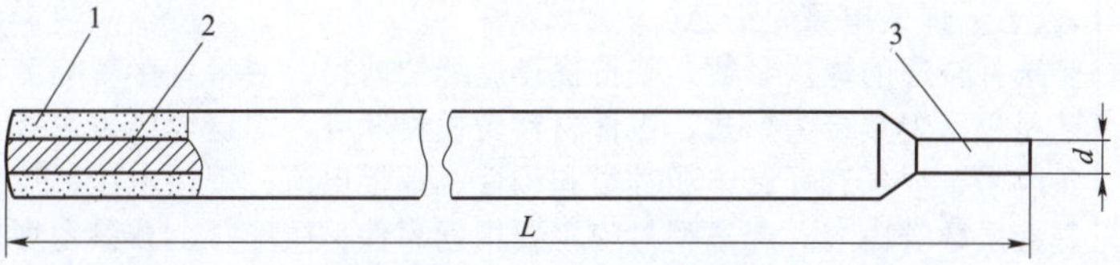

图7－1－12　焊条结构

1—药皮；2—焊芯；3—焊条夹持部分

（2）焊芯。焊芯一般是具有一定长度及直径的金属丝。我国生产的焊条，基本上以含碳、硫、磷较低的专用钢丝（如H08A）作为焊芯制成的。焊接时，焊芯有两个功能。

① 传导焊接电流，产生电弧。

② 焊芯本身熔化，作为填充金属，与熔化的母材熔合形成焊缝。

（3）焊条电弧焊的冶金特点。焊接熔池容积小而温度高，易造成金属元素的烧损；焊缝易形成夹渣、气孔、裂缝及偏析等缺陷。在焊条药皮中含有合金剂和脱氧剂，能补充烧损的合金元素，保证焊缝的化学成分和力学性能。

（4）焊条电弧焊工艺参数的选择。焊条电弧焊焊接工艺参数主要包括焊接电源、焊条直径、焊接电流、电弧电压和焊接速度等。

① 电源的选择。使用酸性焊条焊接时，一般选用交流弧焊电源；使用碱性焊条焊接时，一般选用直流弧焊电源；在焊接薄板时，一般选用直流电源，并采用直流反接，可防止薄板烧穿。

② 焊条直径的选择。焊条直径的选择主要考虑焊件的厚度、接头的形式、焊接位置和焊接层次等因素。立、横、仰焊时，焊接位置应选用细焊条（$\phi < 4$ mm）；V形坡口多层焊时，首层应选用细焊条，其后各层应用粗焊条；T形接、搭接和角接接头焊时，应选用粗焊条。另外，工件厚度越大，焊条直径应越大。焊条直径的选用见表7－1－1。

表7－1－1　焊条直径的选用

焊件厚度/mm	≤4	4～12	≥12
焊条直径/mm	≤3.2	3.2～4.0	≥4.0

③ 焊接电流的选择。焊接电流的选择见表7－1－2，主要根据焊条直径、焊件厚度、焊接位置、接头形式、母材金属等因素进行适当的调整。

表7－1－2　焊接电流的选择

焊件直径/mm	焊接电流/A	焊件直径/mm	焊接电流/A
1.6	25～40	4.0	150～200
2.0	40～70	5.0	180～260
2.5	50～80	5.8	220～300
3.2	80～120	—	—

任务编号	**W32**	任务名称	焊条电弧焊

<table>
<tr><td rowspan="1">四、相关
知识点</td><td colspan="3">

④ 焊接速度的选择。焊接速度由焊工根据工件厚度、材质来掌握，太快可能焊不透或成形不良，太慢可能产生焊瘤或烧穿。在焊接中应保持适当的焊接速度，以保证焊缝质量和外形的美观。

⑤ 焊接层数。焊接中厚板时，要加工坡口，进行多层多道焊。

（五）焊条电弧焊工艺

选择合适的焊接参数是获得优良焊缝的前提，并将直接影响劳动生产率。焊条电弧焊工艺是根据焊接接头形式、零件材料、板材厚度、焊缝焊接位置等具体情况制订的，包括焊条牌号、焊条直径、电源种类和极性、焊接电流、焊接电压、焊接速度、焊接坡口形式和焊接层数等内容。焊条型号应主要根据零件材质选择，并参考焊接位置情况进行决定。电源种类和极性又由焊条型号而定。焊接电压决定于电弧长度，它与焊接速度一样对焊缝成形有重要影响，一般根据具体情况灵活掌握。

1. 焊接位置

在实际生产中，由于焊接结构和零件移动的限制，需要在空间不同的位置进行焊接。焊接位置可分为平焊、立焊、横焊和仰焊，如图7−1−13所示。平焊是将焊件放在水平位置或放在与水平面倾斜角度不大的位置进行焊接，操作方便，劳动强度低，液体金属不会流散，易于保证焊缝质量，是最理想的操作空间位置。立焊是在焊件立面或倾斜面上的纵向进行的焊接。横焊是在焊件立面或倾斜面上的横向进行的焊接。仰焊是焊条位于焊件下方，仰视焊件进行的焊接。立焊和仰焊由于熔池中液体金属有滴落的趋势，因此焊缝成形比较困难，操作难度大，生产率低，质量不易保证，故应尽可能采用平焊。

(a)　　　　(b)　　　　(c)　　　　(d)

图 7−1−13　焊接位置

（a）平焊；（b）立焊；（c）仰焊；（d）横焊

2. 焊接接头和坡口形式

（1）焊接接头。焊接接头是指用焊接的方法连接的接头，由焊缝、熔合区、热影响区及邻近的母材组成。根据接头的构造形式不同，可分为对接接头、T形接头、搭接接头、角接接头、卷边接头等类型，如图7−1−14所示。卷边接头用于薄板焊接。

(a)　　　　　　　　　(b)

(c)　　　　　　　　　(d)

图 7−1−14　焊接接头形式

（a）对接接头；（b）搭接接头；（c）T形接头；（d）角接接头

</td></tr>
</table>

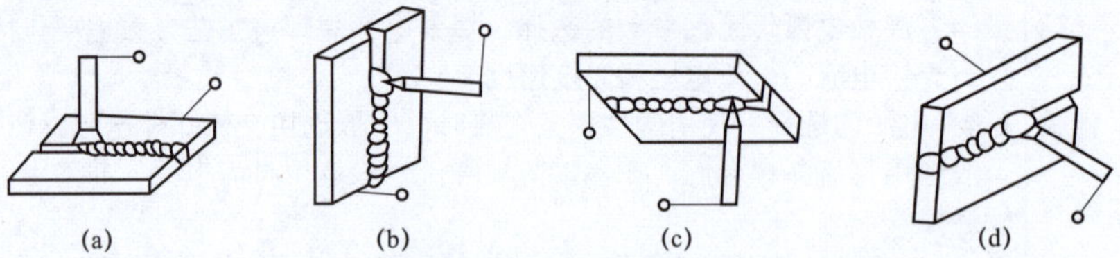

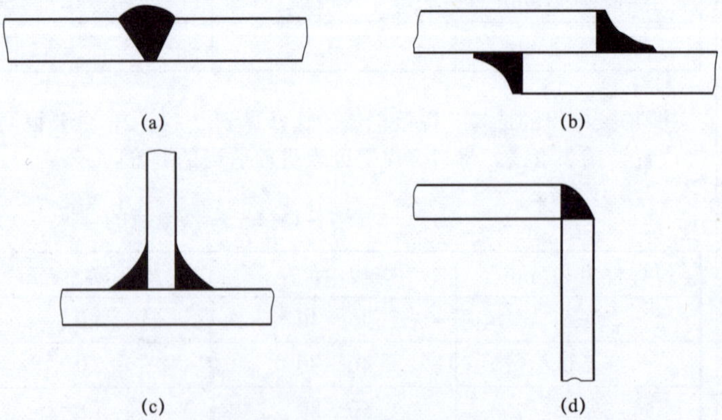

续表

任务编号	**W32**	任务名称	焊条电弧焊

（2）焊接前加工的坡口形式。把两焊件间待焊处加工成所需要的几何形状的沟槽称为坡口，焊接前加工坡口的目的在于使焊接容易进行，电弧能沿板厚熔敷一定的深度，保证接头根部焊透，并获得良好的焊缝成形。焊接坡口形式有 I 形坡口、V 形坡口、U 形坡口、X 形坡口、双 U 形坡口等多种，如图 7-1-15 所示。

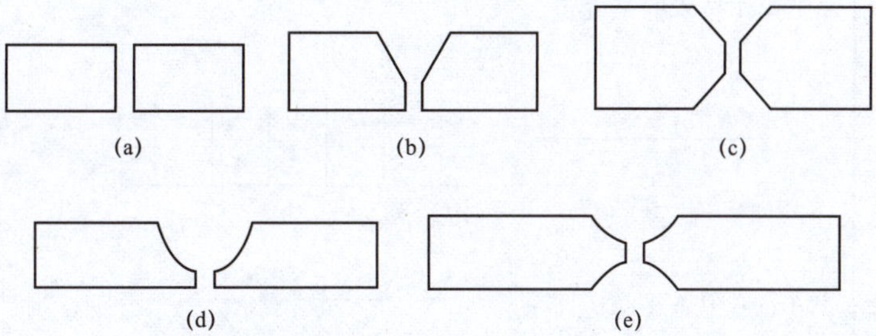

（a）　　　　　（b）　　　　　（c）

（d）　　　　　（e）

图 7-1-15　坡口形式

（a）I 形坡口；（b）V 形坡口；（c）X 形坡口；（d）U 形坡口；（e）双 U 形坡口

对焊件厚度小于 6 mm 的焊缝，可以不开坡口；中厚度和大厚度板对接焊时，为保证熔透，必须开坡口。V 形坡口便于加工，但焊件焊后易发生变形；X 形坡口可以避免 V 形坡口的一些缺点，同时可减少填充材料量；U 形及双 U 形坡口其焊缝填充金属量更小，焊后变形也小，但坡条电弧焊的技术要求高。

（六）基本操作技能

1. 敲击法引弧

敲击法引弧又称垂直引弧，焊条头部轻敲焊件，然后迅速提起 2～4 mm 即可产生电弧，如图 7-1-16（a）所示。这种引弧方法不会划伤焊件表面，是常用的方法，但初学者较难掌握。坡口加工困难，一般用于重要焊接结构。

2. 划擦法引弧

将焊条在焊件上像划火柴一样划过，即可引燃电弧，如图 7-1-16（b）所示。这种引弧的方法易掌握，但会划伤焊件表面。因此，在焊接表面不允许划伤的地方或狭窄处，通常采用敲击法引弧。在使用碱性焊条时，常采用划擦法引弧，这样可避免在焊缝起点产生气孔。

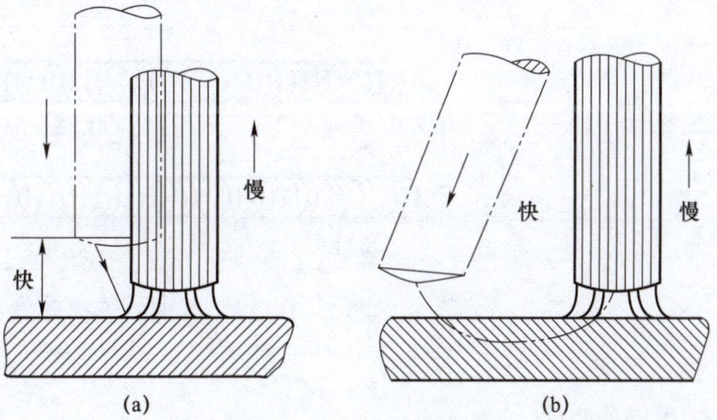

四、相关知识点

（a）　　　　　（b）

图 7-1-16　引弧

（a）敲击法引弧；（b）划擦法引弧

任务编号	**W32**	任务名称	焊条电弧焊

3. 运条

在正常的焊接过程中，焊条有三个基本运动：以焊条熔化的速度把焊条向熔池送进，保证一定弧长；焊条以适当的速度沿焊接方向前移并作横向摆动，使焊缝有一定的宽度，并且能增加对熔池热量的输入，便于排气排渣，减少焊接缺陷；焊条横向摆动，如图 7-1-17 所示。运条的方法应根据接头的种类、坡口的形式、焊接位置、焊条直径、焊接工艺要求及焊工操作技术等来确定。

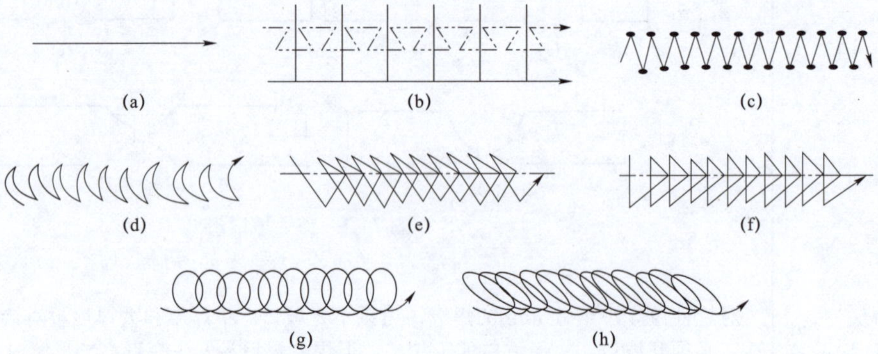

图 7-1-17　**焊条横向摆动方式**

（a）直线运条；（b）直线往复运条；（c）锯齿形运条；（d）月牙形运条；（e）斜三角形运条；
（f）正三角形运条；（g）正圆圈形运条；（h）斜圆圈形运条

4. 焊道的连接

在焊条电弧焊中，一条焊缝通常由多根焊条来完成，这样就存在焊道的连接问题。如果连接不当，容易出现脱节、高低不平、宽窄不一、夹渣和气孔等缺陷。焊道的连接方式有 4 种，如图 7-1-18 所示。最上方的方式较常用，但无论采用哪一种方式，都应使两焊道的宽窄、高低一致。

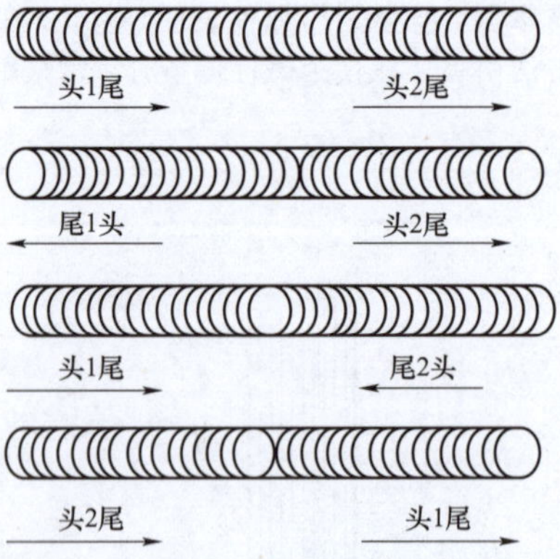

头1尾　　头2尾

尾1头　　头2尾

头1尾　　尾2头

头2尾　　头1尾

图 7-1-18　**焊道的连接形式**

1—先焊焊道；2—后焊焊道

5. 焊缝的收尾

在焊缝结尾时，如果熄弧不正确，会在尾部形成一个凹坑，使焊缝质量下降，因此要用正确的收尾方法填满凹坑。常用的收尾方法如图 7-1-19 所示。

四、相关知识点

续表

任务编号	**W32**		任务名称	焊条电弧焊

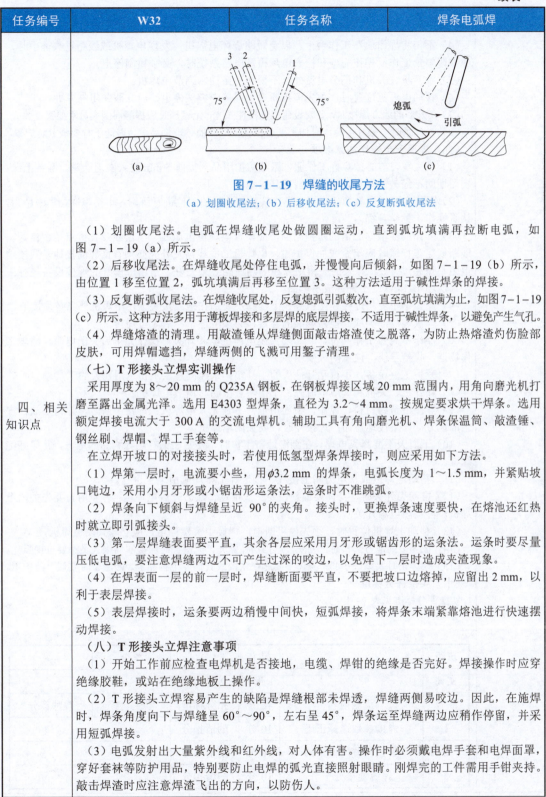

图 7－1－19　焊缝的收尾方法
（a）划圈收尾法；（b）后移收尾法；（c）反复断弧收尾法

四、相关知识点

（1）划圈收尾法。电弧在焊缝收尾处做圆圈运动，直到弧坑填满再拉断电弧，如图 7－1－19（a）所示。

（2）后移收尾法。在焊缝收尾处停住电弧，并慢慢向后倾斜，如图 7－1－19（b）所示，由位置 1 移至位置 2，弧坑填满后再移至位置 3。这种方法适用于碱性焊条的焊接。

（3）反复断弧收尾法。在焊缝收尾处，反复熄弧引弧数次，直至弧坑填满为止，如图 7－1－19（c）所示。这种方法多用于薄板焊接和多层焊的底层焊接，不适用于碱性焊条，以避免产生气孔。

（4）焊缝熔渣的清理。用敲渣锤从焊缝侧面敲击熔渣使之脱落，为防止热熔渣灼伤脸部皮肤，可用焊帽遮挡，焊缝两侧的飞溅可用錾子清理。

（七）T 形接头立焊实训操作

采用厚度为 8～20 mm 的 Q235A 钢板，在钢板焊接区域 20 mm 范围内，用角向磨光机打磨至露出金属光泽。选用 E4303 型焊条，直径为 3.2～4 mm。按规定要求烘干焊条。选用额定焊接电流大于 300 A 的交流电焊机。辅助工具有角向磨光机、焊条保温筒、敲渣锤、钢丝刷、焊帽、焊工手套等。

在立焊开坡口的对接接头时，若使用低氢型焊条焊接时，则应采用如下方法。

（1）焊第一层时，电流要小些，用 ϕ3.2 mm 的焊条，电弧长度为 1～1.5 mm，并紧贴坡口钝边，采用小月牙形或小锯齿形运条法，运条时不准跳弧。

（2）焊条向下倾斜与焊缝呈近 90°的夹角。接头时，更换焊条速度要快，在熔池还红热时就立即引弧接头。

（3）第一层焊缝表面要平直，其余各层应采用月牙形或锯齿形的运条法。运条时要尽量压低电弧，要注意焊缝两边不可产生过深的咬边，以免焊下一层时造成夹渣现象。

（4）在焊表面一层的前一层时，焊缝断面要平直，不要把坡口边熔掉，应留出 2 mm，以利于表层焊接。

（5）表层焊接时，运条要两边稍慢中间快，短弧焊接，将焊条末端紧靠熔池进行快速摆动焊接。

（八）T 形接头立焊注意事项

（1）开始工作前应检查电焊机是否接地，电缆、焊钳的绝缘是否完好。焊接操作时应穿绝缘胶鞋，或站在绝缘地板上操作。

（2）T 形接头立焊容易产生的缺陷是焊缝根部未焊透，焊缝两侧易咬边。因此，在施焊时，焊条角度向下与焊缝呈 60°～90°，左右呈 45°，焊条运至焊缝两边应稍作停留，并采用短弧焊接。

（3）电弧发射出大量紫外线和红外线，对人体有害。操作时必须戴电焊手套和电焊面罩，穿好套袜等防护用品，特别要防止电焊的弧光直接照射眼睛。刚焊完的工件需用手钳夹持。敲击焊渣时应注意焊渣飞出的方向，以防伤人。

任务编号	**W32**	任务名称	焊条电弧焊

<table>
<tr><td rowspan="1">四、相关
知识点</td><td colspan="3">

（4）不得将焊钳放在工作台上，以免短路烧坏电焊机；发现电焊机或线路发热烫手时，应立即停止工作；操作完毕和检查电焊机及电路系统时，必须拉闸停电。

（5）除开机、关机和调节电流外，不得随意搬动、调节电焊机。

（6）移动电焊机位置时，须先停机断电，焊接中突然停电，应立即关闭电焊机。

（7）在人多的地方焊接时，要安设遮挡物挡住弧光，无遮挡时应提醒周围人员不要直视弧光。

（8）换焊条时要戴好手套，身体不要靠在铁板或其他导电物品上。敲渣子时要戴上防护罩。

（九）焊接安全操作注意事项

（1）学生实习前必须穿好工作服，佩戴防护用品，提前 5 min 进入实习课堂，准备上课。实习期间不经教师同意，不得私自离开场地。

（2）服从实习指导教师的指挥。学生按教师分配的工位进行练习，不得串岗，集中精力，认真操作，勤学苦练。

（3）操作前穿戴好必需的防护用品，应检查电焊机电源线、引出线及各接点是否良好。线路横穿车行道时应架空或加保护盖，电焊机二次线路及外壳必须有良好的接地，其接地电阻不得超过 4 Ω。焊条的夹钳绝缘和隔热性能必须良好。禁用未修好的焊接设备进行工作。现场 10 m 以内不许存放易燃品。

（4）操作中不要将焊接物压在导线上，脚不要踏在地线接头上，电焊机外壳必须接地。

（5）焊接装过油类或其他易燃品的容器，必须清理干净后才可焊接。

（6）操作中离开工作岗位，一定要关闭电焊机电源开关，操作完毕后关闭电源，清理工作场地，收拾导线，注意防火安全。

（7）爱护工位设备，不得私开他人的工具箱；未经同意，不得拿用他人的工具。

（8）除开机、关机和调节电流外，不得随意搬动、调节电焊机。

（9）焊接中节约材料、焊条，节约用电，不开无人电焊机；焊接中断时，焊钳要放在安全的地方，严禁接地短路；焊接停时，要关闭电焊机。

（10）下雨天不准露天电焊。在潮湿地带工作时，要站在铺有绝缘物品的地方，并穿好绝缘鞋。

（11）移动电焊机或从电力网上接线、接地等工作均应由电工进行。

（12）推闸刀开关时，身体要偏斜，要一次推足，然后开启电焊机；停机时，要先关闭电焊机，再关闭电源开关。

（13）移动电焊机位置时，须先停机断电，焊接中突然停电，应立即关闭电焊机。

（14）在人多的地方焊接时，要安设遮挡挡住弧光，无遮挡时应提醒周围人员不要直视弧光。

（15）换焊条时要戴好手套，身体不要靠在铁板或其他导电物品上。敲渣子时要戴上防护罩。

（十）实操评分标准

实操评分标准见表 7–1–3。

</td></tr>
</table>

表 7–1–3　实操评分表

班级		姓名		学分	
实训		T 形接头立焊实训操作			
序号	检测内容	配分	扣分标准	学生自评	教师评分
1	焊接参数选择正确	10 分	酌情扣分		
2	引弧位置选择正确	10 分	酌情扣分		
3	焊缝连接处平滑	10 分	酌情扣分		

续表

任务编号	W32		任务名称	焊条电弧焊

续表

	序号	检测内容	配分	扣分标准	学生自评	教师评分
四、相关知识点	4	焊缝表面与母材交界处产生凹陷	10 分	酌情扣分		
	5	焊缝出现气孔、裂纹、烧穿	30 分	酌情扣分		
	6	正确使用焊接工具及防护用品	10 分	酌情扣分		
	7	遵守纪律和安全操作	10 分	酌情扣分		
	8	6S 管理	10 分	酌情扣分		
		综合得分	100 分			

五、看资料，谈感想	

六、任务实施	组织学生熟悉各种焊机的结构、组成部分和工作原理，分组练习焊机的各种操作，根据加工的要求合理选择焊接工具，遵守安全操作和 6S 管理。

七、反思	（1）什么是焊接？焊接可分为几大类？各种焊接方法有何特点？
	（2）焊条电弧焊如何引弧？有哪几种方法？需要注意什么？
	（3）常用的焊接接头形式有哪些？应该如何选择焊接接头形式？
	（4）焊接坡口的作用是什么？

任务二　气焊和气割

任务编号	W33		任务名称	气焊和气割
一、任务描述	如图 7-2-1 所示，按要求进行低碳素钢对接气焊操作实训。			

 金工实训

任务编号	W33	任务名称	气焊和气割

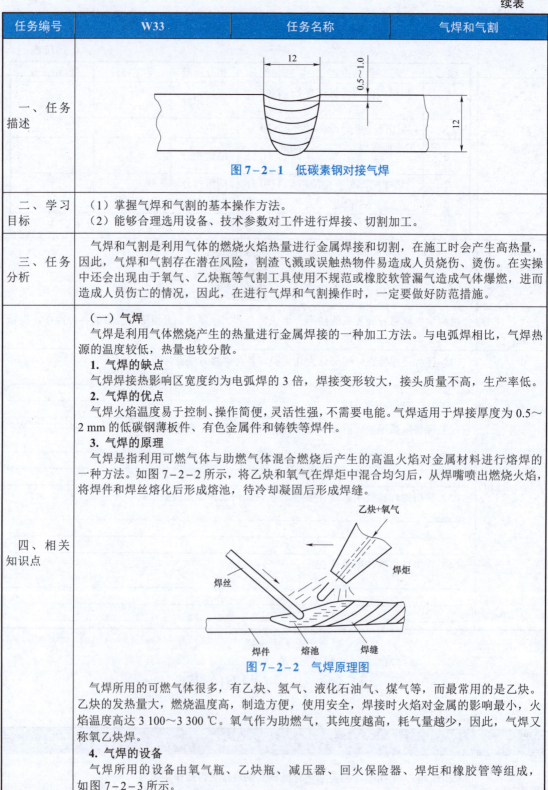

<table>
<tr><td>一、任务描述</td><td>图7-2-1　低碳素钢对接气焊</td></tr>
</table>

一、任务描述	图7-2-1　低碳素钢对接气焊
二、学习目标	（1）掌握气焊和气割的基本操作方法。 （2）能够合理选用设备、技术参数对工件进行焊接、切割加工。
三、任务分析	气焊和气割是利用气体的燃烧火焰热量进行金属焊接和切割，在施工时会产生高热量，因此，气焊和气割存在潜在风险，割渣飞溅或误触热物件易造成人员烧伤、烫伤。在实操中还会出现由于氧气、乙炔瓶等气割工具使用不规范或橡胶软管漏气造成气体爆燃，进而造成人员伤亡的情况，因此，在进行气焊和气割操作时，一定要做好防范措施。
四、相关知识点	**（一）气焊** 　　气焊是利用气体燃烧产生的热量进行金属焊接的一种加工方法。与电弧焊相比，气焊热源的温度较低，热量也较分散。 **1. 气焊的缺点** 　　气焊焊接热影响区宽度约为电弧焊的3倍，焊接变形较大，接头质量不高，生产率低。 **2. 气焊的优点** 　　气焊火焰温度易于控制、操作简便、灵活性强，不需要电能。气焊适用于焊接厚度为0.5～2 mm的低碳钢薄板件、有色金属件和铸铁等焊件。 **3. 气焊的原理** 　　气焊是指利用可燃气体与助燃气体混合燃烧后产生的高温火焰对金属材料进行熔焊的一种方法。如图7-2-2所示，将乙炔和氧气在焊炬中混合均匀后，从焊嘴喷出燃烧火焰，将焊件和焊丝熔化后形成熔池，待冷却凝固后形成焊缝。 图7-2-2　气焊原理图 　　气焊所用的可燃气体很多，有乙炔、氢气、液化石油气、煤气等，而最常用的是乙炔。乙炔的发热量大，燃烧温度高，制造方便，使用安全，焊接时火焰对金属的影响最小，火焰温度高达3 100～3 300 ℃。氧气作为助燃气，其纯度越高，耗气量越少，因此，气焊又称氧乙炔焊。 **4. 气焊的设备** 　　气焊所用的设备由氧气瓶、乙炔瓶、减压器、回火保险器、焊炬和橡胶管等组成，如图7-2-3所示。

任务编号	**W33**	任务名称	气焊和气割

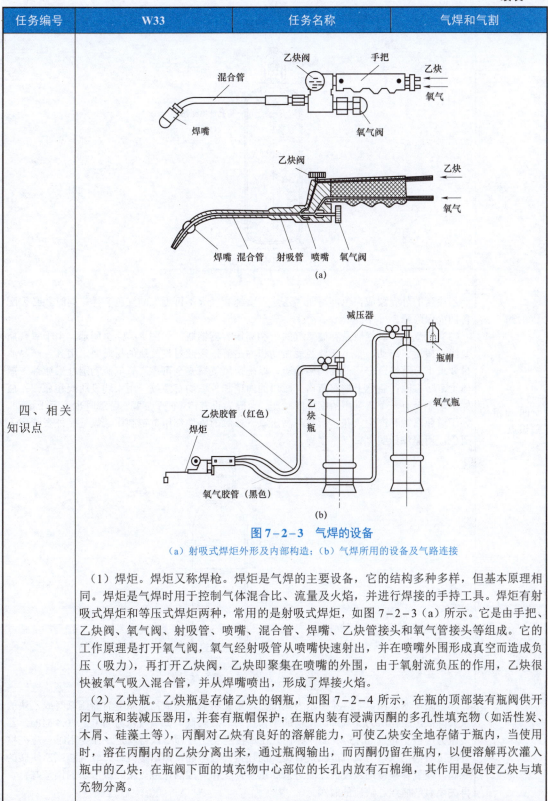

图7-2-3　气焊的设备

(a) 射吸式焊炬外形及内部构造；(b) 气焊所用的设备及气路连接

（1）焊炬。焊炬又称焊枪。焊炬是气焊的主要设备，它的结构多种多样，但基本原理相同。焊炬是气焊时用于控制气体混合比、流量及火焰，并进行焊接的手持工具。焊炬有射吸式焊炬和等压式焊炬两种，常用的是射吸式焊炬，如图7-2-3（a）所示。它是由手把、乙炔阀、氧气阀、射吸管、喷嘴、混合管、焊嘴、乙炔管接头和氧气管接头等组成。它的工作原理是打开氧气阀，氧气经射吸管从喷嘴快速射出，并在喷嘴外围形成真空而造成负压（吸力），再打开乙炔阀，乙炔即聚集在喷嘴的外围，由于氧射流负压的作用，乙炔很快被氧气吸入混合管，并从焊嘴喷出，形成了焊接火焰。

（2）乙炔瓶。乙炔瓶是存储乙炔的钢瓶，如图7-2-4所示，在瓶的顶部装有瓶阀供开闭气瓶和装减压器用，并套有瓶帽保护；在瓶内装有浸满丙酮的多孔性填充物（如活性炭、木屑、硅藻土等），丙酮对乙炔有良好的溶解能力，可使乙炔安全地存储于瓶内，当使用时，溶在丙酮内的乙炔分离出来，通过瓶阀输出，而丙酮仍留在瓶内，以便溶解再次灌入瓶中的乙炔；在瓶阀下面的填充物中心部位的长孔内放有石棉绳，其作用是促使乙炔与填充物分离。

任务编号	**W33**	任务名称	气焊和气割

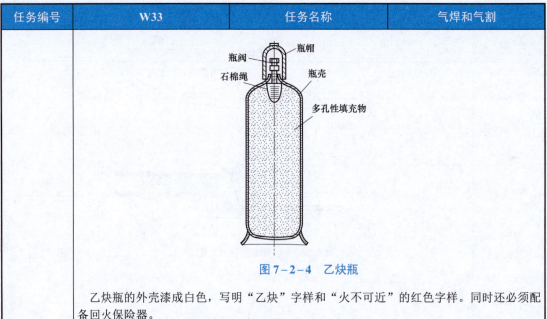

图 7-2-4　乙炔瓶

乙炔瓶的外壳漆成白色，写明"乙炔"字样和"火不可近"的红色字样。同时还必须配备回火保险器。

（3）氧气瓶。氧气瓶是存储氧气的一种高压容器钢瓶，如图 7-2-5 所示。由于氧气瓶要经常搬运、滚动，甚至还要经受振动和冲击等，因此对氧气瓶的材质要求很高，产品质量要求十分严格，出厂前要严格检验，以确保氧气瓶安全可靠。氧气瓶为圆柱形瓶体，瓶体上有防振圈；瓶体上端有瓶口，瓶口的内壁和外壁均有螺纹，用来装设瓶阀和瓶帽；瓶体下端还套有一个增强用的钢环圈瓶座，一般为正方体，便于立稳，卧放时也不至于滚动。为了避免腐蚀和产生火花，所有与高压氧气接触的零件都用黄铜制作。氧气瓶外表漆成天蓝色，用黑漆标明"氧气"字样。

左侧栏：四、相关知识点

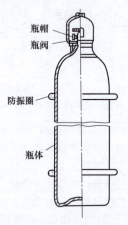

图 7-2-5　氧气瓶

（4）减压器。图 7-2-6 所示为减压器，用来将氧气瓶或乙炔瓶中的高压氧气或乙炔的压力降低至工作压力（气焊时所需的工作压力一般较低，如氧气压力为 0.2～0.4 MPa，乙炔压力一般不超过 0.15 MPa），并使其在焊接的整个过程中保持稳定。在使用时，应先检查减压器的出气口与氧或乙炔管接头的连接是否牢固，然后缓慢打开氧气瓶或乙炔瓶的瓶阀，使气体缓慢地流经高压表进入高压室，工作完成后，应先松开减压器的调节螺钉，再关闭氧气瓶或乙炔瓶的瓶阀。

任务编号	W33	任务名称	气焊和气割
四、相关 知识点	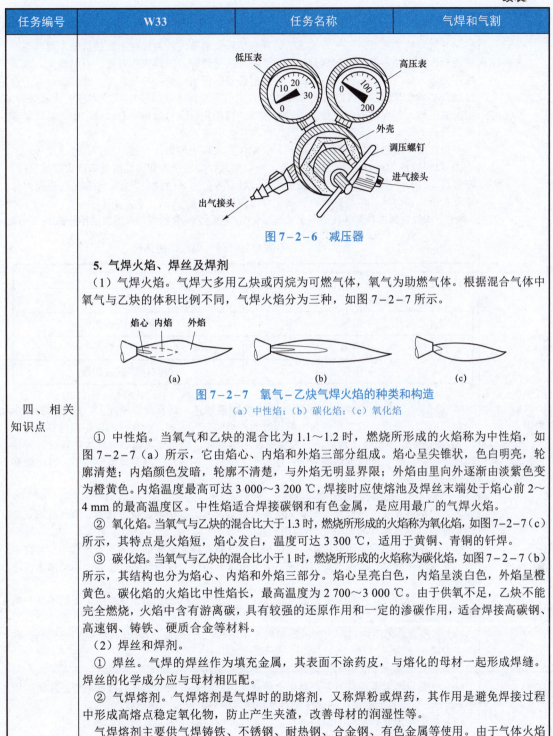		

图7-2-6 减压器

5. 气焊火焰、焊丝及焊剂

（1）气焊火焰。气焊大多用乙炔或丙烷为可燃气体，氧气为助燃气体。根据混合气体中氧气与乙炔的体积比例不同，气焊火焰分为三种，如图7-2-7所示。

图7-2-7 氧气-乙炔气焊火焰的种类和构造
（a）中性焰；（b）碳化焰；（c）氧化焰

① 中性焰。当氧气和乙炔的混合比为 1.1～1.2 时，燃烧所形成的火焰称为中性焰，如图7-2-7（a）所示，它由焰心、内焰和外焰三部分组成。焰心呈尖锥状，色白明亮，轮廓清楚；内焰颜色发暗，轮廓不清楚，与外焰无明显界限；外焰由里向外逐渐由淡紫色变为橙黄色。内焰温度最高可达 3 000～3 200 ℃，焊接时应使熔池及焊丝末端处于焰心前 2～4 mm 的最高温度区。中性焰适合焊接碳钢和有色金属，是应用最广的气焊火焰。

② 氧化焰。当氧气与乙炔的混合比大于 1.3 时，燃烧所形成的火焰称为氧化焰，如图7-2-7（c）所示，其特点是火焰短，焰心发白，温度可达 3 300 ℃，适用于黄铜、青铜的钎焊。

③ 碳化焰。当氧气与乙炔的混合比小于 1 时，燃烧所形成的火焰称为碳化焰，如图7-2-7（b）所示，其结构也分为焰心、内焰和外焰三部分。焰心呈亮白色，内焰呈淡白色，外焰呈橙黄色。碳化焰的火焰比中性焰长，最高温度为 2 700～3 000 ℃。由于供氧不足，乙炔不能完全燃烧，火焰中含有游离碳，具有较强的还原作用和一定的渗碳作用，适合焊接高碳钢、高速钢、铸铁、硬质合金等材料。

（2）焊丝和焊剂。

① 焊丝。气焊的焊丝作为填充金属，其表面不涂药皮，与熔化的母材一起形成焊缝。焊丝的化学成分应与母材相匹配。

② 气焊熔剂。气焊熔剂是气焊时的助熔剂，又称焊粉或焊药，其作用是避免焊接过程中形成高熔点稳定氧化物，防止产生夹渣，改善母材的润湿性等。

气焊熔剂主要供气焊铸铁、不锈钢、耐热钢、合金钢、有色金属等使用。由于气体火焰能充分保护焊接区，气焊低碳钢时，一般不需使用气焊熔剂。

（3）接头形式。气焊通常用于薄板和管子的焊接。接头形式有对接接头、搭接接头、角接接头和 T 形接头等。最常用的是对接接头，根据材料厚度的大小可进行单面焊或双面焊。

任务编号	W33	任务名称	气焊和气割

（4）气焊的工艺过程。气焊的工艺过程包括焊前准备工作和焊接参数的选择。焊前要严格清理接头的油污、铁锈和水分等，并做可靠的定位焊。气焊操作过程：首先点火，点火时应先微开氧气阀；再开大乙炔阀，点燃后调整到所需火焰；开始施焊，施焊时，右手握焊炬，左手拿焊丝，可以向右焊（右焊法），也可向左焊（左焊法）；灭火时应先关乙炔阀，后关氧气阀。起焊前要对定位焊点进行预热，焊炬约以 85°倾角左右移动，使火焰往复移动加热。

气焊焊接参数包括焊丝直径、熔剂、火焰性质、焊嘴倾角、焊接方向和焊接速度等。

① 焊丝直径的选择。根据焊件厚度、坡口形式、焊接位置和火焰能量来确定焊丝直径。在多层焊时，一层、二层应采用较细焊丝，以后各层可采用较粗焊丝。通常是先根据焊件厚度初步选择焊丝，再经试焊调整确定合适焊丝。

② 可根据材料的种类和性能要求来选择火焰，不同金属材料气焊火焰的选择见表 7-2-1。

表 7-2-1　不同金属材料气焊火焰的选择

焊接材料	应用火焰
低碳钢、低合金钢	中性焰
中碳钢	中性焰或微碳化焰
高碳钢	微碳化焰
灰铸铁	微碳化焰或碳化焰

四、相关
知识点

③ 焊炬中心线与焊件平面之间的夹角称为焊炬倾角。通常焊件厚度大，选用大的焊炬倾角；反之，选用小的焊炬倾角。起焊时的焊炬倾角可大些，收尾时的焊炬倾角要小些。

④ 在保证焊接质量的前提下，焊接速度应尽量快。通常熔点高、厚度大的焊件，焊接速度要慢些，以防产生未熔的缺陷；厚度小、熔点低的焊件，焊接速度要快些，以防烧穿或过热。

6. 气焊与气割实习的安全操作规程

（1）严格遵守安全操作规程和有关溶解乙炔瓶、水封安全器、橡胶软管、氧气瓶的安全使用规则，以及焊（割）炬安全操作规程。

（2）工作前必须检查所有设备。乙炔瓶、氧气瓶及橡胶软管的接头及紧固件均应紧固牢靠，不能出现松动、破损和漏气现象。氧气瓶及其附件、橡胶软管、工具上不能沾染油脂和泥垢。

（3）在检查设备、附件及管路漏气情况时，只准用肥皂水试验。试验时，周围不准用明火，不准抽烟。

（4）氧气瓶、乙炔瓶与明火间的距离应在 10 m 以上。即使条件限制也不能小于 5 m，并应采取隔离措施。

（5）禁止用易产生火花的工具开启氧气阀或乙炔阀。

（6）气瓶设备管道冻结时，严禁用火烤或用工具敲击冻块。氧气瓶瓶阀或管道冻块要用不高于 40 ℃的温水融化；回火保险器及管道可用热水或蒸汽加热解冻。

（7）焊接场地应有相应的消防器材。露天作业时应防止阳光直射在气瓶上。

（8）压力容器及压力表、安全阀，应按规定定期送交校验和试验。检查、调整压力器件及安全附件时，应采取措施，消除余气后才能进行。

（9）工作完毕或离开工作现场时，要拧上气瓶的安全帽，收拾现场，并把气瓶放在指定地点。

续表

任务编号	W33	任务名称	气焊和气割

7. 气焊的注意事项

（1）点火时，先微开氧气阀，再打开乙炔阀，随后点燃火焰。然后逐渐开大氧气阀，将碳化焰调整成中性焰。

（2）灭火时，应先关闭乙炔阀，后关闭氧气阀。

（3）不得撞击、高温暴晒氧气瓶，氧气瓶上不得沾上油脂或其他易燃物品。乙炔瓶必须竖立放稳，严禁在地面上卧放使用。氧气瓶和乙炔瓶附近严禁烟火，并需将氧气瓶和乙炔瓶隔开一定距离分别放置。

（4）不要用手触及刚刚气焊好的工件，以防烫伤。

（5）气焊前应检查氧气瓶和乙炔瓶的导管接头处是否漏气，应检查焊炬和割炬的气路是否通畅、射吸能力及气密性是否符合标准等技术要求。

8. 实操评分标准

实操评分标准见表 7－2－2。

表 7－2－2　实操评分表

班级		姓名		学号	
实训	T 形接头立焊实训操作				
序号	检测内容	配分	扣分标准	学生自评	教师评分
1	操作前准备充分	10 分	酌情扣分		
2	点火操作过程正确	15 分	酌情扣分		
3	焊接火焰调整合理	35 分	酌情扣分		
4	灭火操作过程正确	15 分	酌情扣分		
5	遵守纪律和操作安全	15 分	酌情扣分		
6	6S 管理	10 分	酌情扣分		
	综合得分	100 分			

四、相关知识点

（二）气割

气割是利用高温的金属在纯氧中燃烧而将工件分离的加工方法。气割时用割炬来代替焊炬，其余设备与气焊相同。割炬外形如图 7－2－8 所示。割炬比焊炬多了一个切割高压氧气管和一个切割氧阀。割嘴周围一圈是预热用氧－乙炔混合气体出口，中间为切割氧出口，两者互不相通。按乙炔气体和氧气混合的方式不同，割炬可分为射吸式割炬和等压式割炬两种，前者主要用于手工切割，后者多用于机械切割。

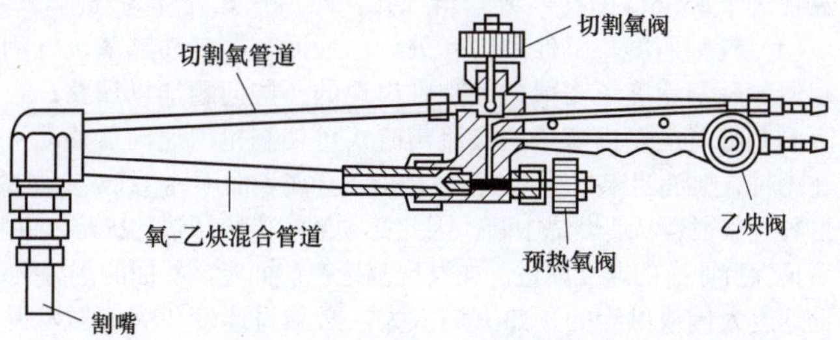

图 7－2－8　割炬

任务编号	**W33**	任务名称	气焊和气割

| 四、相关知识点 | **1. 气割的优点**
与一般机械切割相比，气割的最大优点是设备简单，操作灵活、方便，适应性强。它可以在任意位置、任何方向切割任意形状和任意厚度的焊件，生产率高，切口质量也相当好，如图 7−2−9 所示。

图 7−2−9　气割状况图

2. 气割的缺点
气割的缺点是劳动强度大，切割薄板时会变形，故对于一部分材料，其应用受到局限性。
3. 气割的基本原理
金属气割是金属在纯氧中的燃烧过程，而不是金属的熔化过程。先用火焰将起割处预热至燃烧温度（燃点），之后向气割处喷射高速氧流，使金属在纯氧中剧烈地燃烧并放出热量，氧化的金属变成渣被氧气流吹掉，从而达到金属切割的目的。
金属材料应满足以下几个基本条件才能进行气割：金属材料在氧气中的燃点应低于其熔点，否则金属在燃烧前已熔化，使切口不平整或使气割过程无法进行，如高碳钢、铸铁，燃点比熔点高，故难以气割；金属氧化物的熔点应低于该金属的熔点，否则高熔点的氧化物会阻碍下层金属与氧气流接触，使气割难以继续下去，如高铬或高镍不锈钢、铝及其合金，它们的氧化物熔点高于材料本身的熔点，故不能采用氧气气割法。
4. 手工气割操作
除割炬以外，气割的设备和工具基本与气焊相似。
（1）气割前先选好割炬并试割一下。气割一般厚度的钢板，常选用 G01−100 型割炬；气割厚度在 4 mm 以下的薄板，常选用 G01−30 型割炬，配以小号割嘴。点火时应先开乙炔阀，再微开氧气阀，用点火枪点火或火柴点火；点燃预热火焰后再调至中性焰，把起割处加热到燃点温度，然后打开切割氧阀，氧与高温金属作用，产生激烈的燃烧反应，将气割处金属烧去而形成切口。
（2）一般从工件的边缘开始气割。如果要在工件中部或内部气割，应在中间处先钻一个直径大于 $\phi5$ mm 的孔，或开出一孔，然后从孔处开始气割。
（3）气割速度与工件厚度有关。一般而言，工件越薄，气割速度越快；反之，气割速度越慢。气割速度还要根据气割中出现的一些问题加以调整：当看到氧化物熔渣直往下冲或听到割缝背面发出喳喳的气流声时，可使割枪匀速向前移动；如果在气割过程中发现熔渣往上冲，则说明未打穿，这往往是由于金属表面不纯，红热金属散热和气割速度不均匀导致的，这种现象很容易使燃烧中断，因此必须继续供给预热的火焰，并将速度稍微减慢，待打穿正常后再保持原有的速度前进。如发现割枪在前面走，后面的割缝又逐渐熔结起来，则说明气割移动速度太慢或供给的预热火焰太大，必须将速度和火焰加以调整再往前气割。
（4）气割后，先关闭切割氧阀，再关闭乙炔阀，最后关闭预热氧阀。及时查看并去除粘在割嘴上的金属氧化物和飞溅物，以保证后续气割工作顺利进行。 |

任务编号	**W33**		任务名称	气焊和气割

<table>
<tr><td rowspan="30">四、相关
知识点</td><td colspan="5">

5. 注意事项

（1）氧气瓶在搬运过程中尽量避免振动或互相碰撞，禁止依靠人工搬运或用吊车吊运氧气瓶。

（2）禁止乙炔发生器及乙炔瓶靠近火源，应将其放在空气流通的地方，并且保证其不能漏气。

（3）当需要离开工作场地时，严禁将点燃的割炬放在工作台上，以免发生意外。

6. 焊工安全文明生产

（1）触电的预防与救护。

① 弧焊设备的外壳必须接零或接地，并定期检查，以确保其可靠性。

② 在弧焊设备的进线连接、故障检修时，必须首先切断电源，并且应由电工完成，焊工不得随便私自拆修。

③ 焊工工作时，必须穿戴劳动保护用品，并确保安全可靠。

④ 在通风差的狭小空间或容器内焊接时，应由两人轮换操作，外设一人监护，万一发生意外能及时抢救。

⑤ 便携式照明灯电压不得超过 36 V。

⑥ 在触电抢救时，首先要切断电源，严禁用手拉动触电者；然后应先实施就地人工抢救，并迅速送往医院。

（2）弧光辐射的防护。电弧产生的强烈弧光会灼伤眼睛和裸露的皮肤，焊工必须配备防护面罩和帆布工作服。多人同时焊接时，应设有弧光遮护屏，避免弧光灼伤他人。

（3）烟尘和有害气体的防护。焊接时会产生一些有害气体，危害焊工的呼吸系统，尤其在船舱、管道中焊接更为严重，故必须设置通风系统或机械排尘装置，以减少对焊工的危害。

7. 实操评分标准

实操评分标准见表 7-2-3。

表 7-2-3 实操评分表
</td></tr>
</table>

班级		姓名		学号	
实训	气割				
序号	检测内容	配分	扣分标准	学生自评	教师评分
1	操作前准备充分	10 分	酌情扣分		
2	点火操作过程正确	10 分	酌情扣分		
3	火焰调节过程合理	20 分	酌情扣分		
4	割炬切割操作过程正确	30 分	酌情扣分		
5	熄火后对割炬的检查、维护过程正确	10 分	酌情扣分		
6	遵守纪律和操作安全	10 分			
7	6S 管理	10 分			
	综合得分	100 分			

五、看资料，谈感想	

六、任务实施	组织学生熟悉割炬的结构、组成部分和工作原理，分组练习割炬的操作，根据加工的要求合理选择气割的工具，穿戴好劳动保护用品，并确保安全可靠，遵守安全操作和 6S 管理。

任务编号	**W33**	任务名称	气焊和气割
七、反思	（1）简述气焊和气割的基本操作技术，并说出气焊与气割所用设备与工具的区别。 （2）气割的工作原理是什么？有何特点？气割对材质条件有何要求？ （3）气焊和气割小结（不少于300字）。 		

参 考 文 献

[1] 王飞，张世龙，胡文泉. 金工实训 [M]. 北京：北京邮电大学出版社，2021.

[2] 燕金华，郑锦标，谭春禄. 金工实训 [M]. 长沙：湖南师范大学出版社，2020.

[3] 高志远，殷永生，朱锐. 金工实习 [M]. 西安：西北工业大学出版社，2020.

[4] 韦健毫. 新编金工实习：数字资源版 [M]. 北京：冶金工业出版社，2020.

[5] 杨斌，李灿均. 金工实训 [M]. 南京：南京大学出版社，2020.

[6] 淡乾川，马廷洪. 金工基础训练 [M]. 西安：西安电子科技大学出版社，2020.

[7] 柳秉毅. 金工实习：热加工 [M]. 4 版. 北京：机械工业出版社，2019.

[8] 郭建斌. 图解金工实习 [M]. 北京：中国水利水电出版社，2019.

[9] 邹华斌，黄金水，沈小淳. 金工实训与技能训练 [M]. 西安：西安电子科技大学出版社，2018.

[10] 吴鸿，李衡. 金工实训基础教程 [M]. 北京：机械工业出版社，2018.

[11] 傅彩明，刘文锋. 金工实习手册 [M]. 2 版. 上海：上海交通大学出版社，2019.

[12] 邵刚. 金工实训（项目导向式）[M]. 3 版. 北京：电子工业出版社，2015.